Technische Physik
in Einzeldarstellungen

Herausgegeben von W. Meissner

6

Hochstromkohlebogen

Physik und Technik einer Hochtemperatur-Bogenentladung

Von

Prof. Dr. Wolfgang Finkelnburg

Mit 132 Abbildungen

Springer-Verlag / Berlin · Göttingen · Heidelberg
J. F. Bergmann / München
1948

Wolfgang Finkelnburg
Bonn a. Rh., 5. 6. 1905

ISBN 978-3-540-01357-0   ISBN 978-3-642-87008-8 (eBook)
DOI 10.1007/978-3-642-87008-8

Veröffentlicht unter Zulassungs-Nr. US-W-1093
der Nachrichtenkontrolle der Militärregierung.
1500 Exemplare.
Druck: Dr. F. P. Datterer & Cie. (Inh. Th. Dietz), Freising.

Meinen treuen Mitarbeitern
gewidmet

Vorwort

Als Quelle höchster Temperaturen, Strahlungsdichte, Leuchtdichte und Lichtstärke hat der Hochstromkohlebogen in den letzten Jahren ein wissenschaftliches wie technisches Interesse gefunden, das durch die Möglichkeiten einer Chemie hoher Temperaturen noch weitere Kreise erfaßt hat. Andererseits sind in der Physik wie der Technik dieser merkwürdigen Entladungsform in den Kriegsjahren so große Fortschritte erzielt worden, daß der gegenwärtige Stand unserer Kenntnis für den interessierten Entladungsphysiker, Lichttechniker oder Chemiker nicht mehr zu überblicken ist, um so mehr, als ein großer Teil der Ergebnisse überhaupt nicht oder nur in unveröffentlichten Berichten mitgeteilt worden ist.

In dem vorliegenden Buch, das aus einem 1944 von der Akademischen Verlagsgesellschaft in Leipzig in kleiner Auflage nur für den Dienstgebrauch hergestellten Bericht „Physik und Technik des Hochstromkohlebogens" hervorgewachsen ist, wird deshalb der Versuch gemacht, unsere gegenwärtige Kenntnis über den Hochstromkohlebogen und dessen technisch wichtigste Form, den Beckbogen, geschlossen darzustellen. Eine solche Darstellung scheint uns als Grundlage weiterer Forschung, Entwicklung und Anwendung notwendig, obwohl wegen der zahlreichen noch ungeklärten Probleme der gesamte Fragenkreis für eine *abschließende* Bearbeitung noch nicht reif ist. Dafür wurde auf Vollständigkeit der größte Wert gelegt und alle irgendwie bekannt gewordenen Ergebnisse mit berücksichtigt. Das Buch geht daher über eine Zusammenfassung und Bearbeitung der vorliegenden Veröffentlichungen weit hinaus. Da es als Grundlage weiterer Arbeit dienen soll, wurde die Physik des Bogens mit aller erforderlichen Ausführlichkeit behandelt, die technischen Anwendungen dagegen nur soweit gebracht, als sie zur Beurteilung weiterer Anwendungsmöglichkeiten erforderlich erschienen.

In dem vorliegenden Buch sind unveröffentlichte Ergebnisse, z. T. in Form von Berichten, der Herren Dr. Baldewein (Siemens-Plania-Werk, Berlin-Lichtenberg), Dr. Harald und Dr. Heinz Beck-Meiningen (AEG.), Dr. Guillery (Siemens-Schuckert, Nürnberg), Dipl.-Ing. Laue und Werner (Körting und Mathiesen A.G., Leipzig), Leuchs (Conradty, Nürnberg), Dr. Neukirchen (Ringsdorff-Werke, Mehlem/Rhein), Prof. Dr. Seeliger und seinen Mitarbeitern Dr. Rohloff und Franzmeyer sowie Prof. Dr. Th. Schmidt (Physikalisches Institut der Universität Greifswald), Dr. Steenbeck (Simens und Halske, Berlin), Prof. Dr. Stintzing (Röntgeninstitut der Technischen Hochschule Darmstadt) und Dipl.-Ing. Wolff mit verwertet und an den entsprechenden Stellen genannt. Allen diesen Herren sowie ihren Werken und Dienststellen bin ich zu besonderem Dank verpflichtet.

Dem Buch liegen weiter zu einem erheblichen Teil Forschungsergebnisse meines eigenen Arbeitskreises zugrunde, darunter zahlreiche unveröffentlichte meiner Mitarbeiter Hannappel, Dr. Haury, Heinzmann, Dr. Höcker, Köhler, Oftring, Frl. Reubold und Dr. Schluge. Ihnen allen, denen dieses Buch auch gewidmet ist, gilt mein herzlicher Dank, besonders meinem langjährigen Mitarbeiter Dr. Schluge für die kritische Durchsicht des Manuskripts, sowie für Hilfe mannigfacher Art. Mein Dank gilt ferner den Ringsdorff-Werken K.G. in Mehlem/Rhein und Herrn Dr. Neukirchen für die Lieferung von tausenden von Versuchskohlen und für manchen Rat aus der Praxis.

Nördlingen/Bayern, im Sommer 1947

Wolfgang Finkelnburg

Inhaltsverzeichnis.

I. Einleitung.

In den letzten Jahren haben der Verfasser und seine Mitarbeiter gezeigt, daß der schon 1910 von Heinrich Beck entdeckte und inzwischen lichttechnisch so wichtig gewordene Beck-Lichtbogen (in der angelsächsischen Literatur meist „high intensity arc", Hochintensitätsbogen genannt), nur ein Beispiel für eine besondere Form von Bogenentladungen ist, die sich von den bis dahin genauer bekannten Entladungsformen einerseits durch ihren eigenartigen anodischen Mechanismus, andererseits durch die besondere Ausbildung der Bogensäule in Luft, grundsätzlich unterscheidet. Für diese eigenartige Bogenentladungsform haben wir den Namen „Hochstromkohlebogen" vorgeschlagen. Die altbekannte, gewöhnliche Form der Bogenentladung zwischen Kohleelektroden bezeichnen wir, um den Unterschied anzudeuten, speziell als Niederstromkohlebogen.

In dem vorliegenden Bericht soll der gegenwärtige Stand unserer Kenntnis vom Hochstromkohlebogen dargestellt werden, und zwar die allgemeinen und speziellen Eigenschaften dieser Entladungsform wie ihr Mechanismus und ihre Theorie, ganz kurz aber auch ihre technischen Anwendungen und Anwendungsmöglichkeiten.

Zur Geschichte des Hochstromkohlebogens beschränken wir uns auf einige kurze Bemerkungen. In den Jahren 1910—1912 hat der Meininger Physiker Heinrich Beck bei Versuchen zur Erzielung höchster Leuchtdichten im positiven Kohlebogenkrater gefunden, daß eine positive Kohle mit einem Metallsalze und speziell Fluoride der seltenen Erden enthaltenden Docht mit einem Mehrfachen der normalen Stromdichte belastet werden kann, während der Reinkohlebogen schon bei geringer Überlastung zu zischen beginnt und sich dann als Lichtquelle nicht mehr eignet. Der von Beck untersuchte Dochtbogen dagegen bildete bei Überlastung einen tief gehöhlten positiven Krater, in und vor dem sich eine äußerst intensiv leuchtende Dampfwolke ausbildete, die wegen ihrer charakteristischen Form Anodenflamme, positive Flamme, im speziellen auch Beck-Flamme oder Beckzunge genannt wird. Die ausnutzbare Kraterleuchtdichte stieg dadurch bis zum fünffachen der des alten Reinkohlebogens und ermöglichte eine vielseitige technische Anwendung dieses Beckbogens als intensivste bekannte Lichtquelle überhaupt (6)[1]).

---

[1]) Die Zahlen in Klammern beziehen sich auf das Literaturverzeichnis am Schluß des Buches.

Eine Belebung erfuhren die Entwicklungsarbeiten am Beckbogen im ersten Weltkrieg durch die Notwendigkeit der Konstruktion leistungsfähiger Scheinwerfer. In dieser Zeit haben in Deutschland besonders Gehlhoff (33, 34) und seine Mitarbeiter über den Beckbogen gearbeitet und technisch große Fortschritte und Vereinfachungen des Betriebes erreicht, während in den USA Sperry und andere im wesentlichen Becks Patente ohne Nennung seines Namens ausnutzten (vgl. Ashcraft [1]). Eine erneute Belebung des Interesses für den Beckbogen begann um das Jahr 1930, als der Film weiße Lichtquellen möglichst hoher Leuchtdichte sowohl zur Atelierbeleuchtung wie zur Filmprojektion in den größeren Theatern immer dringender benötigte. In dieser und der folgenden Zeit hat namentlich die technisch sehr fortgeschrittene amerikanische Filmindustrie im Zusammenhang mit der National Carbon-Companie eine größere Anzahl von Untersuchungen anstellen lassen, die unsere Kenntnis von den technischen Eigenschaften des Beckbogens beträchtlich vermehrt haben. Auch heute noch bilden die Atelierbeleuchtung und die Filmprojektion die technisch bedeutsamsten Anwendungsgebiete des Beckbogens.

Alle diese Arbeiten seit der Entdeckung des Beck-Effekts dienten fast ausschließlich der technischen Untersuchung und Verbesserung dieser wertvollen Lichtquelle, während merkwürdigerweise die Frage nach den physikalischen Vorgängen kaum gestellt und jedenfalls nicht systematisch angefaßt worden ist. Dabei zeigte die schon Beck bekannte steigende Charakteristik des Beckbogens gegenüber der fallenden Charakteristik aller normalen Kohlebögen, daß hier etwas physikalisch Besonderes vorliegen mußte. Auch war die Frage nach der Deutung der für die große Leuchtdichte des Beckkraters offensichtlich maßgebenden Dampfwolke und ihrer anscheinend sehr hohen Temperatur noch völlig offen. Jede technische Entwicklungsarbeit mußte daher im wesentlichen ein empirisches Erproben bleiben. Und obwohl dabei im Lauf der Jahrzehnte ganz ausgezeichnete Ergebnisse erzielt worden sind, war es klar, daß erst eine Beherrschung der physikalischen Grundlagen die Ausschöpfung aller noch vorhandenen Möglichkeiten zur technischen Verbesserung des Beckbogens, und gleichzeitig interessante Aufschlüsse über einen physikalisch neuartigen Entladungsmechanismus, bringen konnte.

Wir haben uns deshalb Ende 1938 die Aufgabe gestellt, die Physik dieser merkwürdigen Entladungsform eingehend zu studieren und ihren Mechanismus aufzuklären, und dieser Plan wurde, nachdem die ersten Arbeiten des Verfassers (13 bis 20) den Umfang der Probleme gezeigt hatten, in Zusammenhang mit den im Vorwort genannten Herren und Gruppen anderer Institute und Firmen bis zu dem in diesem Buch geschilderten Stand gefördert. Dabei stellte sich sehr bald heraus, daß man Erscheinungen, die mit den von Beck beobachteten grundsätzlich identisch sind, bei allen Kohlelichtbögen, d. h. mit positiven Homogenkohlen wie mit Dochtkohlen aller Art bei genügender Strombelastung erhält, daß der Beckbogen also tatsächlich nur e i n Beispiel für die neue Entladungsform des Hochstromkohlebogens darstellt. Dabei können die typischen Hochstrombogenerscheinungen grundsätzlich mit Wechselstrom wie mit Gleichstrom hervorgebracht werden; doch erscheinen die wichtigen polaren Effekte nur bei Gleichstrombetrieb klar isoliert und daher gut beobachtbar.

Diese Entladungsform soll also im folgenden behandelt werden. Sie ist in erster Linie gekennzeichnet durch einen Mindestwert der Stromdichte an der Anode, in zweiter Linie durch ihre absolute Stromstärke, von der die Erscheinungen der Bogensäule abhängen. Es handelt sich beim Hochstromkohlebogen allgemein um frei brennende Bögen, da auch äußere Eingriffe wie magnetische Stabilisierungen und Luftströme den Bogenmechanismus nach unseren Untersuchungen nicht wesentlich verändern. Dadurch unterscheidet sich der Hochstromkohlebogen grundsätzlich von einer Anzahl anderer, in letzter Zeit viel untersuchter Bogenentladungen, wie den Quecksilberbögen und den übrigen in geschlossener Röhre brennenden Bögen (z. B. Edelgasbögen). Grundsätzlich von der uns interessierenden Entladungsform verschieden sind auch der wirbelstabilisierte Lichtbogen, der elektrotechnische Schaltlichtbogen und teilweise der Schweißbogen, weil beim wirbelstabilisierten Bogen der Mechanismus durch äußere Einflüsse wesentlich verändert wird, während beim Schaltbogen und dem Schweißbogen noch hinzukommt, daß die elektrischen Größen weitgehend von der sich ändernden Bogenlänge abhängen. Da alle diese Entladungsformen mit der uns hier direkt interessierenden nur wenige Berührungspunkte haben (obwohl natürlich jede Erkenntnis auf dem einen Gebiet die anderen mit befruchtet!), beschränken wir uns im folgenden auf die Physik und Technik der frei brennenden Hochstromkohlebögen. Zu deren Verständnis ist allerdings ein Überblick über die Eigenschaften und den Mechanismus des Niederstromkohlebogens erforderlich, den wir deshalb zunächst im folgenden Kapitel bringen

II. Überblick über Eigenschaften und Mechanismus des Niederstromkohlebogens.

Der Niederstromkohlebogen stellt im wesentlichen eine Entladung in Luft dar, und zwar zwischen Kohleelektroden, deren wesentliche Eigenschaft ihre Unschmelzbarkeit auch bei den höchsten im Bogen vorkommenden Temperaturen ist. An den beiden Elektroden verdampft zwar in geringem Umfang der Kohlenstoff, doch ist der „Abbrand" der Kohleelektroden beim Niederstrombogen nach den eindeutigen Untersuchungen besonders von Steinle[1]) zu fast 100 % ein rein chemischer Vorgang (wie auch die CN-Bildung an den Elektroden!), der für den Mechanismus der Bogenentladung ohne direkte Bedeutung ist und sich durch Betrieb des Bogens in einem Edelgas auch praktisch völlig vermeiden läßt.

Im Bogenplasma wandern nun die positiven Ionen zur Kathode, werden im Kathodenfall von etwa 10 Volt beschleunigt und erhitzen bei ihrem Aufprall den negativen Fußpunkt des Bogens auf eine Temperatur von 3200—3600° K, bei der der Kohlenstoff die der kathodischen Stromdichte von etwa 500 Amp./cm² entsprechende Elektronenmenge durch thermische Emission abgibt. Die Elektronen des Bogenplasmas umgekehrt wandern zur Anode, prallen nach Durchlaufen des Anodenfalls von 10—30 Volt (je nach Material und Zusätzen der Positivkohle) auf die Anodenstirnfläche auf und erhitzen diese auf eine Temperatur von 3600—4000° K. Die Anodentemperatur ist höher als die der Kathode, weil erstere sich fast ausschließlich durch Strahlung, letztere aber zusätzlich durch Elektronenemission abkühlt. Warum sich an der Anode eine vom Material weitgehend unabhängige Normalstromdichte von etwa 40 Amp./cm² einstellt, ist erst kürzlich von Schluge verständlich gemacht worden; wir kommen S. 182 auf diese Frage zurück. Da der reine Kohlenstoff auch bei sehr hohen Temperaturen keine positiven Ionen emittiert, müssen die in der Bogensäule zur Raumladungskompensation der Elektronen erforderlichen positiven Ionen vor der Anode im Anodenfallgebiet erzeugt werden. Hier ist der Strom also überwiegend reiner Elektronenstrom, und dieser Überschuß der negativen Raumladung bedingt den Anodenfall und damit die zur Ionisation erforderliche Elektronenbeschleunigung. Bei Positivkohlen mit Salzdochten, die bei hoher Temperatur selbst positive Ionen emittieren, ist der Anodenfall entsprechend kleiner.

Das Plasma der Bogensäule zwischen Anode und Kathode hat lediglich die Aufgabe, den Strom zu leiten. Hier findet eine Trägererzeugung nur in dem Umfang statt, wie zum Ausgleich der durch Abdiffusion und Rekombination verloren gehenden Träger erforderlich ist. Hierzu stellt sich in der Säule ein Spannungsgefälle ein, der sog. Säulengradient von etwa 15 Volt/cm. Da die durch das elektrische Feld den Ladungsträgern vermittelte Geschwindigkeit bei dem hohen Druck (1 Atm.) der Bogenentladung durch Stöße in solchem Maße auf die neutralen Gas- bzw. Dampfatome und -Moleküle übertragen wird, daß eine Gleichverteilung der Energie auf alle Plasmateilchen stattfindet, kann man im Bogenplasma von echtem thermodynamischen Gleichgewicht und damit von einer Temperatur sprechen, die alle Vorgänge (mit Ausnahme der letzten freien Weglängen vor den Elektroden) im Bogen bestimmt. Wir können

---

[1]) ZS. angew. Mineralogie **2**, 28, 1939.

damit sagen: In der Bogensäule stellt sich eine so große Feldstärke ein, daß bei der nach S. 190 aus Gleichgewichtsüberlegungen folgenden Temperatur von etwas über 6500° gerade der von außen aufgeprägte Strom transportiert werden kann. Auf die Tatsache, daß nach Höcker (45) in der Niederstrombogensäule in Luft das sich thermisch einstellende Trägergleichgewicht noch durch Diffusionsvorgänge verändert werden muß, gehen wir S. 190 im einzelnen ein. Die Temperatur im Anodenfallgebiet muß entsprechend der höheren Feldstärke noch merklich höher sein als in der Säule, weil hier die gesamten positiven Ionen erstmalig erzeugt werden müssen, soweit sie nicht (wie beim Salzdochtbogen) wenigstens teilweise von der Anode selbst emittiert werden.

Von der gesamten Strahlung des Niederstrombogens entfallen etwa 80% auf die Strahlung der glühenden positiven Kohle, etwa 15% auf die Strahlung der glühenden Spitze der Negativkohle und nur etwa 5% auf die Gasstrahlung des Bogenplasmas. Die Leuchtdichte der als Lichtquelle beim Niederstromkohlebogen ausgenutzten Anodenstirnfläche beträgt je nach Belastung und Reinheitsgrad der Kohle 16000 bis 19000 Stilb (HK/cm²) und nimmt langsam mit wachsender Strombelastung zu, bis plötzlich das Zischen einsetzt.

Die Stromspannungscharakteristik des Niederstromkohlebogens ist fallend: die Brennspannung nimmt im allgemeinen mit zunehmender Stromstärke ab, um schließlich nahezu konstant zu werden. Diese fallende Charakteristik des Niederstrombogens wird gewöhnlich durch die naheliegende Annahme erklärt, daß mit steigender Stromstärke die mittlere Temperatur der Bogensäule zunimmt, und daß infolge der entsprechenden Vergrößerung der elektrischen Leitfähigkeit des Bogens zum Transport einer gegebenen Ladung eine geringere Bogenspannung erforderlich ist. Gesichert scheint aber auch diese Theorie noch nicht zu sein.

Auf die im Zusammenhang mit dem Hochstromkohlebogen besonders interessierenden Hauptprobleme des Niederstrombogens bei Atmosphärendruck in Luft, nämlich die Strahlung des positiven Kraters und die Theorie der Niederstromsäule, gehen wir im Lauf unserer Darstellung noch näher ein.

III. Allgemeine Eigenschaften und Betriebsbedingungen des Hochstromkohlebogens.

1. Vergleich der Eigenschaften von Niederstrombogen und Hochstromkohlebogen.

In allen in Kap. II genannten Punkten verhält sich der Hochstromkohlebogen anders als der Niederstrombogen. Ein wesentlicher Teil der Entladung findet nicht in Luft, sondern im Dampf des Anodenmaterials

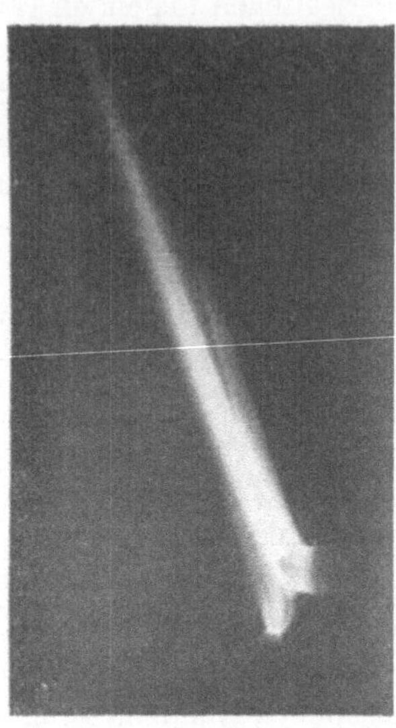

Abb. 1. Voll entwickelter 200 Amp.-Beckbogen mit 16 mm-Positivkohle. Infolge fehlender Rotation der Positivkohle ist der Krater muldenförmig entwickelt, wodurch der auf der Abbildung erkennbare unerwünschte seitliche Rand entstanden ist.

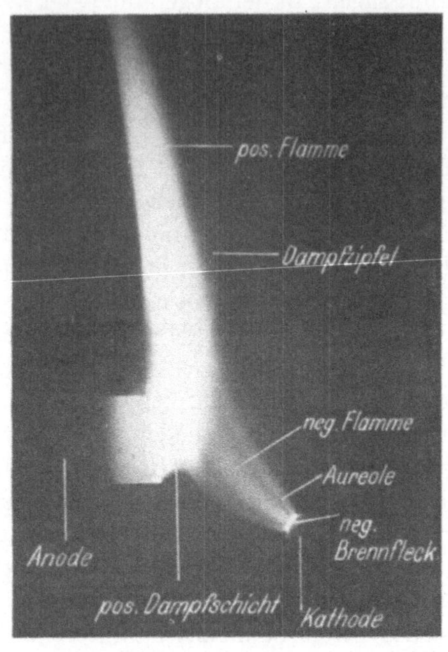

Abb. 2. 200 Amp.-Beckbogen mit lichttechnisch üblicher Bezeichnung der verschiedenen Bogenteile. (Aufnahme von Harald Beck.)

statt. Der Materialverlust erfolgt nur bei der Negativkohle, und auch da nur bei Stromstärken unter 300 Amp., durch chemischen Abbau, bei der Positivkohle dagegen ganz überwiegend durch Verdampfung, und diese Verdampfung erweist sich als grundsätzlich wichtig für den Mechanismus des Hochstromkohlebogens. Die Stromdichte im negativen Brennfleck erreicht mit mindestens 5000 Amp./cm² den zehnfachen Wert von der des Niederstrombogens. Die Stromdichte an der Anode kann bis etwa 400 Amp./cm², d. h. ebenfalls auch das zehnfache der normalen anodischen Stromdichte des Niederstrombogens, gesteigert werden; die der Anode dadurch zugeführte Energie wird zu einem wesentlichen Teil zur Verdampfung des Anodenmaterials aufgewandt. Der Mechanismus der Bogensäule bleibt zwar grundsätzlich der gleiche; doch bewirkt die bei Stromstärken über 100 Amp. einsetzende Kontraktion der Bogensäule eine ganz beträchtliche Steigerung der Stromdichte (bis etwa 3000 Amp./cm²) und damit der Säulentemperatur, die in der Achse 10000⁰ K überschreitet. Die Verhältnisse vor der Anode liegen wegen der Störung durch die Anodenverdampfung völlig anders als beim Niederstrombogen. Das gleiche gilt für die Bogenstrahlung, die zum ganz überwiegenden Teil nicht mehr von den festen glühenden Elektroden stammt, sondern von den hoch erhitzten Dämpfen vor dem positiven Krater. Deren Beitrag nimmt mit der Strombelastung stark zu und bewirkt Kraterleuchtdichten bis maximal 200000 Stilb. Ein eigentliches Zischen tritt beim Beckbogen auch bei Überlastung nicht auf, falls der Bogen nicht bei zu tiefem Krater am Homogenkohlemantel ansetzt. Im Gegensatz zur fallenden Stromspannungskennlinie des Niederstrombogens ist schließlich die Charakteristik des Hochstromkohlebogens steigend, seine Brennspannung nimmt also mit wachsender Stromstärke zu.

Abb. 1 und 2 zeigen zwei Bilder des voll entwickelten Hochstromkohlebogens. Die kontrahierte Bogensäule wird von den Lichtbogentechnikern ihres Aussehens wegen vielfach als „negative Stichflamme" bezeichnet, die Dampfwolke vor dem positiven Krater Anodenflamme, positive Flamme und

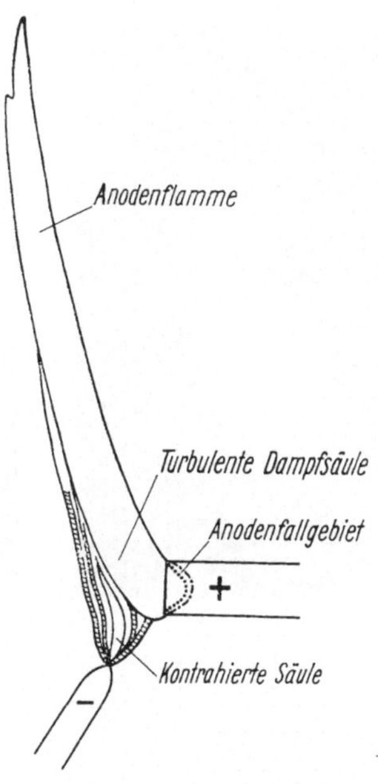

Abb. 3. Schematische Zeichnung des voll entwickelten Beckbogens mit physikalischer Bezeichnung der theoretisch bedeutungvollen Bogenteile.

im speziellen Fall des Beckbogens auch Beckflamme genannt. Das den Strom leitende Stück der Anodenflamme zwischen dem positiven Krater und der Berührungsstelle zwischen positiver Flamme und kontrahierter Säule gehört physikalisch zur Bogensäule und wird von uns „turbulente Säule" genannt (vgl. Abb. 3).

2. Die Entwicklung des Hochstrombogens aus dem Niederstrombogen.

Bevor wir im einzelnen auf die Eigenschaften des Hochstromkohlebogens und seiner Strahlung eingehen, sei hier zum besseren Verständnis unter Vorwegnahme der im folgenden noch zu besprechenden experimentellen und theoretischen Ergebnisse kurz skizziert, wie wir uns die bei Steigerung der Strombelastung erfolgende Umwandlung des Niederstrombogens in den Hochstromkohlebogen denken. Dabei sprechen wir zunächst nur vom Gleichstrombogen und gehen erst S. 20 auf den wechselstrombetriebenen Hochstromkohlebogen ein.

Bei der oben erwähnten Normalbelastung der Anode von etwa 40 Amp./cm² wird der Siedepunkt des Anodenmaterials im allgemeinen noch nicht erreicht. Bei Steigerung der Belastung breitet sich der

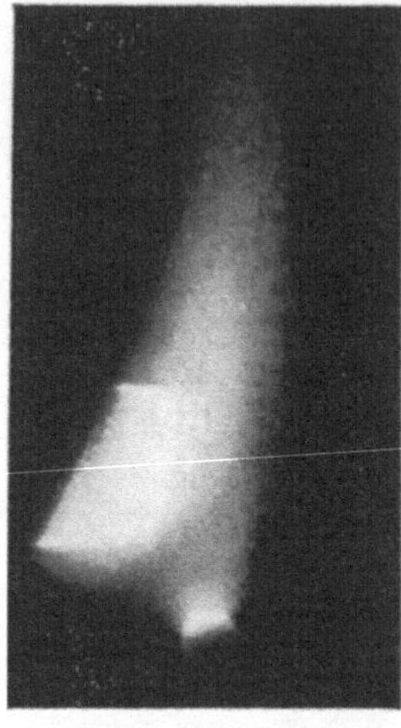

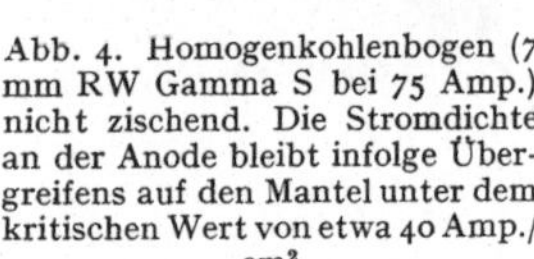

Abb. 4. Homogenkohlenbogen (7 mm RW Gamma S bei 75 Amp.) nicht zischend. Die Stromdichte an der Anode bleibt infolge Übergreifens auf den Mantel unter dem kritischen Wert von etwa 40 Amp./ cm².

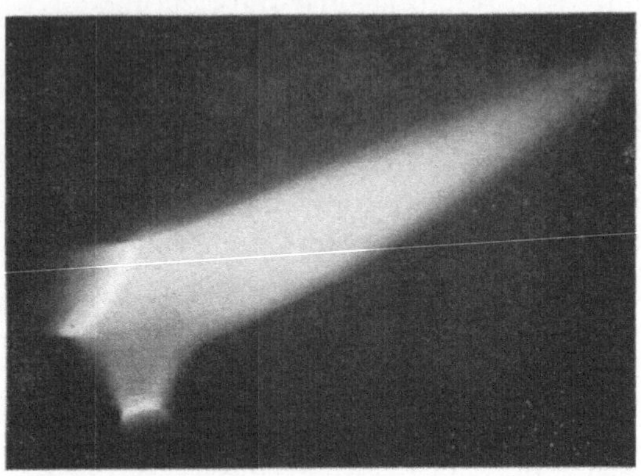

Abb. 5. Homogenkohle-Hochstrombogen zischend (7 mm RW Gamma S bei 80 Amp.). Bogen setzt nur an der Anodenstirnfläche an (Gegensatz zu Abb. 4!). In der Bogensäule erste Andeutung der Kontraktion.

anodische Ansatz des Bogens bei konstant bleibender Stromdichte solange weiter aus, bis die gesamte Anodenstirnfläche von ihm ausgefüllt ist. Bei noch weiterer Steigerung der Strombelastung bestehen für den Bogen nun zwei Möglichkeiten. Er kann entweder von der Stirnfläche der Positivkohle auf die Mantelfläche übergreifen und bleibt dabei, physikalisch betrachtet, ein Niederstrombogen (z. B. Abb. 4). Oder die Stromdichte an der Anodenstirnfläche, dem positiven Krater, wächst über den Normalwert hinaus. Infolge der dadurch verursachten größeren Energiezufuhr steigt dann die Kratertemperatur rasch bis zum Siedepunkt, und bei weiterer Vergrößerung der Stromdichte setzt eine stürmische Anodenverdampfung ein. Diese Bogenform zeigt Abb. 5. Durch einen weiter unten im einzelnen zu behandelnden Vorgang werden die vom positiven Krater abströmenden Anodenmaterialdämpfe im Anodenfall auf eine Temperatur von 6000—8000⁰ K je nach der Natur des Dampfes und der Strombelastung erhitzt und senden mit entsprechend großer Intensität die ihnen eigentümlichen Spektren aus. Handelt es sich bei den Dämpfen im besonderen um solche des Cers, dessen Atom im gesamten sichtbaren Spektralgebiet ein äußerst gleichmäßiges, linienreiches Spektrum besitzt, so strahlt die Anodenflamme ein intensives fast weißes Licht aus, und wir sprechen speziell vom Beckbogen. Mit steigender Strombelastung wächst nun auch die sekundlich verdampfende Menge des Anodenmaterials und damit die Längsausdehnung der Anoden-

flamme. Die zur Verdampfung und zur Erhitzung des Anodenmaterialdampfes erforderliche Energie wird von den im Anodenfall beschleunigten Elektronen geliefert; die mit der Stromstärke zunehmende Verdampfung führt daher über einen noch zu behandelnden Mechanismus
zu einer Steigerung des Anodenfalls mit der Stromstärke und bewirkt
damit die Zunahme der Bogenspannung mit wachsender Stromstärke.
*Die steigende Charakteristik des Hochstromkohlebogens ist also, wie wir im
einzelnen nachweisen werden, durch einen anomalen, mit der Stromstärke
zunehmenden Anodenfall bedingt.*

Unabhängig von diesen für den Mechanismus des Hochstromkohlebogens entscheidenden anodischen Vorgängen, die nur von der anodischen Strom*dichte* und nicht von der absoluten Stromstärke abhängen,
sind die die Bogensäule und den kathodischen Bogenansatz betreffenden
Hochstromerscheinungen, die sich bei Stromstärken über 80 Amp. zu
entwickeln beginnen und bei etwa 130 Amp. voll ausgebildet sind. Oberhalb 80 Amp. beginnt sich nämlich die beim Niederstrombogen einigermaßen ausgebreitete und strukturlose Bogensäule langsam in einen
Entladungsschlauch umzubilden, die oben erwähnte kontrahierte Bogensäule, die als Ort der höchsten direkt zugänglichen bisher bekannten
Temperatur besonderes Interesse besitzt. Gleichzeitig zieht sich auch der
kathodische Brennfleck zusammen, was zu recht komplizierten kathodischen Vorgängen Anlaß gibt, auf die wir im einzelnen ebenfalls später
eingehen.

3. Der Beckbogen und andere Formen des Hochstromkohlebogens.

Die hier skizzierten Vorgänge sind nach unsern Untersuchungen
grundsätzlich von der Art des Anodenmaterials unabhängig. Im besonderen zeigt also auch ein Lichtbogen zwischen homogenen, reinen
Kohleelektroden bei genügender anodischer Belastung (im normalen
Sprachgebrauch Überlastung) alle typischen Erscheinungen des Hochstromkohlebogens einschließlich der steigenden Charakteristik, wenn auch
die physikalischen Verhältnisse hier wegen der mit dem Zischen verbundenen Vorgänge merklich verwickelter liegen. Daß die typischen
Hochstromeigenschaften des überlasteten Homogenkohlebogens früher
nicht bekannt waren, ist nämlich wohl daraus zu verstehen, daß die
älteren Untersuchungen nach dem Einsetzen des störenden Zischens zu
bald abgebrochen und nicht weiter verfolgt worden sind. Die Homogenkohle-Hochstrombogen, dessen äußeres Bild Abb. 5 wiedergibt, zeigt
nämlich zusätzlich zu den besprochenen Erscheinungen den bis vor
kurzem unerklärten Effekt des Zischens, auf den wir S. 41 noch ausführlich
zurückkommen. Die Anodenflamme des Homogenkohle-Hochstrombogens besteht aus Kohlenstoffdampf und besitzt, da dieser im sicht-

baren Spektralgebiet nur wenige Banden emittiert, nur eine relativ geringe Leuchtdichte (vgl. S. 66). Einen wenigstens zeitweise nicht zischenden Hochstrombogen mit einer überwiegend Kohlenstoffdampf enthaltenden Anodenflamme erhält man bei Verwendung von positiven *Reinkohlen*, deren Docht lediglich aus Kohlepulver mit gewissen Binde- und Beruhigungsmitteln besteht. Lichttechnisch von besonderem Interesse dagegen ist nur der oben bereits erwähnte Hochstrombogen mit positiver, Salze des Cers und anderer seltener Erden enthaltender Dochtkohle, weil er weißes Licht höchster Leuchtdichte ergibt. Diese Sonderform des Hochstromkohlebogens wird zu Ehren ihres Entdeckers *Beckbogen* genannt. Die typischen Erscheinungen des Hochstromkohlebogens erhält man aber mehr oder minder ausgeprägt auch mit Dochtkohlen jeder beliebigen Zusammensetzung ebenso wie mit positiven Kohlen, die vollständig aus Dochtmasse bestehen, den sog. *Nurdochtkohlen*. Für die Fülle der Einzelheiten sei auf die Originalarbeiten (u. a. 13, 14) verwiesen. Der Hochstromkohlebogen bietet also praktisch die Möglichkeit, feste Stoffe jeder Art, in den positiven Docht eingebracht, zu verdampfen und auf Temperaturen bis über 7000⁰ zu erhitzen.

Es versteht sich von selbst, daß die erwähnten Dochtkohlen stets als positive Kohlen verwendet werden, da ja in erster Linie die Anode des Hochstromkohlebogens verdampft und ihr Dampf zum Leuchten angeregt wird. Die Negativkohle ist für den anodischen Mechanismus ohne Bedeutung, hat dagegen großen Einfluß auf die Stabilität und Ruhe des ganzen Bogens.

4. Der positive Krater.

Die Form des positiven Kraters des Hochstromkohlebogens ist bei Homogenkohlen und Dochtkohlen sehr verschieden. Bei ersteren kann man von einem eigentlichen Krater kaum sprechen: die Stirnfläche der positiven Kohle bleibt nahezu eben. Das gilt speziell für homogene Dochtkohlen (Nurdochtkohlen) und erklärt sich dadurch, daß die gesamte Anodenstirnfläche annähernd gleich schnell verdampft. Lediglich bei sehr hoher Belastung bildet sich auch bei Homogenkohlen ein flach muldenförmiger positiver Krater aus, dessen Tiefe aber nur etwa $1/_5$ des Kraterdurchmessers erreicht. Eine Sondererscheinung beobachtet man an der Stirnfläche der Positivkohle beim zischenden Homogenkohle-Hochstrombogen: hier bleibt in der Mitte oft eine kleine Spitze stehen. Die Erscheinung wurde von Schluge (89) bei der Untersuchung der Zischvorgänge aufgeklärt und kommt dadurch zustande, daß beim zischenden Bogen die Entladung sich auch vor der Anode kontrahiert und ihr Fußpunkt die Anodenstirnfläche periodisch, aber unter Vermeidung der Anodenmitte, überstreicht. Bei sehr starker Überlastung verschwindet bei Koks- und Rußkohlen (dagegen im allgemeinen nicht bei Graphitkohlen) auch diese Vermeidung der Mitte der Anodenstirnfläche und es bildet sich auch bei homogener Positivkohle der eben erwähnte flache Krater aus.

Beim Hochstromkohlebogen mit positiver Dochtkohle, z. B. beim üblichen Beckbogen, entwickelt sich stets ein ziemlich tiefer Krater, weil das Dochtmaterial leichter verdampft als das Kohlematerial des Mantels. Beim Niederstrombogen, d. h. bei geringer Anodenbelastung, spielt die Verdampfung gegenüber dem echten Abbrand nur eine sehr geringe Rolle und betrifft in erster Linie das leichter verdampfende Dochtmaterial. Da der Sauerstoff der Luft aber an den außen frei liegenden glühenden Mantel ungehindert herankann, brennt dieser normalerweise so schnell ab, daß nur ein ziemlich flacher Krater resultiert. Je mehr mit steigender Belastung aber die Verdampfung gegenüber der Verbrennung an Bedeutung gewinnt, um so tiefer höhlt sich der positive Krater. Bei den bisher üblichen positiven Beckkohlen, bei denen der Dochtdurchmesser etwa halb so groß ist wie der Kohledurchmesser, erhält man bei der für den Beckbogen normalen technischen Belastung von 100 Amp./cm² eine Kratertiefe, die bis zur Hälfte des Kohledurchmessers beträgt; bei starker Belastung kann die Kratertiefe den Wert des Dochtdurchmessers erreichen, in seltenen Fällen auch überschreiten. Geht man mit der Belastung noch höher, so erfolgt ein explosionsartiges Abschleudern ganzer Teile des Kraterrandes, das zu einer Verminderung der Kratertiefe führt, die nach Messungen von Baldewein (2) mit einer Verminderung des relativen Anstiegs der Leuchtdichte mit der Belastung verknüpft ist. Abb. 52 zeigt nach Baldewein den Verlauf der Kratertiefe und zum Vergleich den der Leuchtdichte und des positiven Abbrands für eine 13 mm-Beckkohle mit 6,5 mm-Docht bei Stromstärken zwischen 150 und 400 Amp. Die Kratertiefe erreicht hier 9 mm, um bei weiter steigender Belastung wieder auf 5 mm abzunehmen.

Beim Wechselstrom-Beckbogen hat Haury (25) die Abhängigkeit der Kratertiefe von der Belastung genau untersucht und findet eine etwa quadratische Zunahme der Kratertiefe mit der Stromstärke bis zum vollentwickelten Beckeffekt (vgl. S. 31). Bei höherer Belastung nimmt die Kratertiefe wesentlich langsamer zu, u. a. weil der Abbrand der Kraterränder auch in der Dunkelperiode infolge der Aufheizung durch die Anodenflamme der anderen Kohle andauert.

Man hat früher geglaubt, daß ein sehr tiefer Beckkrater eine notwendige Voraussetzung zur Erzielung höchster Leuchtdichten sei, weil der leuchtende Dampf im Krater zusammengehalten würde und man nur so eine genügend große ausnutzbare Schichtdicke erreichte. Neuere Untersuchungen haben gezeigt, daß diese Vorstellung vom Zusammenhalten des Dampfes zwar richtig ist, daß ein sehr tiefer Krater aber ein-

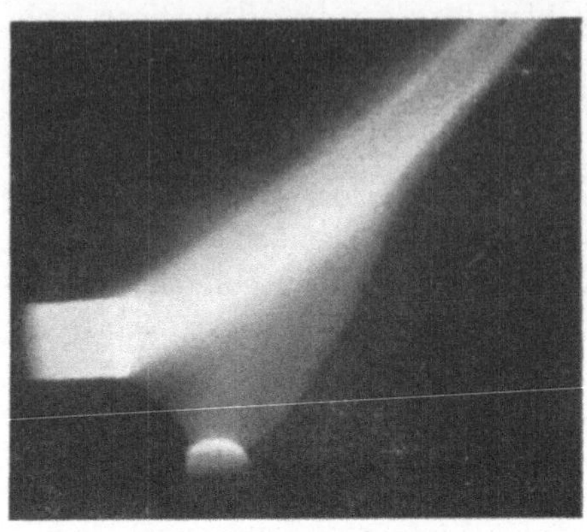

Abb. 6.   Hoch belasteter 7 mm-Beckbogen Positivkohle RW Sola Effekt 134, 75 Amp.

mal lichttechnisch beträchtliche Nachteile besitzt (Unmöglichkeit der Ausleuchtung von Spiegeln mit großem Öffnungswinkel), und daß Dochtkohlen, die ja allein einen tiefen Krater ergeben, anscheinend weniger stark belastbar sind als Nurdochtkohlen oder Dochtkohlen mit sehr dünnem Mantel. Während erstere, wie erwähnt, kaum einen eigentlichen Krater ergeben, hängt die Kraterbildung der Dochtkohle von der Manteldicke ab. Da das äußerste Kohlenende in einer Länge von 10—30 mm (je nach Kohlendicke usw.) im Betrieb stets kräftig glüht, findet hier an der Mantelfläche stets eine wirkliche Verbrennung statt. Bei geeigneter Manteldicke (1—2 mm) kann man so erreichen, daß an der Anodenstirnfläche der Mantel eben durch seitliches Abbrennen (auch Abzundern genannt) aufgezehrt ist, so daß solche Kohlen sich in ihrer Kraterbildung wie Nurdochtkohlen verhalten. Sie besitzen gegenüber jenen aber den Vorteil, daß die Kohle bis zur Stirnfläche einen dünnen Mantel besitzt, der das störende seitliche Austreten von Leuchtsalz an dem glühenden Kohleende verhindert.

5. Die Anodenflamme.

Das allgemeine Aussehen der für den Hochstromkohlebogen charakteristischen Anodenflamme geht aus den Abb. 1, 2, 5 und 6 hervor. Der anodenseitige Ansatz der positiven Flamme steht stets auf der Anodenstirnfläche bzw. der den positiven Krater begrenzenden Ebene senkrecht. Die Richtung der Flamme und ihr weiterer Verlauf wird vorwiegend durch den Impuls des Anodendampfstrahls und das Eigenmagnetfeld des Bogenstroms bestimmt, denen gegenüber der thermische Auftrieb der erhitzten Dämpfe nur eine ganz untergeordnete Rolle spielt. Das erkennt man z. B daran, daß der umgekehrt angeordnete Bogen, dessen Anodenflamme der Auftriebsrichtung entgegen nach unten zeigt, sich in seiner Ausbildung von dem normalen nicht merklich unterscheidet. Die Anodenflammenneigung ist also wesentlich durch das Eigenmagnetfeld des Bogensstroms bestimmt, sofern sie nicht durch äußere Magnetfelder oder starke Luftströme absichtlich aus ihrer Richtung abgelenkt wird. Auf diesen Fall kommen wir später zurück.

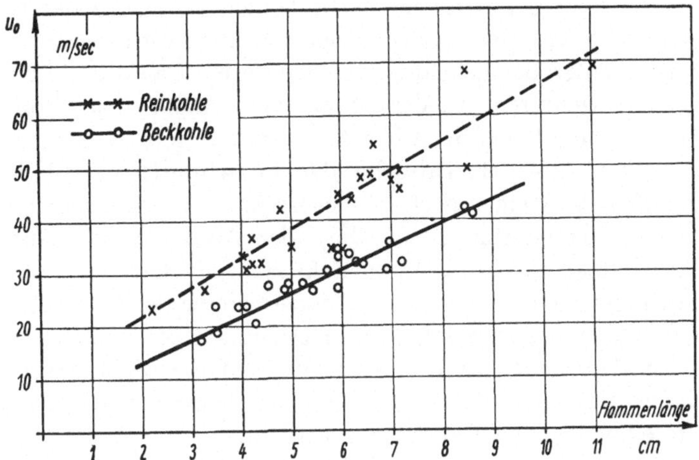

Abb. 7. Abhängigkeit der Anodenflammlänge des Beckbogens und des Reinkohle-Hochstrombogens von der Anfangsgeschwindigkeit des Anodendampfstrahls nach Messungen von Rohloff (78).

Die Beckflamme zeigt im allgemeinen eine recht scharfe Grenze gegen die umgebende Luft (Abb. 1 u. 2), während diese äußere Begrenzung bei der Anodenflamme des Reinkohle-Hochstrombogens, des Homogenkohle-Hochstrombogens und anderer Docht-Hochstrombögen merklich diffuser erscheint. Eine gesicherte Erklärung dieses Unterschiedes liegt noch nicht vor. Sicher ist nur, daß die auffallende Diffusität der Begrenzung der Anodenflamme des ja stets zischenden Homogenkohle-hochstrombogens, wie vor allem Zeitlupenaufnahmen von Schluge (89) deutlich zeigen, darauf beruht, daß hier ein zeitliches Mittel zahlreicher mit einer Frequenz von etwa 2000 Hz erfolgender Dampfausbrüche beobachtet wird.

Die Länge der Anodenflamme hängt, wie von uns in (15) behauptet, von der Menge des je Kraterflächeneinheit und Sekunde verdampften Dochtmaterials ab und wächst proportional zu dieser. Da die je Flächeneinheit sekundlich verdampfende Menge auch die Geschwindigkeit der vom positiven Krater abströmenden Anodendämpfe bestimmt, besteht auch ein linearer Zusammenhang zwischen der Anfangsgeschwindigkeit der Anodendämpfe und der Anodenflammenlänge, den Abb. 7 nach Messungen von Rohloff (78) aus dem Seeligerschen Institut zeigt. Nach unseren Beobachtungen scheint die Länge der Anodenflamme unter sonst gleichen Bedingungen aber auch noch von der Leuchtsalzkonzentration im Docht abhängig zu sein. Da diese die Dichte der Leuchtzentren im Anodenflammenplasma bestimmt, und da die Abkühlung des Plasmas überwiegend durch Strahlung erfolgt und damit ebenfalls von der Dichte der Leuchtzentren abhängt, scheint es uns verständlich, daß wir bei

Verwendung niedrig gesalzener Positivkohlen lange Anodenflammen geringer Leuchtdichte, bei hochgesalzenen Kohlen dagegen relativ kurze Anodenflammen großer Leuchtdichte beobachten. Daß die Leuchtdichte der quer beobachteten Anodenflamme vom anodischen Ansatz zur Spitze hin abnimmt, ergibt sich nach unserer S. 166 zu behandelnden Deutung schon aus der Tatsache der fortschreitenden Abkühlung. Rohloff (78) hat in einer noch zu besprechenden eingehenden Untersuchung den Temperaturverlauf längs der Anodenflamme unter gewissen Annahmen direkt bestimmen können. Er hat auch charakteristische Unterschiede zwischen der Anodenflamme des Beckbogens und der des überlasteten, aber infolge von Dochtzusätzen nicht zischenden Reinkohlehochstrombogens festgestellt. Er hat ferner wohl zuerst darauf hingewiesen, daß der gleich noch zu behandelnde, vom Bogenstrom durchsetzte anodennahe Teil der Anodenflamme durch den Strom noch aufgeheizt wird und daher (jedenfalls beim Beckbogen) an der Stromeintrittsstelle eine erhöhte Leuchtdichte aufweisen soll. Ob das stets der Fall ist, scheint uns noch nicht geklärt.

Die Farbe der Anodenflamme ist durch das Spektrum der emittierenden Dämpfe bestimmt, in geringem Maße ferner von deren Temperatur abhängig. Um den Bogen und die Flamme herum bildet sich die gelegentlich aus mehreren farbigen Säumen bestehende Bogenaureole aus, die durch die verschiedenartigsten chemischen Prozesse zwischen den in der Flamme dissoziierten Atomen und Radikalen, sowie zwischen diesen und den Molekülen der umgebenden Luft in diesem Gebiet abnehmender Temperatur zustande kommt. Es sei schon hier darauf hingewiesen, daß die spektroskopische Untersuchung dieser Säume manchen Schluß auf die dort ablaufenden Prozesse ermöglichen wird. Auch Kondensations- und Schwadenbildungsvorgänge finden an der äußeren Begrenzung und besonders an der Spitze der Anodenflammen nicht selten statt und können besonders bei hochgesalzenen Beckkohlen zu störenden bräunlichen Verfärbungen des Kraters und der Beckflamme führen, die im einzelnen noch nicht aufgeklärt sind.

Wichtig scheint schließlich noch die von Seeliger und Franzmeyer (91) durch Strömungsversuche mit Rauchfäden festgestellte Tatsache, daß die Anodenflamme nur von einer ganz dünnen, praktisch laminar strömenden Luftschicht umgeben ist, in der die Geschwindigkeit und die Temperatur sehr schnell auf die Werte der ruhenden Luft abfallen. Die Anodenflamme scheint demnach ein weitgehend für sich strömendes, abgeschlossenes Ganzes zu sein, was ihre theoretische Behandlung sehr erleichtern kann.

Bei dem noch zu behandelnden Wechselstrombogen treten, wie stroboskopische Beobachtungen von Haury und dem Verfasser (25) besonders schön zeigten, zwei Anodenflammen auf, die im Rhythmus der Wechselfrequenz abwechselnd aus den beiden Kratern hervorschießen.

6. Die Bogensäule.

Beim Niederstrombogen haben wir es im allgemeinen mit einer einheitlichen Bogensäule zu tun, die sich zwischen der negativen Spitze und dem positiven Krater erstreckt. Beim Hochstromkohlebogen haben wir zwei verschiedene Säulenteile zu unterscheiden, wenn wir unter der „Säule" weiterhin den Teil des Bogenplasmas verstehen, in dem der Stromtransport zwischen Kathode und Anode erfolgt. Gehen wir von der Anode aus, so gelangen wir nach Durchschreiten des höchstens einige Zehntel mm dicken Anodenfallgebiets zu dem Teil der Bogensäule, der noch innerhalb des Anodendampfstrahls (der positiven Flamme) verläuft und von uns „turbulente Säule" genannt wird. Sie ist gekennzeichnet durch die Ionisierungsspannung des Anodenmaterialdampfes und besitzt daher eine andere Temperatur und einen anderen Ionisierungsgrad als die gleich zu besprechende normale Bogensäule in Luft; sie besitzt ferner wegen der Blaswirkung des Anodendampfstrahls, die eine radiale Struktur und damit Stromdichteverteilung verhindert, auch eine andere Stromdichte. Die turbulente Säule im Anodenmaterialdampf erstreckt sich meist nur über 5—15 mm, während der Hauptteil der Säule wie beim gewöhnlichen Niederstrombogen gemäß Abb. 2 in Luft (mit wenig C_2 und CN) verläuft.

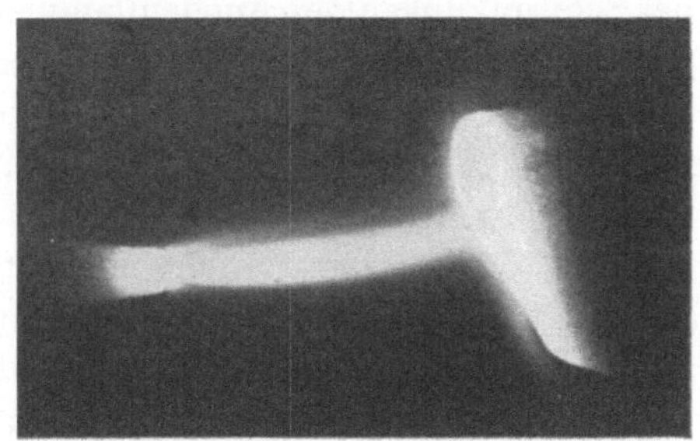

Abb. 8. Voll kontrahierte Hochstromsäule bei 180 Amp. An der 34 mm-Reinkohlenanode kein Hochstromeffekt! Aufnahme aus dem Prüffeld der Ringsdorff-Werke K.-G. Mehlen/Rhein.

Bei Stromstärken unter 80 Amp. unterscheidet sich die diffuse und ausgebreitete Bogensäule in Luft (vgl. Abb. 6) nicht von der des Niederstrombogens, wie sie besonders von Mannkopff untersucht worden ist. Von großem Interesse dagegen ist die bei etwa 130 Amp. voll entwickelte kontrahierte Säule, deren allgemeine Erscheinung die Abb. 1, 2, 3 und 8 erkennen lassen. Es sei deutlich betont, daß die Säulenkontraktion von den oben beschriebenen anodischen Vorgängen natürlich völlig unabhängig ist. So zeigt Abb. 8 einen 180 Amp.-Bogen mit scharf kontrahierter Bogensäule, während an der großflächigen Anode von 34 mm Durchmesser die Stromdichte noch nicht den kritischen Wert überschritten hat, bei dem der anodische Hochstrommechanismus beginnt.

Die turbulente Säule ist bisher nur beim Beckbogen untersucht worden. Ihre mittlere Temperatur liegt bei normaler Stromdichte bei

6000°, kann bei hoher Belastung aber bis weit über 7000° K steigen. Die Stromdichte entspricht etwa der anodischen Stromdichte, ist also mit 100—300 Amp./cm² wesentlich kleiner als die der gleich zu besprechenden kontrahierten Säule. Der Säulengradient in der turbulenten Säule ist bisher nur ganz roh von Schluge (87) durch Sondenmessungen ermittelt worden und nimmt mit wachsender Stromdichte erwartungsgemäß ab; er scheint zwischen 50 und 30 Volt/cm zu liegen.

Die kontrahierte Säule zeigt nach Abb. 2 ihre stärkste Kontraktion am kathodischen Ansatz; ihr Querschnitt nimmt in Richtung zur Anode hin erst stark, dann weniger stark zu, die Stromdichte entsprechend ab. Im Übergangsgebiet von kontrahierter Säule und Anodenflamme (bzw. turbulenter Säule) scheint erstere nicht, wie man erwarten sollte, glatt in die Anodenflamme einzumünden, sondern beide laufen ein Stück weit parallel und erscheinen nicht selten durch einen feinen Dunkelraum getrennt (vgl. Abb. 3). Bei längerer Beobachtung des Verhaltens der Säule bei Schwankungen der Anodenflammenrichtung hat man tatsächlich oft den Eindruck des „Kampfes der positiven und negativen Flamme", von dem in älteren Beschreibungen des Beckbogens zuweilen die Rede ist. Auch zwischen dem kathodenseitigen Ende der Säule und dem Kathodenbrennfleck scheint ein feiner Dunkelraum zu liegen. Die kontrahierte Säule selbst besteht (in Luft) aus einem weißlichen Kern, der nach den später zu besprechenden Untersuchungen das Gebiet höchster Temperatur und Stromdichte darstellt, und in dessen Mitte bei Stromstärken über 900 Amp. gemäß Abb. 122 noch ein dünner weißer Faden höherer Leuchtdichte auftritt. Die gesamte kontrahierte Säule ist wieder durch einen Dunkelraum von einer Folge ihn umgebender bunter Säume (in Wirklichkeit also schlauchartiger Hüllen) getrennt, deren äußere Teile mit den Säumen der nicht kontrahierten Säule übereinzustimmen scheinen. Bei der Besprechung der spektroskopischen Untersuchungen gehen wir hierauf näher ein.

In dem spitzen Winkel, in dem normalerweise die kontrahierte Säule in die Anodenflamme einmündet, bildet sich nicht selten ein bis in die eigentliche Anodenflamme sich erstreckender Dunkelraum aus, der noch nicht befriedigend erklärt ist. Er spricht ebenso wie einige andere noch zu erwähnende Erscheinungen dafür, daß die kontrahierte Säule einen zur Anode hin gerichteten Impuls besitzt und die Anodenflamme richtig wegdrücken kann; doch ist eine physikalische Ursache für diesen Impuls bisher nicht recht einzusehen.

Die Richtung der kontrahierten Säule stimmt, wie erwähnt, nicht mit der kürzesten Verbindung zwischen Kathodenbrennfleck und positivem Krater überein, sondern ist zunächst durch die Richtung der negativen Kohle gegeben, deren Verlängerung sie darstellt. In ihrem oberen Teil biegt sie dann gemäß Abb. 2, 3 in Richtung der Anodenflamme um und

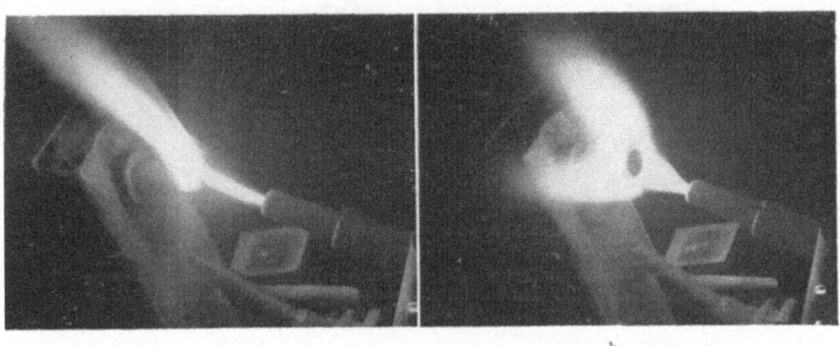

Abb. 9. Normal brennender (a) und wendelnder (b) Beckbogen. Aufnahme aus dem Scheinwerfer-Laboratorium des Siemens-Schuckert-Werks Nürnberg.

schmiegt sich dieser an, so daß der Stromübergang dort bei relativ geringer Stromdichte auf einer größeren Fläche erfolgt. Durch Anwendung geeigneter Magnetfelder (vgl. S. 142) konnte Hannappel (42) dieses Stromübergangsgebiet weitgehend beeinflussen, insbesondere verkleinern oder vergrößern. So ist es beispielsweise möglich, gemäß Abb. 97 die positive und negative Flamme so weit zu trennen, daß der Stromübergang in einem nur schwach leuchtenden Plasma erfolgt, das sich fächerförmig zwischen der ganzen Länge der Flammen ausdehnt.

Die nahe der Kathode besonders auffällige Richtungsstabilität der kontrahierten Säule (negativen Flamme) ist wie die Kontraktion selbst vom Verfasser als Wirkung des Eigenmagnetfelds des Bogenstroms gedeutet worden (16), das überhaupt für die Stabilität des deshalb von uns als „eigenfeldstabilisiert" bezeichneten Hochstrombogens eine wichtige Rolle spielt (27).

Bei Stromstärken über 400 Amp. zeigt die kontrahierte Säule gelegentlich und oberhalb 500 Amp. ohne besondere Maßnahmen stets die sehr störende Erscheinung des „Wendelns". Sie besteht darin, daß die normalerweise gemäß Abb. 9a ruhig und glatt in den positiven Krater bzw. vor diesem in die Anodenflamme einmündende Säule plötzlich unter pfeifendem Geräusch sich gemäß Abb. 9b in ein Strombüschel aufzulösen scheint, das die ganze Anodenstirnfläche umhüllt und die Anodenflamme förmlich zerbläst. Der in der Bogensäule transportierte Elektronenstrom trifft dadurch nicht mehr vorwiegend und gleichmäßig die Anodenstirnfläche; die anodische Stromdichte und mit ihr Verdampfung und Leuchtdichte sinken ab. Zeitlupenuntersuchungen von Guillery und Beck (39, 5) haben ergeben, daß es sich bei der Erscheinung des Wendelns um eine sehr schnell verlaufende, magnetisch bewirkte Rotation der Bogensäule handelt (vgl. Abb. 10). Eine Abhängigkeit der Erscheinung von Material der Negativkohle ist festgestellt, aber bisher schwer sicher zu deuten.

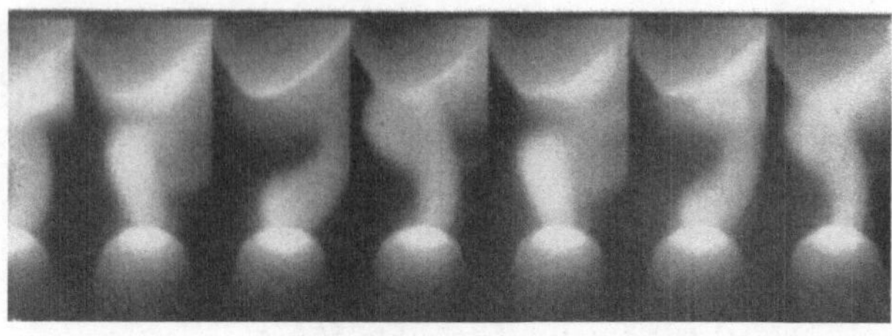

Abb. 10. Zeitlupenaufnahme des Wendelns der kontrahierten Hochstromsäule. Aufnahme aus dem Scheinwerfer-Laboratorium des Siemens-Schuckert-Werks Nürnberg.

Ob auch bei wechsel- und drehstrombetriebenen Bögen genügender Stromstärke eine Säulenkontraktion auftritt, ist noch nicht untersucht worden.

7. Der negative Brennfleck.

Infolge der starken Kontraktion der Bogensäule vor der Kathode setzt der Bogen an dieser auch bei höchsten Stromstärken mit einem kleinen Brennfleck von nur wenigen mm Durchmesser an. Die kathodische Stromdichte nimmt dabei mit wachsender Belastung nach Messungen von Guillery (37) bis etwa 5000 Amp./cm² zu, um dann konstant zu bleiben. Da die Luft zu der gesamten glühenden Spitze der Negativkohle ungehinderten Zutritt hat, zundert diese je nach der Dichte des Kohlematerials mehr oder weniger stark ab, wodurch im Gegensatz zur Positivkohle die Negativkohle ihre Spitze im Betrieb stets behält. Ihre genaue Form ist für die Bogenruhe von einiger Bedeutung und hängt von der Belastung, dem Kohledurchmesser und der Dichte des Materials ab. Je höher die Belastung und je geringer der Durchmesser der Negativkohle ist, um so schlanker wird natürlich die Spitze. Eine mittlere Spitzenlänge ist am günstigsten.

Der eigentliche Kathodenbrennfleck soll in der Mitte der äußersten negativen Spitze festsitzen. Um ihn dort zu halten, versieht man die Negativkohle meist mit einem dünnen Docht aus Kohlenstoff mit einigen Binde- und Beruhigungszusätzen. Der Kathodenbrennfleck bildet sich dort einen ganz flachen Krater, oft Brennschüssel genannt. Beginnt mit zunehmender Belastung trotz der erheblichen Kühlung durch die Elektronenemission auch im negativen Brennfleck die Verdampfung beträchtlich zu werden, so würde die kleine Brennschüssel sich unerwünscht vertiefen, wenn nicht in gleichem Maße durch seitliches Abzundern ein Abbau (Abbrand) der ganzen Negativkohle erfolgte. Bildet sich trotzdem ein zu tiefer Brennkrater, so ist dieser häufig der Anlaß zu dem schon erwähnten Wendeln der Bogensäule. Bei sehr großen Stromstärken kann nach Guillery (37) auch an der negativen Kohle der Siedepunkt überschritten werden und eine starke Verdampfung einsetzen. Da die äußere Erscheinung der kontrahierten Säule sich dadurch nicht merklich verändert, scheint der entstehende Dampfstrom auf den Säulenmechanismus keinen wesentlichen Einfluß zu haben. Zeitlupenaufnahmen von Rohloff (79) scheinen für diesen Schluß zu sprechen; doch bedürfen die gesamten mit der negativen Flamme zusammenhängenden Erscheinungen noch näherer Untersuchung.

8. Das Zischen des überlasteten Homogenkohlebogens.

Versucht man einen Homogenkohlebogen oder einen Reinkohlebogen (positiver Docht im wesentlichen aus reinem Kohlenstoff bestehend) zu überlasten, so beobachtet man im allgemeinen eine neue physikalische Erscheinung: das Zischen. Unter Absinken der Brennspannung um 8—10 Volt tritt ein mehr oder weniger lautes zischendes Geräusch auf (verbunden mit Rundfunkstörungen!), während die Anodenstirnfläche eine unruhige Lichtverteilung zeigt und sich, wie besonders in Seitenansicht gut zu erkennen, mit einer grünlich-bläulichen Kohlenstoffdampfschicht überzieht, die bei weiterer Steigerung der Strombelastung sich allmählich zur Anodenflamme des zischenden Homogenkohlehochstrombogens entwickelt. Es läßt sich experimentell leicht zeigen, daß die Zischvorgänge an der Anode lokalisiert sind, daß sie ferner mit Verdampfungsvorgängen verknüpft sind und somit als Hochstromvorgänge aufgefaßt werden müssen. Das Zischen ist nach Weizel und Faßbender[1]) mit der Ausbildung eines sich mit großer Geschwindigkeit auf der Anodenstirnfläche umherbewegenden Anodenbrennflecks verbunden, stellt also einen besonderen anodischen Vorgang dar, dessen Einzelheiten und physikalische Eigenschaften S. 40 f. eingehend behandelt und gedeutet werden. Das Zischen setzt ein, sobald die normale anodische Stromdichte von etwa 40 Amp./cm² überschritten wird. Erleichtert man durch entsprechende Bogenstellung dem Bogen bei Stromstärkeerhöhung das Übergreifen auf die Mantelfläche der Positivkohle und verhindert damit eine Vergrößerung der Stromdichte über den kritischen Wert hinaus, so bleibt das Zischen aus. Es tritt ferner allgemein nur bei homogenen, keinen wesentlichen Zusatz an Metallsalzen enthaltenden Kohlen (daher auch an Reinkohlen) auf, nicht dagegen an positiven Effektkohlen, die Metallsalze enthalten. Aus dieser Tatsache folgt, daß z. B. das homogene Mantelmaterial von Beckkohlen zum Zischen neigt, und tatsächlich kann hier Zischen auftreten, wenn infolge ungünstiger Kohlenstellung und zu tiefen Kraters der Bogen überwiegend am Mantel der positiven Beckkohle ansetzt und hier der kritische Wert der Stromdichte überschritten wird.

---

[1]) Zitat S. 41

Infolge der Zischeigenschaft des Homogenkohlebogens bestehen trotz der auffallenden Ähnlichkeit der Hochstromerscheinungen bei diesem und den Dochtbögen im Mechanismus gewisse Unterschiede, von denen wir im folgenden noch hören werden. Wenn im nächsten Kapitel aber von den Eigenschaften des positiven Hochstrombogenkraters die Rede ist, so haben wir stets zu bedenken, daß es sich beim Homogenkohlebogen im Gegensatz zum nicht zischenden Beckbogen um zeitlich gemittelte Eigenschaften handelt.

Vom Zischen scharf zu unterscheiden sind eine Anzahl von Vorgängen, die mit knatterndem, prasselndem, pfeifendem oder fauchendem Geräusch verbunden sind und die teils bei sehr starker Überlastung, teils bei sehr großer Bogenlänge auftreten. Während sie im ersteren Fall auf eruptionsartigen Verdampfungsvorgängen beruhen, handelt es sich im zweiten Fall, wie Weizel und Schmitz[1]) einwandfrei bestätigen, nicht um anodische, sondern um Säulen- bzw. Flammenvorgänge, insbesondere um das periodische Zusammenschlagen der zu zwei flammenartigen Gebilden zerrissenen Hälften der Bogensäule (Flammenbogen, besonders gut bei Wechselstrom zu beobachten!).

9. Der Wechselhochstrombogen.

Die bisherigen Ausführungen bezogen sich überwiegend auf gleichstrombetriebene Bögen, weil bei diesen die polaren Erscheinungen zeitlich konstant und räumlich gut getrennt zu beobachten sind. Grundsätzlich die gleichen Erscheinungen können aber nach Haury und dem Verfasser (25) auch am Einphasen-Wechselstrombogen beobachtet werden. Erwartungsgemäß erhält man bei dem zwischen zwei gleichen Kohlen brennenden Wechselhochstrombogen ein etwas unruhiges Bogenbild ohne erkennbare Einzelheiten. Die stroboskopische Beobachtung zeigt aber, daß bei genügend großer Stromstärke 50mal je Sekunde abwechselnd aus jeder der beiden Kohlen eine Anodenflamme hervorschießt, das typische Merkmal eines echten Hochstromkohlebogens. Die Strombelastung muß dazu allerdings doppelt so hoch gewählt werden wie beim Gleichstrombogen unter sonst gleichen Verhältnissen (Kohledurchmesser), weil im Zeitmittel jeder Kohlestirnfläche ja nur die halbe Bogenenergie zugeführt wird. Oszillographisch erkennt man, wie beim Wechselniederstrombogen, ein Erlöschen des Bogens, sobald die Spannung in jeder Periode die Bogenbrennspannung unterschreitet, und ein Wiederzuzünden, sobald U die dem jeweiligen Ionisierungsgrad der Gasstrecke entsprechende Zündspannung wieder erreicht. Um die dazwischen liegende „Dunkelzeit" des Wechselstrombogens möglichst klein zu halten, arbeitet man zweckmäßig mit möglichst geringer Bogenlänge.

---

[1]) Dissertation Schmitz, Bonn 1941.

Technisch ist der Wechselstrom-Beckbogen durch eine relativ geringe Leuchtdichte jedes der beiden Krater, aber durch großen Gesamtlichtstrom und gute Lichtausbeute gekennzeichnet, käme also grundsätzlich für Aufheller aller Art (vgl. S. 204), nicht dagegen für Scheinwerfer im engeren Sinn in Frage, da deren Reichweite von der Leuchtdichte abhängt.

10. Der Drehstrom-Beckbogen.

Erste Versuche mit einem drehstrombetriebenen Beckbogen sind in den letzten Jahren von der Körting und Mathiesen A.G. in Leipzig und unabhängig von Haury und dem Verfasser angestellt worden. Beide Versuchsanordnungen arbeiten mit drei gleichen Beckkohlen. Versuche über die günstigste Kohlenstellung ergaben bei Körting und Mathiesen, daß ein ruhig brennender Drehstrom-Beckbogen (andere Formen des Hochstromkohlebogens sind mit Drehstrombetrieb noch nicht untersucht worden!) nur möglich war, wenn die drei Kohlen nahezu in einer Ebene angeordnet waren, da bei stärker geneigten Kohlen besonders bei höherer Stromstärke (gearbeitet wurde bei Stromstärken bis zu 1500 Amp.!) das Eigenmagnetfeld und die Blaswirkung der Anodenflammen den Bogen völlig zerbliesen. Bei dieser nahezu komplanaren Kohlenstellung wirkt als eigentliche Lichtquelle das Leuchtdampfplasma im Mittelpunkt der drei Kohlen (vgl. Abb. 98). Wegen des fehlenden Kraterhintergrundes war bei diesen Versuchsbögen die Leuchtdichte, trotz sehr großer Frontallichtstärke und guter Lichtausbeute, zwischen den 3 Kratern nur gering und erreichte erst bei den höchsten Stromstärken die 100000-Stilb-Grenze. In den 3 Kratern dagegen konnten Leuchtdichten bis zu 150000 Stilb gemessen werden. Steht dieser Drehstrombogen im Brennpunkt eines Hohlspiegels, so werden folglich dessen Randzonen durch die direkte Kraterstrahlung getroffen, ein unbezweifelbarer Vorteil der Drehstromlampe von Körting und Mathiesen, deren Entwicklung besonders von Laue und Werner stammt.

Haury hat demgegenüber eine Drehstromlampe mit entgegengesetzter Kohlenanordnung entwickelt (43), d. h. nach Abb. 101 drei parallel angeordnete Kohlen verwendet, und hat die Bogenstabilität durch eine sehr hübsch erdachte, S. 145 noch genauer zu besprechende magnetische Bogenstabilisierung erzwungen. Die ersten Versuche mit dieser Haury-Lampe sind recht befriedigend verlaufen, doch liegen zahlenmäßige Ergebnisse wegen des durch äußere Umstände veranlaßten vorläufigen Abbruchs der Arbeiten noch nicht vor. Für die Weiterentwicklung des Drehstrom-Beckbogens, für den wir theoretisch eine recht gute Lichtausbeute erwarten, dürfte u. E. in erster Linie das Haurysche Prinzip in Frage kommen. Da neben dem Gleichstrom-Beckbogen technisch wohl nur der Drehstrom-Beckbogen Zukunft haben dürfte, waren auch die Wechselstromuntersuchungen von Haury und dem Verfasser (25) nur als Vorarbeit für die Untersuchung des Drehstrombogens gedacht.

11. Hochstrombogenkohlen.

Da beim Hochstromkohlebogen die Verdampfung des Anodenmaterials für den Mechanismus von entscheidender Bedeutung ist, ist besonders der Aufbau und die fabrikatorische Behandlung der Hochstromkohlen von Wichtigkeit. Bei diesen handelt es sich durchweg um sog. Kunstkohlen. Sie werden aus einer preßbaren Mischung von feingemahlenem Kohlenstoff (je nach Absicht Koks, Ruß, Graphit oder Mischungen dieser Komponenten) mit Teer oder Pech gepreßt und erhalten nach dem Trocknen durch mehrtägiges Glühen bei Temperaturen bis zu 1200^0 C ihre Härte. Bei den Homogenkohlen (und den Mänteln der Dochtkohlen) unterscheidet man demgemäß Koks-, Ruß- und Graphitkohlen, wobei als charakteristische Größe der spezifische Widerstand der fertigen Kohle dienen kann. Dieser beträgt bei Graphitkohlen weniger als 2000 $\mu\Omega$ cm, bei Kokskohlen 5000—5500 $\mu\Omega$ cm und bei Rußkohlen 8000 $\mu\Omega$ cm. Wir werden noch hören, daß z. B. für die Zischvorgänge bei Homogenkohle-Hochstrombögen die Art des Kohlematerials von großer Bedeutung ist.

Beim Beckbogen und den meisten anderen Formen des Hochstromkohlebogens werden positive wie negative Dochtkohlen verwandt. Bei diesen werden die Kohlemäntel wie oben für die Homogenkohlen beschrieben hergestellt. Auch bei den Beckbögen kann die verschiedene Leitfähigkeit der Kohlemäntel aus Koks, Ruß oder Graphit von Bedeutung sein. Das Dochtmaterial besteht aus einer weicheren Mischung von Kohlenstoffmaterial, Teer und bestimmten Zusätzen (Leuchtsalzen, Borsäure und Bindemitteln) und wird bei den sog. Weichdochtkohlen in die fertigen Mäntel eingepreßt und anschließend bei mäßiger Temperatur (bis 900^0 C) getrocknet. Für hochbelastbare Positivkohlen dagegen preßt man auch die Dochte nach Art von Homogenkohlen aus einer recht trockenen Mischung und brennt sie wie die Homogenkohlen bei einer Temperatur von 1000—1200^0 C. Man erhält auf diese Weise äußerst fest sog. Hartdochte, die anschließend in passende Kohlemäntel eingekittet (Hartdocht- oder Kernkohlen) oder direkt als Nurdochtkohlen verwendet werden. Nach Untersuchungen von Stintzing (93) ist auch die Feinkörnigkeit des Mantel- wie des Dochtmaterials für die Brenneigenschaften der Positiv- wie der Negativkohle von Bedeutung.

Werden die Kohlen in der Lampe an ihrem hinteren Ende eingespannt und dort der Strom zugeführt, so werden sie in einer Dicke von 0,06—0,20 mm verkupfert, weil unverkupferte Kohlen durch die für den

Hochstrombogen erforderliche große Stromstärke auf ihrer ganzen Länge zum Glühen kämen. Nur bei Stromzuführung dicht am Brennende kann auf die Verkupferung verzichtet werden. Eine besonders starke Verkupferung ist für Wechselstromkohlen erforderlich, wie Haury (25) festgestellt und auch theoretisch verständlich gemacht hat.

Der meist sehr dünne Docht der Negativkohlen besteht im wesentlichen aus reinem Kohlenstoff mit geringen Zusätzen zur Bindung, zur Bogenberuhigung (Borsäure) und bei Beckkohlen auch noch zur Verhinderung der Bildung von Karbidtropfen an der negativen Spitze. Im einzelnen sind die Dochtrezepte wie die Fabrikationseinzelheiten natürlich Geheimnis der Kohlefabriken.

Allgemein sei schon hier erwähnt, daß bei dem besonders interessierenden Beckbogen hochgesalzene Positivkohlen (über 40 Gewichtsprozente Leuchtsalz im Dochtmaterial) eine sehr hohe Leuchtdichte ergeben, aber leicht (besonders bei geringer Überlastung) zum Flackern, Rußen und zur Bildung bräunlicher Schwaden vor dem Krater neigen. Schwach gesalzene oder nachträglich bei hoher Temperatur geglühte Kohlen dagegen ergeben zwar geringere Leuchtdichten, sind aber weniger empfindlich gegen Überlastung und zeichnen sich durch besondere Lichtruhe angenehm aus. Man muß also in der Praxis je nach den Anforderungen die geeignete Positivkohle wählen. Das gilt ebenfalls für das Verhältnis von Mantel- zu Dochtdurchmesser, auf dessen Bedeutung wir noch zurückkommen. Auch die Negativkohle muß bezüglich Durchmesser, Material, Docht und gegebenenfalls Verkupferung der jeweiligen Belastung angepaßt sein. Die Kohlefirmen geben empfehlenswerte Paarungen von Positiv- und Negativkohlen für die verschiedenen Normalbelastungen in ihren Druckschriften bekannt, doch muß man für Sonderbelastungen diese selbst erproben.

12. Die Technik des experimentellen Arbeitens mit dem Hochstromkohlebogen.

Zum Experimentieren mit dem Hochstromkohlebogen sind grundsätzlich alle üblichen Bogenlampen verwendbar, sofern sie für die in Frage kommenden Stromstärken stabil genug gebaut sind. Auf die Frage technisch brauchbarer Hochstrombogenlampen kommen wir in Kap. VI zurück. Da beim Hochstrombogen der Elektronenstrom der Bogensäule möglichst ausschließlich die Stirnfläche der Positivkohle erreichen soll, ist beim frei brennenden, nicht stabilisierten Gleichstrombogen ein Winkel von $100-150^{0}$ zwischen den Kohlen empfehlenswert. Bei Stromstärken unter 100 Amp. kann man auch mit koaxialen Kohlen arbeiten, muß dann aber den Nachteil in Kauf nehmen, daß man nicht senkrecht auf den positiven Krater blicken und daher dessen Strahlung nicht voll ausnutzen kann. Bei einem rechten oder gar noch kleineren Winkel umgekehrt muß bei großen Stromstärken durch die später zu besprechenden Stabilisierungseinrichtungen (vgl. S. 142) für ein richtiges „Einmünden" der Bogensäule in den positiven Krater bzw. in die Anodenflamme vor diesem gesorgt werden. Für den wechselstrombetriebenen Hochstrombogen kann man die gleichen Lampen benutzen, während sich die Drehstrombogenlampen, wie S. 21 bereits erwähnt, noch durchaus im Versuchsstadium befinden.

Bei den meisten Bogenlampen werden die Kohlen an ihrem hinteren Ende fest eingespannt und ihnen an dieser Stelle gleichzeitig der Strom zugeführt. In diesen Fällen müssen verkupferte Kohlen verwendet werden. Die Dicke der Kupferhaut wird von der Kohlefirma so gewählt, daß sie bei der vorgesehenen Strombelastung je nach dem Kohledurchmesser 1—2 cm hinter dem Brennende abschmilzt. Dadurch glüht nur dieses kurze Ende; andererseits wird das das Bogengleichgewicht störende und die Bogenstrahlung stark herabsetzende Eintreten von Kupferdämpfen in den eigentlichen Bogen sicher verhindert. Daß bei Wechselstrombetrieb die Kohlen besonders dick verkupfert werden müssen, wurde bereits erwähnt.

Bei automatischen größeren Becklampen erfolgt der Vorschub der Positivkohle vielfach unter gleichzeitiger Rotation, weil man dadurch einen sehr gleichmäßigen positiven Krater erhält. Da die Kohle dann nicht fest eingespannt werden kann, umfaßt man ihr vorderes Ende einige cm hinter dem Krater durch einen federnd angepreßten, den Strom zuführenden Führungskopf. Bei derartiger vorderer Stromzuführung erübrigt sich natürlich eine Verkupferung der Kohle. Für den 1000-Amp.-Gleichstrom-Beckbogen hat man neuerdings auch mit Erfolg positive Rechteckkohlen verwendet, deren Fläche gleichmäßiger und vollständiger von der kontrahierten Säule (negativen Flamme) her aufgeheizt wird als die üblichen runden Kohlen größerer Durchmesser (vgl. Abb. 122). Eine Rotation der Kohle entfällt dann natürlich; die Stromzufuhr erfolgt durch angepreßte Silbergraphit-Schleifbacken.

Da der sog. Abbrand besonders der Positivkohle (in Wirklichkeit deren Verdampfung!) beim Hochstrombogen sehr beträchtliche Werte annehmen kann (200 bis weit über 3000 mm je Stunde gegenüber höchstens 100 mm/h beim Niederstrombogen), muß dem gleichmäßigen Kohlenachschub einige Aufmerksamkeit gewidmet werden. Das ist um so wichtiger, als der Hochstromkohlebogen wenigstens bei Gleichstrombetrieb bezüglich der richtigen gegenseitigen Stellung von Positiv- und Negativkohle sehr empfindlich ist und bereits auf geringe Einstellfehler mit oft beträchtlichen Strahlungs- und Leuchtdichteschwankungen reagiert. Abb. 11 zeigt die äußere Erscheinung eines 180 Amp.-Beckbogens mit 10 mm-Positivkohle bei zu weit rechts, richtig und zu weit links

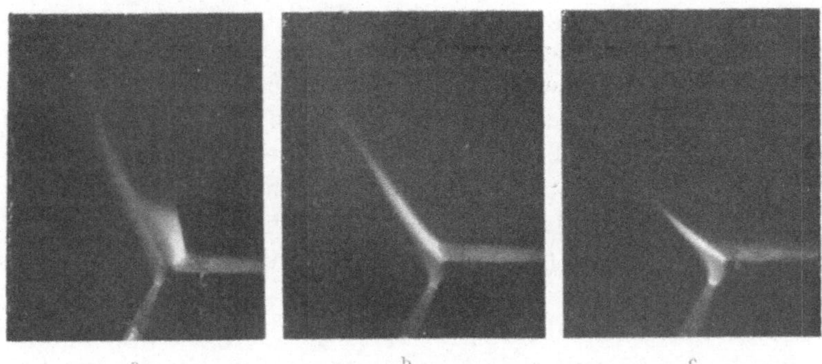

Abb. 11. Zur Empfindlichkeit des Beckbogens gegen Fehler der Kohlenstellung: 180 Amp.-Beckbogen mit 10 mm-RW H 65-Beckkohle. Stellung a: Negativkohle zu weit links. b: richtig, c: Negativkohle zu weit rechts, Aufnahmen von Hannappel (24).

stehender Negativkohle. Im allgemeinen soll bei Gleichstrombetrieb die Verlängerung der Achse der Negativkohle die Stirnfläche der Positivkohle etwas oberhalb der Mitte treffen. Das gilt für frei brennende Bögen, doch hängt die exakte Einstellung auch noch etwas von der jeweiligen Lampenkonstruktion und der Belastung ab, während sich für (z. B. magnetisch) stabilisierte Bögen allgemeine Regeln überhaupt nicht angeben lassen.

Bei den meisten kleineren Experimentierlampen wird der Vorschub beider Kohlen unabhängig von Hand betätigt und erfordert dann einige Aufmerksamkeit des Bedieners, der die richtige Kohlenstellung am besten an einem seitlich projizierten Bogenbild kontrolliert. In der Kinoprojektion hat sich ein halbautomatischer Vorschub eingeführt, auf den wir S. 210 zurückkommen. Bei den großen Beckscheinwerfern dagegen wird durchweg mit vollautomatischen Nachschub beider Kohlen gearbeitet. Einzelheiten bringen wir bei der Besprechung der Geräte S. 198.

Wird der Gleichstrombogen aus dem Netz gespeist, so ist zur Verhinderung steiler Stromspitzen bei der Zündung sowie zur Stromstärkeregulierung ein Vorschaltwiderstand erforderlich. Es sei aber darauf hingewiesen, daß der Hochstromkohlebogen im Gegensatz zum Niederstrombogen wegen der gleich zu besprechenden steigenden Stromspannungskennlinie einen Stabilisierungswiderstand an sich nicht erfordert, grundsätzlich vielmehr auch ohne Vorschaltwiderstand stabil brennt. Zur Energieersparnis ist es daher günstig, die Netzspannung z. B. des Gleichrichters nur wenig (10—20%) über der Bogenbrennspannung zu wählen. Bei großen Scheinwerfern, deren jeder von einem eigenen Generator gespeist wird, verzichtet man auf einen Vorschaltwiderstand vollständig und regelt nur mit der Erregung. Man verwendet dann die aus der Schweißtechnik bekannten Generatoren mit fallender

Kennlinie und relativ geringem Kurzschlußstrom und braucht damit nicht einmal zur Zündung einen Widerstand. Die Zündung erfolgt bei kleinen Lampen allgemein durch Berühren und Auseinanderziehen der beiden Kohlen, bei großen Geräten meist durch eine dritte „Zündkohle", die elektromagnetisch betätigt bei Einschalten von der Negativkohle weggerissen wird, wobei die Dampferuptionen der Kohlen an der Berührungsstelle die Positivkohle erreichen und die Zündung bewirken, wie von den Brüdern Beck (5) und Guillery (37) aufgenommene Filme sehr schön zeigen.

Bei Stromstärken über 450 Amp. ist mit einem völlig frei brennenden Bogen ein ruhiger Betrieb kaum mehr möglich. Hier ist eine Stabilisierung der Anodenflamme wie der kontrahierten Säule erforderlich. Sie geschieht durch Anwendung geeigneter magnetischer Felder, durch Luftströme oder durch beide Mittel gemeinsam. Wir kommen S. 140 f. auf die Bogenstabilisierung zurück.

Da im Docht der positiven Hochstromkohlen meist Fluoride verwendet werden, entstehen beim Betrieb fluorhaltige Dämpfe, die durch Absaugen oder Entlüftung beseitigt werden, obwohl nach amerikanischen Messungen (vgl. 70 a!) gesundheitsschädliche Gase (angeblich nur NO_2) selbst in unentlüfteten Brennkabinen nur in maximal einem fünftel der schädlichen Menge nachgewiesen werden konnten. Bei großen Geräten (450 Amp. und darüber) wird trotzdem heute fast stets der ganze obere Teil der Anodenflamme mit allen entstehenden Dämpfen durch ein starkes Gebläse in eine Düse gesaugt (z. B. Abb. 122, 128, 129), womit gleichzeitig eine Art Stabilisierung der Anodenflamme erreicht und jede Spiegelgefährdung durch die lange Anodenflamme sicher verhindert wird. Diese technisch erforderliche Verkürzung der Anodenflamme läßt sich heute zwar grundsätzlich auch auf magnetischem Wege erreichen (vgl. S. 141), ohne daß man strahlende Bogenteile absaugen und damit Energie vernichten muß, doch ist eine Abfuhr der Bogendämpfe auch dann noch unentbehrlich.

IV. Die physikalischen Eigenschaften des Hochstromkohlebogens.

A. Elektrische Eigenschaften.

1. Die Stromspannungskennlinien.

Da jeder elektrische Lichtbogen in erster Linie einen Elektrizitätsleitungsvorgang in einem hocherhitzten Gase (Plasma) darstellt, bildet die Messung der Abhängigkeit der Bogenspannung von der Stromstärke die Grundlage jeder physikalischen Untersuchung des Bogens. Da beim Hochstromkohlebogen diese elektrische Charakteristik ferner recht genaue Schlüsse auf die Abhängigkeit der Bogenstrahlung von der Stromstärke erlaubt, ja die lichttechnischen Eigenschaften jeder Kohlesorte weitgehend aus ihrer J-U-Kennlinie abgelesen werden können, kommt den Charakteristiken auch ein direktes technisches Interesse zu.

a) Meßmethoden.

Bei der Messung von Stromspannungskennlinien des Hochstromkohlebogens sind eine Anzahl von Vorsichtsmaßregeln zu beachten, wenn man reproduzierbare, richtige Werte erhalten will. Erstens sind Bogenlänge und Kohlenstellung sehr genau festzulegen und konstant zu halten, da schon geringe Veränderungen der Kohlenstellung die Brennspannung im allgemeinen merklich verändern. Dabei muß zunächst deutlich klargestellt und in jedem Fall angegeben werden, was man unter der Bogenlänge versteht. Im allgemeinen rechnet man diese von der negativen Spitze bis zur Mitte der Stirnfläche der Positivkohle, so wie sie in der Seitenprojektion des Bogens erscheint und daher leicht einstellbar und meßbar ist. Bei dieser üblichen Definition der Bogenlänge schwankt die effektive, bis zum Kratergrund zu rechnende Bogenlänge aber recht erheblich mit der Kratertiefe, was bei der Auswertung zu berücksichtigen ist. Beim üblichen Beckbogen z. B. täuscht eine mit wachsender Strombelastung leicht zu beobachtende Kratervertiefung um 5 mm bei konstant gehaltener äußerer Bogenlänge einen Anstieg der Brennspannung um 7—8 Volt vor, der in Wirklichkeit nur auf der Vergrößerung der effektiven Bogenlänge beruht.

Wegen der noch zu besprechenden Empfindlichkeit des Bogens gegenüber selbst geringen magnetischen Feldern sind bei exakten Messungen zweitens die mit verschiedenartigen Lampen ermittelten Werte nicht immer gleich, so daß für spätere Kontrollen und Vergleiche auch die Lampe, an der gemessen wurde, angegeben werden muß. Wolff (unveröffentlicht) hat wohl zuerst auf diesen Punkt deutlich hingewiesen. Drittens muß der Bogen vor der Messung eines Wertepaares von Stromstärke und Spannung solange bei der betreffenden Stromstärke gebrannt werden, daß ein stationärer Brennzustand mit Sicherheit erreicht ist. Die hierzu erforderliche Einbrennzeit beträgt je nach der Belastung bis zu mehreren Minuten. Sie ist dadurch bedingt, daß zu jeder Belastung ein bestimmter, sich erst langsam ausbildender Krater und ein gewisses Gleichgewicht zwischen Dochtverdampfung und Diffusion des Leuchtsalzes aus dem Dochtinnern an die Krateroberfläche gehört. Röntgendurchleuchtungen gebrannter Beckkohlen von Neukirchen bei den Ringsdorff-Werken zeigten, daß die Dicke der durch Herausdiffundieren des Leuchtsalzes verarmten Dochtschicht im Kratergrund mit der Stromstärke zunimmt und mehrere Millimeter betragen kann. Als vierte Voraussetzung der Messung richtiger Kennlinien muß darauf geachtet werden — und dazu gehört einige

Übung! —, daß der Bogen als richtig ausgebildeter Hochstromkohlebogen gleichmäßig an der Stirnfläche der Positivkohle ansetzt und nicht auf die Seitenflächen des Kohlemantels übergreift, weil das eine Verminderung der Stromdichte an der Stirnfläche und damit eine Veränderung aller anodischen Eigenschaften ergeben würde. Beim Beckbogen mit positiver Dochtkohle ist es besonders wichtig, daß der Bogen gleichmäßig in den Krater einmündet, da nur dann eine gleichmäßige Dochtverdampfung als Grundlage aller übrigen Eigenschaften des Beckbogens gesichert ist. Schon ein geringes seitliches Ansetzen des Bogens an einer Mantelseite kann eine erhebliche Störung bewirken, die sich in der Regel als plötzliche Spannungsabsenkung bemerkbar macht. Das gleiche ist der Fall, falls Dochtfehler (sehr selten!) eine gleichmäßige Verdampfung verhindern. Nur wenn alle diese Punkte peinlich genau beachtet werden, verdienen also Beckbogen-Messungen einiges Zutrauen.

Es ist von Seeliger (unveröffentlicht) vorgeschlagen worden, statt der üblichen Messung der Kennlinien mit jeweiligen Einbrennenlassen des Bogens, jeden Punkt gesondert unter gleichen Bedingungen aufzunehmen. Seeliger löscht dazu nach jeder Messung den Bogen und feilt die Positivkohle glatt ab, zündet dann und mißt nach einer automatisch festgelegten Einbrennzeit von z. B. einer Minute. Seeliger hat nach persönlicher Mitteilung mit dieser Methode gut reproduzierbare, auf einer glatten Kurve liegende Werte ohne die Notwendigkeit der Mittelbildung über eine große Zahl von Meßwerten erhalten, während der Verfasser (13) wegen der unvermeidlichen Bogenschwankungen und Dochtinhomogenitäten zur Sicherung seiner Ergebnisse für jede Kennlinie mindestens 300 Meßpunkte aufgenommen und aus ihnen die Kennlinie durch Mittelbildung gewonnen hat. Man sollte aber annehmen, daß Bogenschwankungen und Dochtinhomogenitäten auch bei Seeligers Methode eine Streuung der Meßpunkte hervorrufen müßten. Außerdem scheint die automatisch konstant gehaltene Einbrennzeit vor jeder Messung bedenklich, falls sie nicht so groß gewählt wird, daß der stationäre Zustand bei jeder Stromstärke mit Sicherheit erreicht ist.

Man mißt nun stets zusammengehörige Werte der Stromstärke und der an den Klemmen der Bogenlampe abgegriffenen Bruttobrennspannung. Aus diesen Werten zeichnet man gewöhnlich die Kennlinie des Bogens, und die meisten in der Literatur zu findenden Kennlinien beziehen sich auf diese Bruttobrennspannung, die in technischer Beziehung auch das größte Interesse besitzt. Physikalisch aber interessiert mehr der Spannungsabfall im Bogen selbst ohne den in der Bruttobrennspannung enthaltenen Spannungsabfall in den Kohlen. Letzterer hängt bei verkupferten Kohlen von der Länge der Kohlenspitzen, von denen der Kupferüberzug abgeschmolzen ist, sowie von deren Glühzustand ab. Auch der Übergangswiderstand zwischen den Stromzuführungen und den Kohlen kann, wenn der Strom bei unverkupferten Kohlen schleifend zugeführt wird, eine Rolle spielen. Der Verfasser hat deshalb (13) zur Messung des Spannungsabfalls zwischen Klemmen und Kohlenspitzen zunächst die sog. Kontaktmethode benutzt, bei der jeweils nach Messung einiger Stromspannungswerte am Bogen die Kohlen schnell bis zu fester Berührung zusammengeschoben und dann wiederum Klemmspannung und Stromstärke abgelesen wurden. Division beider Werte ergab den jeweiligen Elektrodenwiderstand, der bei Messungen an verkupferten Beckkohlen von 5—16 mm Durchmesser zwischen 0,20 und 0,04 Ohm lag, aber natürlich stark von der der Betriebsstromstärke richtig anzupassenden Verkupferung abhängt. Daraus folgt, daß bei einer Stromstärke von 200 Amp. und einer Bruttobogenspannung von 80 Volt der Spannungsabfall an den Kohlen leicht 20 Volt = 25% der Bruttospannung betragen kann! Unreduzierte Kennlinien, wie sie in älteren Arbeiten häufig ohne nähere Angaben zu finden sind, haben daher für die Diskussion der physikalischen Verhältnisse im Bogen praktisch keinen Wert.

Zur Sicherung der durch die beschriebene Kontaktmethode ermittelten Spannungsabfälle in den Kohlen hat Haury (25) in unserem Institut Sondenmessungen herangezogen, indem er mit Kupfersonden die Kohlen hart am Brennrand berührte und so nach Wunsch den Spannungsabfall in den Kohlen oder die reine Brennspannung des Bogens direkt ermittelte. Das Ergebnis dieser Sondenmessungen stimmte mit dem unserer Kontaktmethode bestens überein. Bezeichnet man nun die Bruttowerte von Bogenspannung und Stromstärke mit U_B und J_B und die entsprechenden Werte bei zusammengeschobenen Kohlen mit U_K und J_K, so ist die reduzierte reine Bogenspannung ersichtlich

$$U_O = U_B - J_B \cdot \frac{U_K}{J_K}.$$

Alle in diesem Abschnitt mitgeteilten Kennlinien sind in dieser Weise reduziert, geben also Brennspannungswerte des reinen Bogens. Arbeitet man aber direkt mit Sonden, so ist es einfacher, die tatsächliche Bogenspannung U_O direkt durch Berührung beider Kohlenspitzen mit den Kupfersonden, zwischen denen das Spannungsinstrument liegt, zu messen (24, 25).

Die Reduktion der bei konstanter scheinbarer (äußerer) Bogenlänge gemessenen Brennspannungswerte auf solche für konstante effektive Bogenlänge ist bisher nie durchgeführt worden, weil der Spannungsabfall im Dampf des Kraters unbekannt ist und nur mit einer gewissen Willkür aus der Kratertiefe und dem Säulengradienten in der turbulenten Säule errechnet werden könnte. Diese Reduktion kann andererseits bei geringer äußerer Bogenlänge und großer Kratertiefe von entscheidender

Bedeutung sein, da z. B. bei einem von Haury und dem Verfasser (25) untersuchten Wechselstrom-Beckbogen von 5 mm äußerer Bogenlänge die effektive Bogenlänge infolge der bei beiden Kohlen stattfindenden Auskraterung 15 mm betrug. Es wäre aber andererseits noch zu diskutieren, ob diese größte Bogenlänge vom einen zum anderen Kratergrund überhaupt die physikalisch sinnvollste Bogenlänge darstellt oder nicht ein Mittelwert zwischen ihr und der äußeren Bogenlänge. Hier herrscht also noch einige Unsicherheit.

Die erreichbare Genauigkeit bei der Aufnahme von Stromspannungskennlinien dürfte etwa $\pm$ 0,5 Volt betragen. Auf gelegentliche viel größere Abweichungen von den Kennlinien, die stets physikalische Ursachen haben, kommen wir bei der Besprechung der Ergebnisse zurück.

b) Allgemeine Ergebnisse.

Die in der beschriebenen Weise bestimmten Kennlinien aller Hochstromkohlebögen zeigen, unabhängig von den noch zu behandelnden, durch die spezielle Dochtsubstanz bestimmten Erscheinungen, alle das gleiche Verhalten. Nach einem anfangs angenähert hyperbolischen Abfall, der bekannten fallenden Charakteristik, durchlaufen die Kennlinien ein Minimum, um dann mehr oder weniger steil anzusteigen. Die Steilheit des Anstiegs hängt von der Dichte und Härte des Materials der Positivkohle und von deren chemischer Zusammensetzung ab. Der Anstieg ist beim zischenden Homogenkohlebogen nur gering (Beispiel Abb. 12, gleichzeitig den Einfluß verschiedener Negativkohlen zeigend), kann aber beim Beckbogen mit Cerfluorid im Docht den 7 fachen Wert erreichen (13). Dabei ist der Anstieg bei Beckbögen verschiedener Dochtzusammensetzung um so steiler, je stärker ihr Abbrand mit der Stromstärke zunimmt und je stärker gleichzeitig die Strahlung des

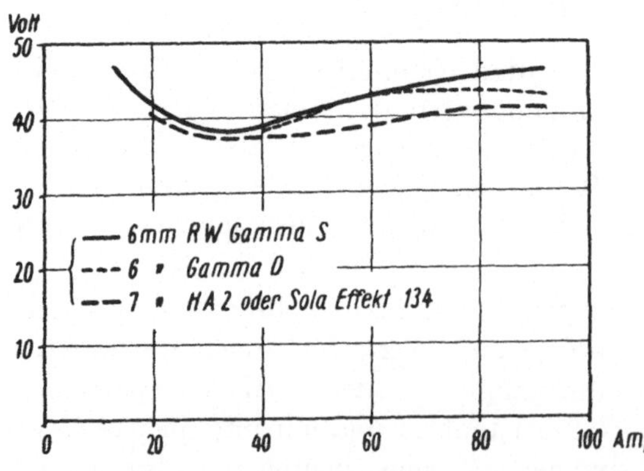

Anodenflammenplasmas mit der Strombelastung wächst. Dieser Zusammenhang zwischen Bogenspannung, Abbrand der Positivkohle und Bogenstrahlung wird uns in der Folge noch häufiger begegnen. Er zeigt sich auch bei den seltenen Dochtfehlern. Ändert sich nämlich infolge eines Fabrikationsfehlers die Eigenschaft des positiven Dochtes in sol-

Abb. 12. Strom-Spannungs-Kennlinien eines 7 mm-Homogenkohle-Hochstrombogens bei verschiedenen Negativkohlen nach Messungen des Verfassers (13).

cher Weise, daß der Abbrand (d. h. die Dochtverdampfung) plötzlich zurückgeht, so sinken gleichzeitig Brennspannung und Bogenstrahlung mit ab. Bezüglich der zu den verschiedenen Brennformen der verschiedenen Hochstromkohlebögen gehörenden Kennlinien und aller Einzelheiten muß auf unsere Arbeit (13) verwiesen werden.

c) Die Kennlinien des Beckbogens und der Beckeffekt.

Alle eben geschilderten allgemeinen Ergebnisse gelten auch für den am besten untersuchten (und technisch wichtigsten) Beckbogen. Hier ist ferner die Steilheit der steigenden Kennlinie um so größer, ein je tieferer Krater sich ausbildet. Ob dieser Befund allein davon herrührt, daß bei starker Dochtverdampfung, die ja an sich eine steile Kennlinie ergibt, infolge der Kratervertiefung nur die effektive Bogenlänge zunimmt, oder ob eine direkte Kraterwirkung etwa infolge Zusammendrängung des in den Krater eintretenden Elektronenstroms hinzukommt, ist bisher nicht bekannt.

Abb. 13 zeigt einige Kennlinien eines Beckbogens von 6 mm äußerer Bogenlänge bei koaxialer Kohlenstellung für verschiedene Durchmesser der Positivkohle. Ihre auffallendste Eigenschaft ist die Knickstelle, die jede Kennlinie zeigt. Beobachtet man den Beckbogen gleichzeitig in der Seitenprojektion, so bemerkt man beim Überschreiten der Knickstromstärke den sog. Beckeffekt, d. h. das Erscheinen einer leuchtend weißen Zunge vor dem Krater. Unter Berücksichtigung aller unserer sonstigen Kenntnisse vom Beckbogen läßt sich der Knick der Kennlinie und das mit ihm gekoppelte Auftreten des Beckeffekts am zwanglosesten durch

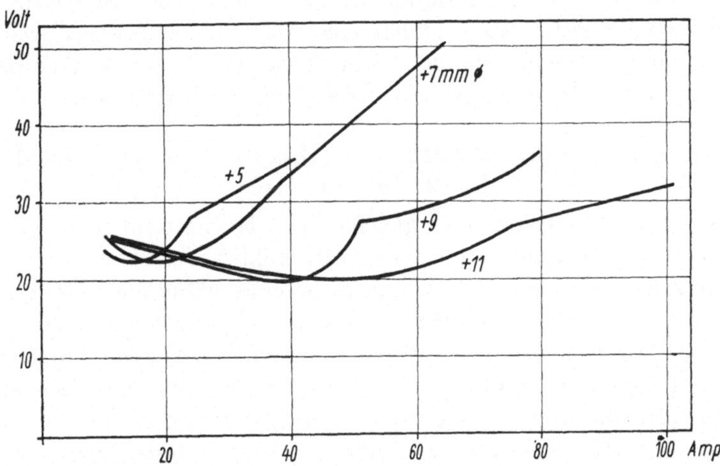

Abb. 13. Strom-Spannungs-Kennlinien von Gleichstrom-Beckbögen mit Positivkohlen RW Sola Effekt 134. Scheinbare Bogenlänge 6 mm. Nach Messungen des Verfassers (13).

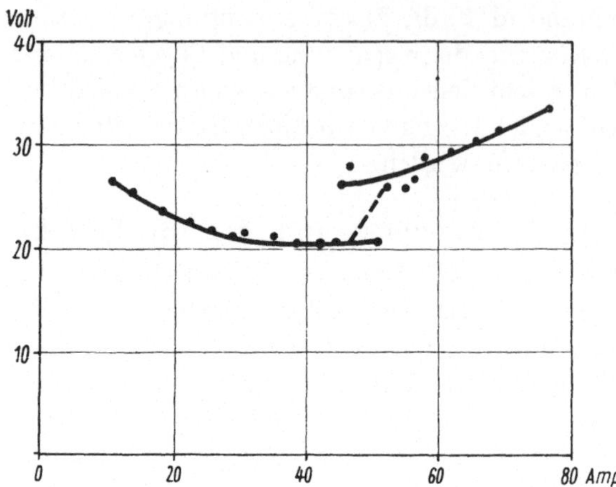

Abb. 14. Strom-Spannungs-Kennlinie eines 9 mm-Beckbogens mit einzelnen Meßpunkten zur Erklärung des „Sprunges" beim Auftreten des Beckeffekts (13).

die Annahme deuten, daß bei der Stromstärke der Knickstelle im Kratergrund die Siedetemperatur des Leuchtsalzes erreicht wird. Oberhalb dieser Stromstärke haben wir eine sehr starke Dochtverdampfung, durch die der gesamte Bogenmechanismus vor dem positiven Krater in noch zu besprechender Weise so verändert wird, daß die Bogenspannung plötzlich um mehrere Volt steigt. Daß es sich dabei wirklich um ein mit dem Auftreten der leuchtenden Dampfwolke gekoppeltes Ansteigen der Brennspannung um mehrere Volt handelt, wurde durch sorgfältige Beobachtungen gesichert. Dabei gelang es z. B. durch langsames Steigern und späteres entsprechend vorsichtiges Absenken der Stromstärke, eine Art von Hysteresis zu finden, d. h. gemäß Abb. 14 Punkte niedriger Spannung ohne weiße Zunge bei Stromstärken oberhalb des normalen Knickpunkts und umgekehrt Punkte hoher Spannung mit weißer Zunge unterhalb der normalen Sprungstromstärke zu beobachten. Nach unserer Deutung scheint dieser Befund verständlich: Bei vorsichtiger Steigerung der Stromstärke erhalten wir offenbar eine Art von Siedeverzug, während bei langsamer Erniedrigung der Stromstärke von hohen Werten her die Siedetemperatur erst später als normal unterschritten wird.

d) Ein Ähnlichkeitsgesetz für Bögen von verschiedenem Kohledurchmesser.

Zwischen den Kennlinien gleichartiger Hochstromkohlebögen von verschiedenem Durchmesser der Positivkohlen bestehen (13) gesetzmäßige Zusammenhänge, die sich in Form eines näherungsweise gültigen Ähnlichkeitsgesetzes formulieren lassen. Wir bezeichnen dabei zwei Bögen als ähnlich, wenn sie an einander entsprechenden Punkten die gleiche Temperatur besitzen. Nach unserer Deutung des Beckeffekts würden also die in Abb. 13 dargestellten 4 Beckbögen bei den Stromstärken ihrer Knickpunkte als ähnliche Bögen zu bezeichnen sein. Aus allen unseren Messungen von Stromspannungskennlinien wie von Leuchtdichtekurven usw. (vgl. S. 67) folgt nun die angenähert schon aus Abb. 13

zu entnehmende Beziehung, daß bei gleicher Kohlensorte und ähnlichen Bögen die Stromstärke dem *Durchmesser* der Positivkohle proportional ist. Die Proportionalitätskonstante wollen wir den Belastungsfaktor nennen. Dann können wir z. B. sagen: Für die in Abb. 13 dargestellte Kohlensorte RW Sola Effekt 134 erhält man die Siedetemperatur des Leuchtsalzes, d. h. den Beckeffekt, bei einer Stromstärke, die gleich dem Positivkohlendurchmesser multipliziert mit dem Belastungsfaktor 5,5 ist. In ähnlicher Weise können wir später einen Belastungsfaktor zur Berechnung der Stromstärke angeben, die eine vorgegebene Leuchtdichte ergibt. *Allgemein gilt also für ähnliche Hochstromkohlebögen in einem nicht zu weiten Durchmesserbereich näherungsweise, daß die Stromstärke gleich dem Belastungsfaktor multipliziert mit dem Durchmesser der jeweiligen Positivkohle in Millimetern ist.*

Diese Proportionalität der Stromstärke zum Durchmesser der Kohle ist selbst als erste Näherung recht erstaunlich, da theoretisch die Strom*dichte* die entscheidende Größe sein sollte und man daher eine Proportionalität zum Querschnitt der Kohle erwartet hätte.

Da ähnliche Bögen nach unseren Messungen bei Bezug auf gleiche effektive Bogenlänge auch gleiche Bogenspannungen besitzen, bedeutet das Ähnlichkeitsgesetz eine Proportionalität der Energiezufuhr (Stromstärke mal Spannung) zum Anodendurchmesser. Infolgedessen muß im stationären Gleichgewicht bei gleicher Temperatur auch der Energieverlust des Bogens dem Anodendurchmesser proportional sein. Das wäre angenähert der Fall, wenn man den Bogen als einen Zylinder gegebener Länge auffassen dürfte, dessen Energieverlust durch Wärmeleitung wie durch Strahlung der Zylinderfläche und damit dem Durchmesser proportional wäre (13). Für die Wärmeleitung ist das sicher der Fall, für die nach S. 55 rund 70 % betragende Abstrahlung aber nur dann, wenn der Bogen wenigstens in den hauptsächlich emittierten Wellenlängen wie ein schwarzer Strahler strahlte. Wir müssen also die angenäherte Gültigkeit des Ähnlichkeitsgesetzes als Hinweis darauf ansehen, daß der Hochstromkohlebogen in den Linien ziemlich weitgehend schwarz strahlt. Nach diesen Erörterungen kann man nicht erwarten, daß unser Ähnlichkeitsgesetz exakt gilt, und das ist auch nicht der Fall. Immerhin gilt es innerhalb 10—20 % über weite Bereiche und ist für die Praxis von Interesse, weil es bei Kenntnis einer bestimmten Kohle die richtige Belastung anderer, im Durchmesser nicht allzu verschiedener Kohlen zu berechnen gestattet. Um genauere Werte zu erhalten, schlägt man zur berechneten Stromstärke bei dickeren Kohlen 10—20 % zu, und zieht bei dünneren den gleichen Prozentsatz ab. Allgemein aber folgt aus unserer theoretischen Überlegung, daß das Ähnlichkeitsgesetz besonders gut bei koaxialer Kohlenstellung (z. B. kleineren Kinolampen) und allgemein um so besser gelten muß, je geringer die Bogenlänge ist und je mehr die Bogenform dem angenommenen Zylinder vom Durchmesser der Positivkohle gleicht. Für einen Höchststrom-Beckbogen wie Abb. 122 ist der Vergleich mit einem kleinen Zylinder von Positivkohlendurchmesser sicher ungenügend und daher unser Ähnlichkeitsgesetz viel schlechter anwendbar als im Kinobetrieb.

e) Der Einfluß des Materials der Negativkohle auf die Kennlinien.

Ausgedehnte Messungen von Kennlinien bei gegebener Positivkohle und Variation der Negativkohle führten zu dem Ergebnis (13), daß die Kennlinien vom Material wie vom Durchmesser der Negativkohle weitgehend unabhängig sind. Es ließ sich lediglich gemäß Abb. 12 eine Verminderung der Brennspannung im gesamten steigenden Teil der Kennlinie um einige Volt feststellen, wenn man statt einer homogenen eine Docht-Negativkohle wählte, und zwar war die Spannungsverminderung um so größer, je größer der Dochtdurchmesser war. Das Dochtmaterial dagegen schien in erster Näherung ohne Einfluß zu sein.

f) Der Einfluß der Kohlenstellung.

Systematische Untersuchungen über den Einfluß der Kohlenstellung auf den Verlauf der Kennlinien liegen noch nicht vor. Innerhalb der technisch interessierenden Genauigkeit von 1—2 Volt ist aber der Verlauf der Kennlinien (im Bereich der nicht kontrahierten Säule unter 100 Amp.) unabhängig davon, ob bei gleicher Bogenlänge mit koaxialer oder mit Winkelstellung der Kohlen gearbeitet wird. Bei letzterer bewirkt das Eigenmagnetfeld allerdings häufig eine Bogenkrümmung, die eine Vergrößerung der effektiven Bogenlänge ergibt und entweder durch einen Blasmagneten (S. 140) beseitigt oder rechnerisch berücksichtigt werden muß. Voraussetzung ist ferner wie stets, daß die Bogensäule glatt in den positiven Krater einmündet und der Bogen nicht auf den Mantel der Positivkohle übergreift. Letzteres ist beim Bogen über 120 Amp. bei koaxialer Stellung aber überhaupt nicht mehr zu verhindern, so daß bei höheren Stromstärken nur die Winkelstellung der Kohlen in Frage kommt. Überhaupt wird der Hochstrombogen bei größerer Stromstärke wegen der Säulenkontraktion gegen Änderungen der Kohleneinstellung immer empfindlicher, weil die kontrahierte Säule nur bei *einer* bestimmten Kohlenstellung richtig in den Krater bzw. vor diesem in die Anodenflamme einmündet.

g) Der Einfluß der Bogenlänge auf die Kennlinien.

Mißt man verschiedene Sätze von Kennlinien gemäß Abb. 13 bei verschiedenen Bogenlängen, so ergibt sich (13), daß der relative Verlauf ebenso wie die Steilheit von der Bogenlänge unabhängig ist, daß zu allen Spannungswerten also einfach ein dem Längenzuwachs des Bogens proportionaler Spannungsbetrag hinzukommt. Aus diesem Befund schloß der Verfasser (13) zuerst, daß der für die Steigerung der Kennlinien verantwortliche, mit der Stromstärke wachsende Anteil der gesamten Bogenspannung dicht vor dem positiven. Krater lokalisiert ist und als *anomaler Anodenfall* bezeichnet werden kann. Dieser Schluß wurde durch die gleich zu behandelnden Sondenmessungen bestätigt.

h) Die Kennlinien von Wechselhochstrombögen.

Bis vor kurzem bestand noch keine Einigkeit darüber, ob es einen richtigen Beckeffekt beim Wechselstrombogen überhaupt gäbe. Die Untersuchungen von Haury und dem Verfasser (25) an wechselstrombetriebenen Hochstromkohlebögen haben nun eindeutig gezeigt, daß die Wechselstrom-Spannungskennlinien der verschiedenen Hochstromkohlebögen mit Homogenkohlen wie mit Beckkohlen denen der Gleichstrombögen in allen wesentlichen Punkten entsprechen, daß auch hier die zunächst fallenden Kennlinien steigend werden, und daß insbesondere auch beim Wech-

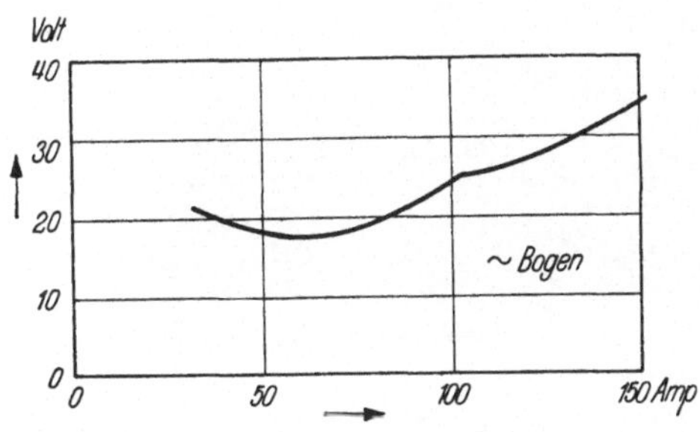

Abb. 15. Strom-Spannungs-Kennlinie eines 8 mm-Wechselstrom-Beckbogens (Kohlen: RW Sola Effekt 134) nach Haury und dem Verfasser (25).

selstrom-Beckbogen gemäß Abb. 15 ein der Abb. 13 entsprechender Spannungssprung auftritt, während gleichzeitig langsam die Beckflamme sichtbar wird. Der Knick ist allerdings weniger scharf, und die Anodenbelastung muß beim Wechselstrombogen gegenüber dem Gleichstrombogen gleicher Kohlenstärke mehr als verdoppelt werden. Während der Beckeffekt bei der 8 mm RW Sola Effekt 134 bei Gleichstrombetrieb bei etwa 45 Amp. auftritt, ist der Beckeffekt bei Wechselstrombetrieb nach Haury erst bei 100 Amp. voll ausgebildet. Daß die zum Erreichen ähnlicher Zustände an einem Krater des Wechselstrombogens erforderliche Stromstärke gegenüber dem Gleichstrombetrieb ungefähr verdoppelt werden muß, erscheint vernünftig, da im Zeitmittel jede Kohle ja nur die halbe Energie erhält. Daß der volle Beckeffekt aber erst bei 100 Amp. statt bei $2 \times 45 = 90$ Amp. erreicht wird, dürfte nach Haury daran liegen, daß die volle zu einem Dampfausbruch erforderliche Kratertemperatur wegen der Abkühlung während der Dunkelpause eine zusätzliche Aufheizenergie erfordert, wenn sie erreicht werden soll, bevor die Stromstärke bereits wieder abnimmt.

2. Anodenfall und Potentialverteilung im Bogen.

In Ergänzung der Messungen von Kennlinien, die die Abhängigkeit der gesamten Bogenspannung von der Stromstärke und den übrigen Bedingungen zeigen, geben die Messungen der Potentialverteilung Aufschluß über die Verteilung des gesamten Spannungsabfalls auf die verschiedenen Bogengebiete.

Abb. 16. Sondenanordnung für Anodenfallmessungen nach (16).

a) Die Methode der Potentialmessung.

Zur Potentialmessung haben wir (16) eine Sondenmethode benutzt, bei der der ganze Bogen mit einer Kohlensonde abgetastet und für jeden Ort die Potentialdifferenz gegen die Anode oder Kathode gemessen wurde. Abb. 16 zeigt eine dabei von uns verwendete Anordnung, bei der die Sonde durch Schraube und Kardanwelle verschoben werden konnte. Durch Versuche wurde festgestellt, daß Größe und Form der Spitze der Kohlesonde auf das Meßresultat innerhalb der Meßgenauigkeit von ± 0,5 Volt keinen Einfluß haben; selbst das Anwachsen eines Kohlepilzes (vgl. S. 129) an der Sondenspitze beeinflußte die Ergebnisse nicht merklich. Dagegen wird die Bogenentladung selbst durch das Einbringen der Sonde wohl infolge der Kühlung beeinflußt, was sich durch eine Erhöhung der gesamten Brennspannung um etwa 3 Volt anzeigte.

Auf eine eingehende Diskussion, welches genaue Potential eine Sonde anzeigt, die gemäß Abb. 17 Bogengebiete verschiedenen Potentials durchsetzt, müssen wir hier verzichten und uns mit ein paar Bemerkungen begnügen. Theoretisch müßte die Sonde einen schwer zu bestimmenden Mittelwert der Potentiale von A und B anzeigen, doch glauben wir, daß der tatsächlich angezeigte Wert praktisch mit dem von A zusammenfällt, jedenfalls wenn das elektrische Leitvermögen der Sonde (wie bei uns im

Beckbogen) groß ist gegenüber dem des umgebenden Plasmas. Die Sonde wird dann nämlich das Potential desjenigen Plasmapunktes annehmen, der einerseits den besseren elektrischen Kontakt mit ihr und andererseits das höhere elektrische Leitvermögen besitzt. Letzteres ist wichtig zum Ersatz der dem Plasma durch die Sonde entzogenen Ladungsträger. Durch beide Eigenschaften ist aber der Punkt A ausgezeichnet, weil hier einerseits die Temperatur und damit das Leitvermögen wesentlich höher ist als bei B, und weil andererseits

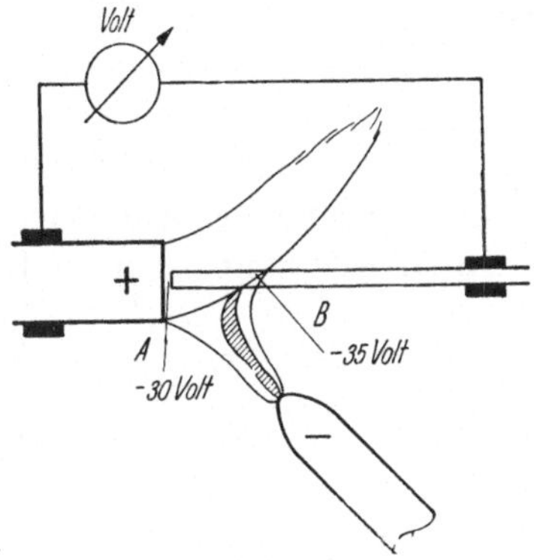

Abb. 17. Zur Frage des von einer Sonde angezeigten Potentials, wenn diese Plasma-Gebiete verschiedenen Potentials (A = 30 Volt, B = 35 Volt negativ gegen Anode) durchsetzt.

bei A der Anodendampfstrahl durch sein Blasen einen besonders innigen thermischen wie elektrischen Kontakt zwischen Plasma und Sonde erzeugt. Sehen wir von dem später zu diskutierenden Sonderfall ab, daß die Sonde die kontrahierte Säule durchsetzt, so wird sie also stets das Potential des anodennächsten Punktes anzeigen und sich daher besonders zu Anodenfallmessungen gut eignen.

Die mit der Sonde gegen die Klemme der Positivkohle gemessenen Potentialwerte müssen noch korrigiert werden, um wirklich die Differenz des Raumpotentials einer bestimmten Bogenstelle gegen das Potential des positiven Kraters zu geben. Erstens muß wie bei den Brennspannungsmessungen der Spannungsabfall längs der positiven Kohle abgezogen werden, und das geschieht wie auf S. 29 bereits beschrieben. Zweitens aber lädt sich die Potentialsonde in einem Plasma der Elektronentemperatur T wegen der größeren thermischen Geschwindigkeit der Elektronen verglichen mit der der Ionen um den Betrag

$$\varDelta\, U = \frac{k\,T}{2\,e}\, \ln \frac{m^+}{m^-}$$

negativ gegen die Umgebung auf. Hierin bedeutet e die Elektronenladung, und m^+ bzw. m^- die Masse der positiven Ionen und der Elektronen des Plasmas. Um diesen Betrag, der bei den Verhältnissen in der Anodenflamme (T ∼ 6000—8000⁰ K) 1—2 Volt beträgt, wurden die Meßwerte ebenfalls korrigiert. Wegen der trotzdem gegen die Sondenmethode vielleicht noch bestehenden Bedenken sei betont, daß es sich bei unseren Messungen weniger um die Bestimmung von Absolutpotentialen als vielmehr von Potentialdifferenzen zwischen verschiedenen Bogengebieten oder um Änderungen von Potentialdifferenzen bei Änderung der Stromstärke handelt. Diese Differenzen aber dürften, da die verglichenen Plasmatemperaturen um weit weniger als 8000° verschieden sind, mit Sicherheit auf $\pm$ 1 Volt genau erfaßt werden.

b) Die Potentialverteilung im Bogen.

Abb. 18 zeigt an einem Beispiel die durch Sondenmessungen ermittelte Potentialverteilung in einem Beckbogen nach Messungen im Siemens-Schuckert-Werk in Nürnberg. Als wesentlichstes Ergebnis interessiert die zuerst vom Verfasser (16) gefundene Tatsache, daß *die gesamte Anodenflamme innerhalb der Meßgenauigkeit gleiches Potential besitzt*, und zwar in diesem speziellen Fall 35 Volt negativ gegen die Anode. Der Hauptteil dieser Potentialdifferenz liegt über einer unmeßbar kleinen Strecke dicht vor dem positiven Krater, stellt also den Anodenfall des Bogens dar. In den an das Anodenfallgebiet anschließenden nächsten Millimetern der Anodenflamme ist nach unsern Messungen aber auch noch ein einem Gradienten von 30—50 Volt/cm entsprechender Spannungsabfall vorhanden. Dieser Teil der Anodenflamme ist ja nach S. 15 an der Stromleitung beteiligt und bildet die turbulente Säule.

In der ganzen Bogensäule nimmt dann das Potential in Richtung auf die Kathode hin ständig zu, während dicht vor der negativen Spitze wieder ein Potentialsprung (Kathodenfall)

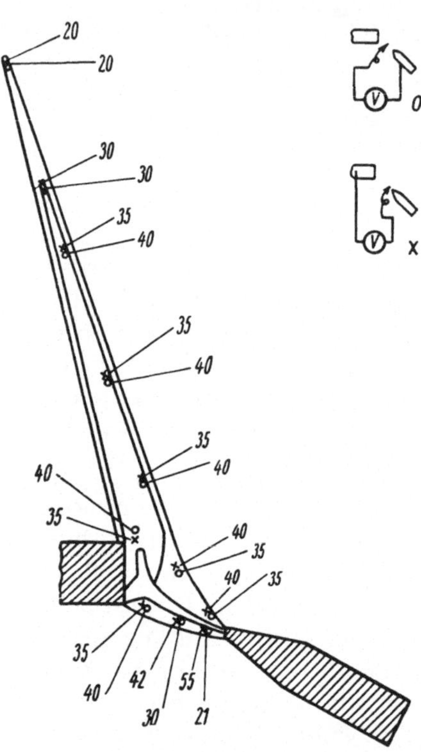

Abb. 18. Potentialverteilung im Beckbogen nach Messungen im Scheinwerfer-Laboratorium des Siemens-Schuckert-Werks Nürnberg. x: Potential gegen die Anode, o: Potential gegen die Kathode gemessen. Die Summe beider Zahlen muß die Bogenspannung 75 Volt ergeben. Die Messungen an der Spitze der Anodenflamme sind wahrscheinlich dadurch gestört, daß bei ihnen der innere Widerstand des Voltmeters nicht mehr groß war gegen den Widerstand des Plasmas zwischen Anodenflammenspitze und Elektroden.

liegt, dessen Größe wegen der hier durch das Einbringen der Sonde bewirkten beträchtlichen Störung noch nicht genau gemessen werden konnte. Nach Heatly und Soanes (44) soll er etwa 14 Volt betragen, doch scheint uns dieser Wert sehr hoch.

Zur Messung des Spannungsabfalls je cm Säulenlänge, d. h. des Säulengradienten eignet sich unsere Sondenmethode wegen der Empfindlichkeit der kontrahierten Säule nicht gut. Messungen der Bogenspannung in Abhängigkeit von der Bogenlänge scheinen hier ein besseres Bild zu geben (vgl. Abb. 109). Genauere Untersuchungen sind aber über Kathodenfall und Säulengradient dringend erforderlich.

c) Ergebnisse der Anodenfallmessungen.

Von besonderem Interesse ist die Größe des als Anodenfall bezeichneten Potentialsprungs dicht vor dem positiven Krater, weil von ihm die dem Krater je Sekunde zugeführte Energie abhängt. Nach S. 35 sollte dieser Anodenfall ja auch für den Anstieg der Kennlinie, d. h. der gesamten Bogenspannung, verantwortlich sein. Es wurden deshalb Messungen des Anodenfalls in Abhängigkeit von der Stromstärke für verschiedenartige Hochstromkohlen mit der S. 36 beschriebenen Sondenanordnung ausgeführt. Dabei stellte sich heraus, daß die Dicke des Anodenfallgebiets sicher unter 1 mm liegt, ihr genauer Wert aber mit der verwandten Methode nicht ermittelt werden kann.

Einige Ergebnisse von Anodenfallmessungen an drei verschiedenen Beckkohlen und einer positiven Homogenkohle sind, jeweils in Abhängigkeit von der Belastung, in Abb. 19 dargestellt. Dabei bedeutet Kurve b den gemäß S. 37 gemessenen und reduzierten Anodenfall, Kurve a die Stromspannungskennlinie, d. h. die gesamte zu der betreffenden Positivkohle gehörende Bogenbrennspannung, und Kurve c die Differenz von a und b, d. h. den Spannungsabfall zwischen den Kohlen abzüglich des Anodenfalls. Aus den Kurven folgt in allen vier Fällen eindeutig, daß die Brennspannung aller Hochstrombögen nach Abzug des Anodenfalls nicht mit der Stromstärke zunimmt, Säulengradient und Kathodenfall also bei Änderung der Stromstärke im wesentlichen konstant bleiben. Die geringen Änderungen der Kurven c dürften darauf beruhen, daß mit zunehmender Verdampfung des Anodenmaterials die zunächst in Luft stattfindende Entladung allmählich zu einer Dampfentladung wird. Der S. 31 behandelte und für den Hochstromkohlebogen charakteristische Anstieg der Kennlinien ist also ausschließlich durch die Zunahme des Anodenfalls mit der Stromstärke bedingt. Der S. 30 erwähnte Zusammenhang zwischen dem Anstieg der Brennspannung, der Anodenverdampfung und der Bogenstrahlung ist also in Wirklichkeit ein Zusammenhang dieser beiden letzten Größen mit dem Anodenfall. Die entscheidenden Erscheinungen des Hochstromkohlebogens sind damit durch die Verhältnisse im Anodenfallgebiet bestimmt. Es besteht wegen dieses Zusammenhangs ferner grundsätzlich die Möglichkeit, aus rein elektrischen Messungen des Anodenfalls vor dem Krater einer bestimmten Positivkohle etwas darüber auszusagen, ob die betreffende Kohle im Beckbogen eine hohe Leuchtdichte (und Anodenflammentemperatur)

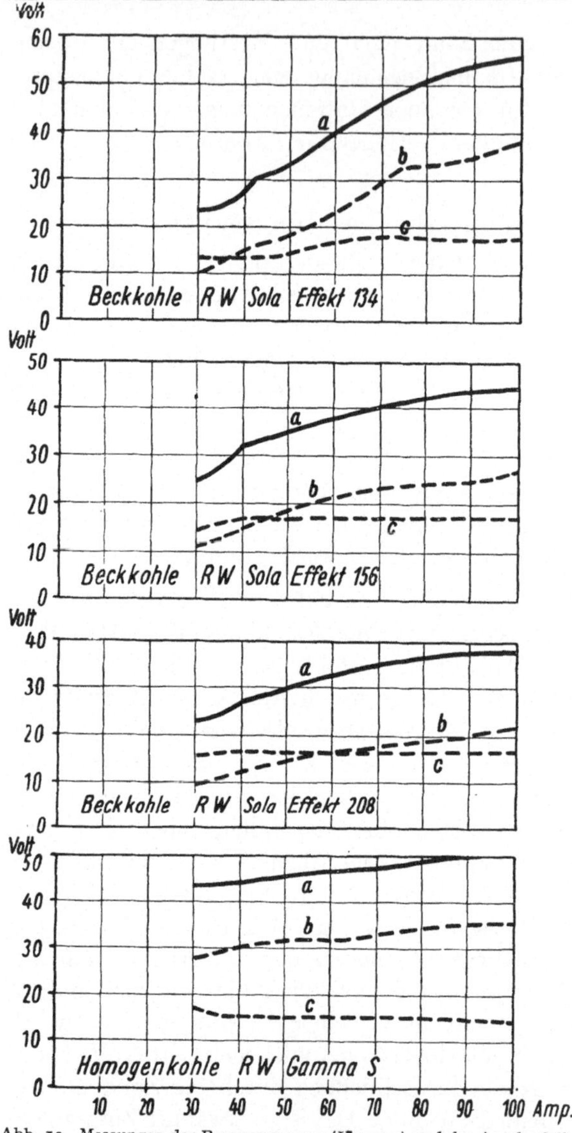

Abb. 19. Messungen der Brennspannung (Kurve a) und des Anodenfalls (Kurve b) an drei verschiedenen 7 mm-Beckbögen und einem Homogen-kohle-Hochstrombogen. Kurve c zeigt jeweils die Differenz der Spannungswerte a—b. Messungen von Schluge und dem Verfasser (16).

ergeben kann oder nicht. Je steiler der Anstieg des Anodenfalls ist, um so bessere Strahlungseigenschaften muß die Kohle besitzen. Nimmt die Steilheit des Anstiegs oberhalb einer gewissen Belastung ab, so wird auch die Strahlungsdichte des positiven Kraters oberhalb dieser Stromstärke langsamer zunehmen.

Zu den Anodenfallmessungen Abb. 19 an der Homogenkohle Gamma S muß noch bemerkt werden, daß diese infolge der besonderen, gleich näher zu behandelnden Erscheinung des Zischens verfälscht sein könnten und das nach Schluge (89) auch sind. Wir gehen S. 185 im Zusammenhang mit dem Mechanismus des zischenden Homogenkohle-Hochstrombogens näher auf diese Frage ein.

3. Die Eigenschaften des zischenden Homogenkohlebogens.

Bei der Behandlung der Potentialverteilung und der Bestimmung der Anodenfallwerte durch Sondenmessungen im vorigen Abschnitt haben wir die S. 19 schon erwähnte Tatsache unberücksichtigt gelassen, daß beim Homogenkohle-Hochstrombogen die besonderen, mit dem Zischen verbundenen anodischen Vorgänge eine Störung der Messungen bewirken könnten. Im folgenden behandeln wir deshalb zunächst die Eigenschaften des zischenden Homogenkohlekraters und die sie bewirkenden anodischen Vorgänge. Dabei stellen wir gleich fest, daß das Zischen keineswegs, wie in der älteren Literatur gelegentlich zu lesen, auf den Gleichstrombogen und die Anwesenheit von Sauerstoff beschränkt ist. Der Wechselstrombogen zischt vielmehr genau so wie der Gleichstrombogen, und das Zischen trat ferner in allen von uns untersuchten Gasen in gleicher Weise auf wie in Luft, ist also sicher nicht chemisch bedingt.

a) Allgemeines.

Nach zahlreichen älteren Versuchen, Klarheit über die Vorgänge beim Zischen zu gewinnen, haben kürzlich Schluge und der Verfasser (89) diese experimentell möglichst sorgfältig untersucht. Mit einem Elektronenstrahloszillographen hat Schluge den zeitlichen Verlauf der Spannung, der Stromstärke, der Schallstärke, der mittleren Leuchtdichte der Anodenstirnfläche, und der Leuchtdichte eines einzelnen Flächenelements der Anodenstirnfläche aufgenommen und die Phasenbeziehungen zwischen diesen verschiedenen Größen genau festgestellt. Er hat weiter in Fortsetzung von Versuchen von Weizel und Faßbender[1]) Zeitlupenaufnahmen des zischenden Bogens von vorn wie von der Seite bei Bildfolgen bis zu 4000/sec gemacht und hat schließlich in Ergänzung dieser Aufnahmen „durchlaufende" Aufnahmen der Anodenstirnfläche wie der seitlich projizierten Anodenflamme auf einem mit 50 m/sec sich bewegenden Film gemacht, wobei teilweise der Krater bzw. die Anodenflamme durch einen Spalt bis auf einen schmalen Streifen abgeblendet waren. Auf die zahlreichen Einzelheiten der experimentellen Technik und der Ergebnisse kann hier nicht eingegangen werden (vgl. dazu 89). Es sollen vielmehr nur die wichtigsten Ergebnisse kurz zusammengefaßt werden.

b) Ausbildung und Bewegung von Brennfleck und Mikrobrennfleck.

Beim nicht-zischenden Homogenkohlebogen setzt nach unseren Erfahrungen der Bogen an der Anodenstirnfläche mit einer annähernd konstanten Stromdichte von 40 Amp./cm² an, ohne daß innerhalb dieses Ansatzes irgendeine Konzentration zu beobachten wäre. Diese Beobachtungen von Schluge und dem Verfasser beziehen sich dabei ebenso wie die übrigen zu besprechenden Untersuchungen auf 4 verschiedene Sorten von Ringsdorff-Homogenkohlen aus Graphit („534" genannt), Koks (Gamma S), einer Koks-Ruß-Mischung (Gamma X) und reinem Ruß (Gamma V) mit spezifischen Widerständen zwischen 1700 und 8000 $\mu\Omega$ cm;

---

[1]) Physikal. ZS. **21** (1940) 391, ZS. Physik **120** (1943) 252.

sie dürfen daher einigen Anspruch auf Allgemeingültigkeit erheben. Auf die Theorie dieser normalen anodischen Stromdichte gehen wir im Zusammenhang mit der Theorie des Zischens S. 182 ein. Das Zischen beginnt nun nach unseren Beobachtungen, sobald die anodische Stromdichte wesentlich über 40 Amp./cm² steigt, d. h. jedenfalls, sobald die Anodenstirnfläche bei dieser Normalstromdichte vom Bogenansatz voll bedeckt ist. Trotzdem gibt es (wenigstens bei Graphit- und Kokskohlen) auch bei sehr viel höheren Stromstärken noch zischfreie Augenblicke. In diesen greift der Bogen dann gemäß Abb. 4 soweit auf die Mantelfläche der Anode über, daß die Normalstromdichte von 40 Amp./cm² nicht wesentlich überschritten wird. Die Neigung zu solchen zischfreien Augenblicken hängt einmal von der Art des Kohlematerials ab, zum andern von der das Übergreifen des Bogens auf die Mantelfläche mehr oder weniger begünstigenden gegenseitigen Stellung von Positiv- und Negativkohle.

Beim Einsetzen des Zischens beobachtet man auf der Anodenstirnfläche stets das Auftreten eines Anodenbrennflecks, d. h. eines auf der Stirnfläche anscheinend regellos hin und her wandernden hellen Flecks, dessen Leuchtdichte die der übrigen Stirnfläche um ein mehrfaches übersteigt (vgl. Abb. 29 a, b, c). In diesem Brennfleck fand Schluge nun einen viel kleineren, wiederum in ihm kreisenden Mikrobrennfleck von nur 0,3—0,5 mm Durchmesser, der anscheinend die jeweilige Eintrittsstelle des Bogenstroms in die Anodenstirnfläche darstellt. In ihm beträgt die Stromdichte daher größenordnungsmäßig 50000 Amp/cm². Die Umlaufsfrequenz des Mikrobrennflecks in dem größeren Brennfleck beträgt 50000—80000 Hz; seine Wanderungsgeschwindigkeit hat damit die erstaunliche Größe von rund 300 m/sec. Offenbar zieht sich also beim Beginn des Zischens der anodische Bogenansatz zu dem äußerst kleinen Mikrobrennfleck zusammen. Bei Stromstärken über 35 Amp. bei der 7 mm-Kohle dehnt sich die Kontraktion vom anodischen Ansatz in geringerem Ausmaß auch in Richtung der Bogensäule aus, die dann auf den seitlichen Zeitlupenaufnahmen als heller Entladungsschlauch ähnlich der normalen kontrahierten Bogensäule auch vor der Anode sichtbar ist. Die Frontalaufnahmen des Kraters zeigen also einmal die schnelle Bewegung des Mikrobrennflecks in dem größeren Brennfleck, und zweitens eine bei kleinen Stromstärken unregelmäßige, bei großen dagegen sehr regelmäßig werdende Bewegung dieses größeren Brennflecks über die ganze Anodenstirnfläche.

c) Die niederfrequenten und die hochfrequenten Schwankungen von Spannung und Stromstärke.

Mit den beiden Brennfleckbewegungen sind periodische Verkürzungen und Verlängerungen der Bogensäule und damit entsprechende Vergrößerungen und Verkleinerungen der Bogenspannung und Bogenstromstärke

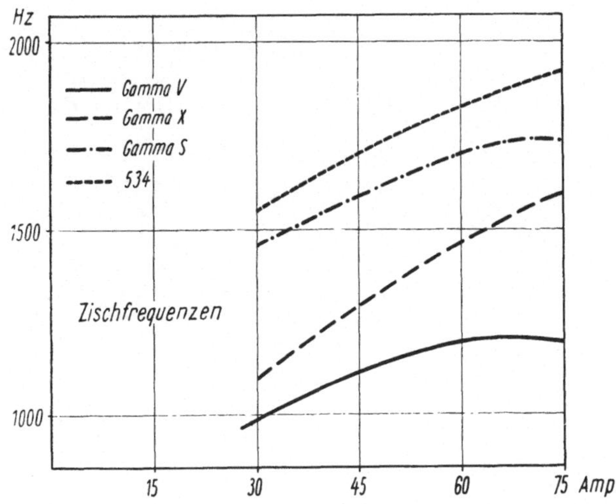

Abb. 20. Abhängigkeit der Zischfrequenz von der Stromstärke für vier verschiedene positive Homogenkohlen von 7 mm Durchmesser nach Messungen
von Schluge und dem Verfasser (89).

verbunden, die oszillographisch untersucht wurden. Während die hoch-
frequente Bewegung des Mikrobrennflecks sich in Spannungs- und
Stromstärkeschwankungen gleicher Frequenz mit Amplituden bis zu
3 Volt und 0,5 Amp. äußert, erreichen die der Zischfrequenz von 1000
bis 2000 Hz entsprechenden Spannungsschwankungen den gewaltigen
Betrag von 30 Volt (!), die entsprechenden Stromschwankungen den
Betrag von 13 Amp. (!). Dabei hängen die Frequenzen, die Span-

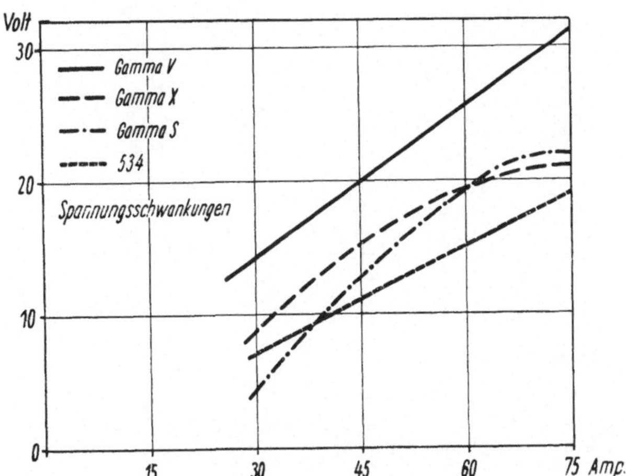

Abb. 21. Amplitude der mit der Zischfrequenz erfolgenden Spannungsschwankungen in Abhängigkeit von der Stromstärke für vier verschiedene Ringsdorff-Homogenkohlen von 7 mm Durchmesser nach Messungen
von Schluge und dem Verfasser (89).

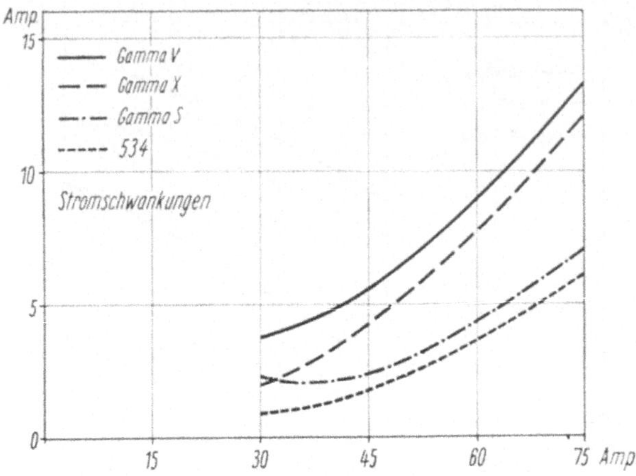

Abb. 22. Amplitude der Abb. 21 entsprechenden Stromstärkeschwankungen in Abhängigkeit von der Bogenstromstärke (89).

nungs- und Stromamplituden in der aus den Abb. 20 bis 22 ersichtlichen Weise von der Kohlesorte und der Belastung ab. Daß diese elektrischen Zischerscheinungen sich als erhebliche Rundfunkstörung bemerkbar machen, versteht sich von selbst.

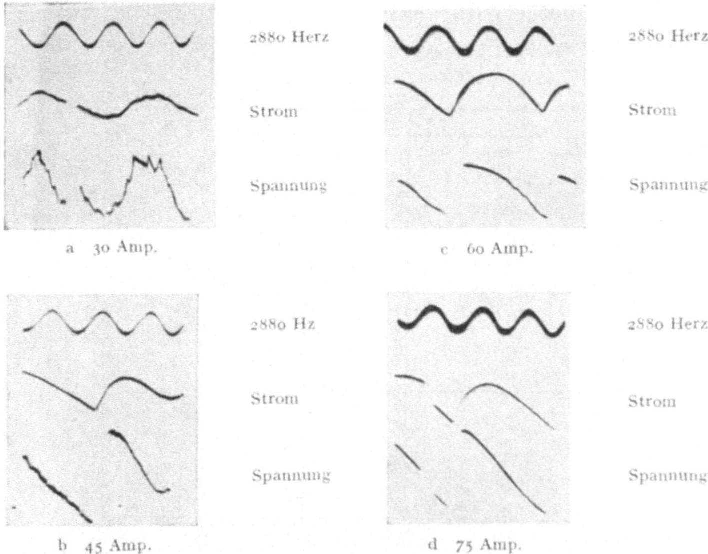

Abb. 23. Elektronenstrahl-Oszillogramme von Schluge (89) zur Bestimmung der Kurvenform und Phasenbeziehung der Strom- und Spannungsschwankungen (Spannung umgekehrt aufgezeichnet!) des zischenden Homogenkohle-Hochstrombogens (Kokskohle RW Gamma S) in Abhängigkeit von der Stromstärke.

Die Spannungs- und Strom-
schwankungen, die kurz nach dem
Einsetzen des Zischens mit einer
Frequenz von 1000—1500 je nach der
Kohlensorte erfolgen, und denen die
hochfrequenten Schwankungen geringer Amplitude als kleine Zacken
überlagert sind (vgl. Abb. 23), zeigen
zunächst eine ziemliche Unregel-
mäßigkeit im Verlauf, obwohl stets
ein Maximum der Spannung mit
einem Minimum der Stromstärke verbunden ist. Bei höherer Belastung
wird der Verlauf der Schwankungen,
wie schon mit dem Ohr wahrnehmbar,
immer regelmäßiger, wobei die Spannungsschwankungen die Form einer
ausgesprochenen Sägezahnkurve annehmen mit Spannungszusammen-
brüchen, deren Dauer mit wachsender
Stromstärke bis auf 10^{-5} sec abnimmt (Abb. 23 unten)[1]. Unter sonst
gleichen Bedingungen zeigt die Ruß-

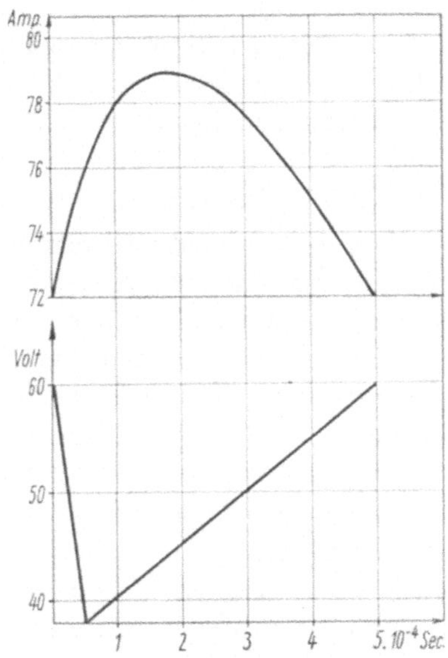

Abb. 24. Zusammenhang des zeitlichen Spannungs- und Stromstärkeverlaufs in einer Zischperiode bei hoher Belastung einer positiven Kokskohle. Die anderen Kohlen zeigen einen ähnlichen Verlauf. Nach oszillographischen Aufnahmen von Schluge (89).

kohle Gamma V mit dem höchsten spezifischen Widerstand die geringste
Regelmäßigkeit. Abb. 24 zeigt den bei sehr großer Stromstärke sich einstellenden Verlauf der Strom- und Spannungsschwankungen. Die in

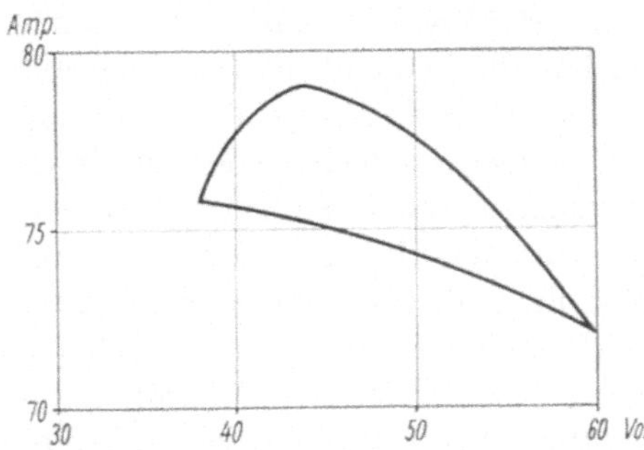

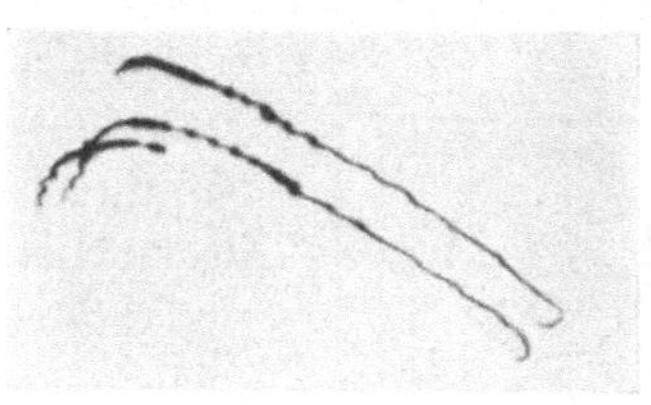

Abb. 25. Zusammenhang von Spannung und Stromstärke während einer Zischperiode einer hochbelasteten Homogenkohle (Lissajous-Figur), konstruiert aus Abb. 24 von Schluge (89).

Abb. 26. Aufnahme der Abb. 25 entsprechenden Lissajous-Figur mit dem Elektronenstrahl-Oszillographen von Schluge (89). Die der Kurve überlagerten kleinen Zacken werden S. 45 erklärt.

---

[1] In Abb. 23 ist die Spannung infolge der Schaltung des Oszillographen umgekehrt aufgezeichnet wie die Stromstärke. Die Spannungsminima der Abb. 23
sind also in Wirklichkeit Spannungsmaxima.

Abb. 24 dargestellte Phasenbeziehung zwischen Strom und Spannung führte zur Konstruktion der den Zusammenhang beider Größen zeigenden Abb. 25, deren Richtigkeit dann durch oszillographische Aufnahme der entsprechenden Lissajous-Figur (Abb. 26) bestätigt wurde.

d) Zischgeräusche und Leuchtdichteschwankungen.

Mit diesen niederfrequenten Schwankungen von Spannung und Stromstärke sind entsprechende akustisch wahrnehmbare Druckschwankungen verbunden, die das bekannte Zischgeräusch hervorrufen. Der mit der Belastung zunehmenden Regelmäßigkeit der elektrischen Schwankungen entspricht die Beobachtung, daß das akustische Zischen sich mit zunehmender Stromstärke aus einem Geräusch in einen (sehr lauten) Ton verwandelt. Die Phasenbeziehung zwischen Ton und Spannung konnte mit dem Zweistrahloszillographen aufgenommen und unter Berücksichtigung der Laufzeit des Schalls vom Bogen zum Mikrophon ausgewertet werden. Erwartungsgemäß entsprach jedem Spannungszusammenbruch eine Spitze der Schallstärke.

In ähnlicher Weise wurden die periodischen Änderungen der Leuchtdichte der Krateroberfläche und ihr Zusammenhang mit den elektrischen Schwankungen bestimmt. Wurde dabei durch Abbildung des ganzen Positivkraters auf der Photozelle die mittlere Leuchtdichteschwankung erfaßt, so erfolgte diese im Rhythmus der Spannungsschwankungen, und zwar so, daß bei jedem Spannungszusammenbruch die Leuchtdichte steil anstieg, dann über fast die ganze Periode annähernd konstant blieb und erst am Ende wieder steil abfiel. Der Absolutwert der Schwankung betrug dabei 1000—2000 Stilb. Diese Regelmäßigkeit des Verlaufs trat aber erst auf, wenn die Spannungskurve Sägezahncharakter zeigte.

Wurde statt des gesamten Kraters gemäß Abb. 27 nur etwa $^1/_{100}$ der Fläche auf der Zelle abgebildet, so zeigte die Leuchtdichtekurve das aus Abb. 28 ersichtliche Bild. Die Leuchtdichte steigt also sehr steil an, um nach zwei Zacken ebenso plötzlich wieder auf ihren Ausgangswert abzusinken. Wir erwähnen schon hier, daß dieser Verlauf durch das Hinweglaufen des Brennflecks über das abgebildete Flächenelement des Kraters zustande kommt. Dementsprechend ändert sich die Phasenbeziehung zwischen diesen Leuchtdichtemaxima (die Amplitude beträgt bis zu 10000 Stilb!) und der Spannung mit der Lage des abgebildeten Flächenelements auf dem Krater. Bildet man gemäß Abb. 27 ein nahe dem unteren Rande, d. h. in relativ geringer Entfernung von der negativen Spitze gelegenes Flächenelement ab, so fallen die Leuchtdichtemaxima mit den Spannungsminima zusammen. Bildet man

Abb. 27. Größe und Lage der Photozelle im Kraterbild bei den Leuchtdichte-Oszillogrammen Abb. 28.

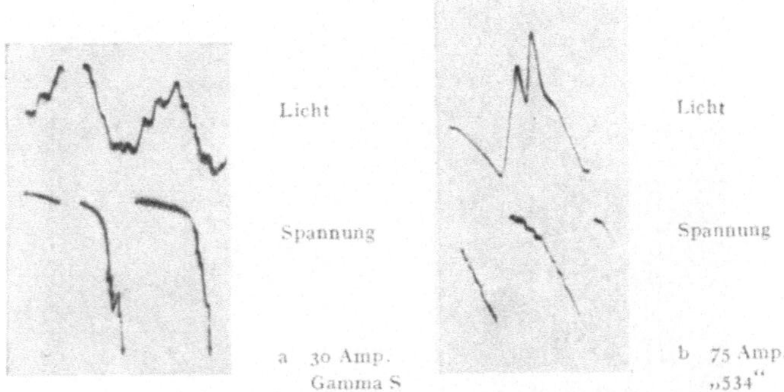

Abb. 28. Leuchtdichteschwankung des in Abb. 27 bezeichneten Kraterflächenelements mit zugehörigem Spannungsverlauf beim Zischvorgang (a: niedrige Stromstärke, b: hohe Stromstärke). Elektronenstrahl-Oszillogramme von Schluge (89).

umgekehrt ein am oberen Rand des positiven Kraters und damit relativ weit von der negativen Spitze entferntes Flächenelment auf der Photozelle ab, so fallen die Lichtmaxima mit den Spannungsmaxima zusammen. Für die Erklärung der Zischvorgänge erweist sich dieser Befund als entscheidend wichtig!

e) Das Verhalten von Säule und Flamme des zischenden Bogens.

Von den Ergebnissen der Zeitlupenaufnahmen haben wir bisher nur die Tatsache des Brennflecks und des in ihm kreisenden Mikrobrennflecks erwähnt. Bei sehr hoher Belastung wird die Beobachtung der auf der Kraterstirnfläche selbst sich abspielenden Vorgänge dadurch erschwert, daß die Strahlungsintensität der Anodendämpfe wie der Säule immer mehr zunimmt und die eigentlichen Kratervorgänge überstrahlt. Nun erwähnten wir schon, daß bei hoher Strombelastung die positive Säule sich auch dicht vor der Anode zu einem Entladungsschlauch zusammenzieht, der etwa in Abb. 29d gut erkennbar ist (auf den Negativen kommen alle Einzelheiten natürlich unvergleichlich viel klarer heraus als auf den Reproduktionen!). Infolge der Verteilung der spektralen Emission (starke Bandenstrahlung nur in der Umgebung des Säulenkerns vorhanden!) erscheint dabei der Säulenkern dunkler als der ihn umgebende „Schlauch" geringerer Temperatur. Von vorn auf den Krater gesehen erscheint die Bogensäule bei hohen Stromstärken daher gemäß Abb. 29e als heller Kreis, und die Filmaufnahmen zeigen, daß dieser Kreis im Rhythmus der Spannungs-Sägezahnkurve vom unteren zum oberen Rand des positiven Kraters wandert. Wird bei dieser Wanderung das erwähnte, auf der Photozelle abgebildete Flächenelement des Kraters überstrichen, so muß man in Übereinstimmung mit dem experimentellen Befund ein Lichtmaximum mit zwei scharfen Spitzen (infolge der beiden

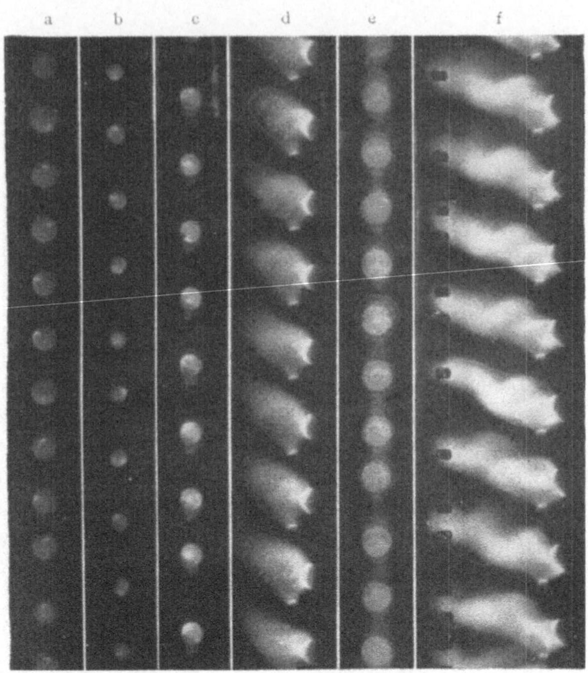

Abb. 29. Zeitlupenaufnahmen des zischenden Homogenkohlebogens nach
Schluge (89)
a: RW Gamma V Rußkohle ⎫   Brennfleckausbildung der verschiede-
b: RW Gamma S Kokskohle ⎬   nen 7 mm-Positivkohlen bei der glei-
c: „534" Graphitkohle   ⎭   chen Stromstärke von 18 Amp.
d: Seitenaufnahme des 45 Amp.-Graphitbogens „534", zeigt die Säulenkontraktion bis zur Anode und die Wanderung des anodischen Säulenfußpunkts.
e: Kraterbild des 75 Amp.-Bogens (Erklärung im Text!).
f: Seitenansicht des 75 Amp.-Graphitbogens, zeigt die mit dem Zischvorgang verbundenen periodischen Dampfausbrüche der Anode.
Alle Einzelheiten sind auf den Negativen wesentlich besser zu erkennen
als auf den Wiedergaben!

Seiten des hellen Kreises!) erhalten. Während die oszillographischen
Leuchtdichtemaxima bei Abbildung nur eines kleinen Kraterteils so durch
das Wandern der am stärksten strahlenden Bogenteile über die Zelle
erklärt werden müssen, kommen die bei Abbildung des gesamten Kraters
auf der Zelle beobachteten Leuchtdichteschwankungen geringerer Amplitude durch die periodisch erfolgenden Dampfausbrüche zustande. Diese
sind mit den Zischvorgängen ursächlich verknüpft, weil bei der außerordentlich hohen Stromdichte des Mikrobrennflecks in ihm die Siedetemperatur des Kohlenstoffs fast augenblicklich überschritten wird.
Dementsprechend zeigen die „durchlaufenden" Filmaufnahmen mit
Spalt vor dem Film bei hoher Strombelastung in seitlicher Abbildung
nicht nur die regelmäßige Wanderung des Entladungsschlauches von
unten nach oben, sondern zusätzlich von der Anode abströmende

leuchtende Dampfwolken, deren mittlere Strömungsgeschwindigkeit aus den Aufnahmen zu 25 m/sec ermittelt werden konnte. Abb. 29f zeigt die gleiche Erscheinung an einigen Queraufnahmen des mit 75 Amp. belasteten 7 mm-Bogens, nach denen dieses Abströmen der Kohlenstoff-Dampfwolken im Rhythmus der Zischfrequenz erfolgt; dieAuswertung führt, was uns später S. 166 f. interessieren wird, auch in diesem Fall wieder auf die mittlere Strömungsgeschwindigkeit von 25 m/sec.

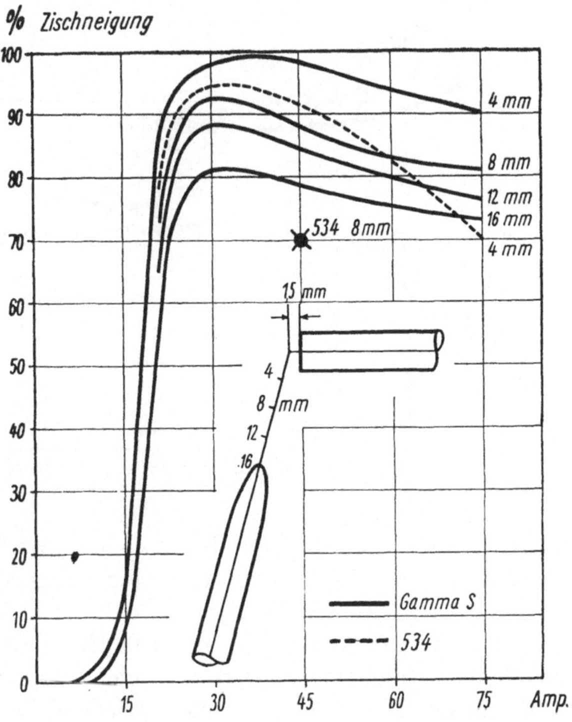

Abb. 30. Abhängigkeit der Zischneigung von der Stromstärke und der Bogenlänge für zwei verschiedene positive 7 mm-Homogenkohlen nach Messungen von Schluge und dem Verfasser (89).

f) Zischneigung, Zischeinsatz und Bogenkennlinie.

Zusätzlich zu diesen Untersuchungen haben Schluge und der Verfasser noch die Zischneigung gemessen und als diese das Verhältnis der Zeit, in der der Bogen bei den betreffenden Bedingungen zischte, zu der, in der er ruhig brannte, definiert. Abb. 30 zeigt die Zischneigung für die Kokskohle Gamma S und die Graphitkohle „534" in Abhängigkeit von der Stromstärke und von der Bogenlänge. Man erkennt, daß der „Zischeinsatz" nicht bei einer exakt bestimmten Stromstärke liegt, sondern nur statistisch etwa gleich der Zischneigung 50% definiert werden kann. Man erkennt ferner, daß die Zischneigung bei sehr großen Stromstärken keineswegs, wie man früher glaubte, stets 100% ist, daß sie vielmehr mit wachsender Belastung (und mit wachsender Bogenlänge!) wieder abnimmt, wohl weil in beiden Fällen die Neigung des Bogens zum Übergreifen auf die Mantelfläche der Positivkohle zunimmt. Auch hier zeigt sich wieder der Einfluß des Kohlematerials: die Zischneigung ist am geringsten bei der Graphitkohle „534" mit dem höchsten elektrischen Leitvermögen, und sie ist für die Rußkohle mit dem geringsten Leitver-

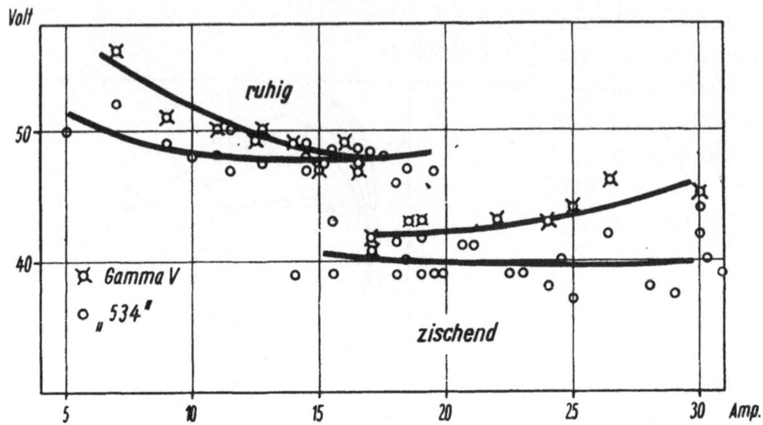

Abb. 31. Strom-Spannungs-Kennlinien zweier verschiedener 7 mm-Homogenkohle-Hochstrombögen. Die linken Kurvenäste gehören zur nicht zischenden, die rechten zur zischenden Bogenform. Der Zischeinsatz erfolgt nach Schluge (89) in beiden Fällen im Brennspannungsminimum.

mögen (Gamma V) oberhalb des Zischeinsatzes fast 100%, weshalb die Rußkohlen auch in Abb. 30 nicht eingetragen sind.

Erwähnt zu werden verdient schließlich das Ergebnis, daß der eben definierte Zischeinsatz genau mit dem Minimum der Stromspannungskennlinie zusammenfällt, daß zum nicht-zischenden Bogen also stets eine fallende, zum zischenden eine steigende Charakteristik zu gehören scheint. Abb. 31 zeigt dies für die beiden Kohlen mit dem höchsten und dem geringsten spezifischen Widerstand.

g) Der Ablauf der Zischvorgänge

Was läßt sich nun aus diesen Untersuchungen über den Zischvorgang schließen? Jedenfalls ist der Beginn des Zischens mit einer plötzlichen Kontraktion des anodischen Bogenansatzes zu einem Mikrobrennfleck, und damit mit einer Steigerung der anodischen Stromdichte um den Faktor 100 verbunden. Die Kontraktion beschränkt sich nach Ausweis unserer Queraufnahmen zunächst auf das Anodenfallgebiet, dehnt sich mit wachsender Belastung aber in Richtung der Bogensäule aus, so daß bei Stromstärken über 60 Amp. beim 7 mm-Bogen nach Abb. 29d ein einheitlicher Entladungsschlauch (kontrahierte Säule) von der Kathode bis zum anodischen Brennfleck reicht. Der scheinbare Brennfleck, in dem der Mikrobrennfleck mit der sehr großen Frequenz von maximal 80000 Hz herumläuft, entspricht in seiner Größe etwa dem Säulenquerschnitt und stellt deren Fußpunkt dar. Die sehr schnelle Bewegung des Mikrobrennflecks in dem größeren scheinbaren Brennfleck dürfte dadurch zustande kommen, daß im Mikrobrennfleck infolge intensiver Verdampfung der Anodenfall ansteigen müßte (vgl. den Anodenfallmachanismus S. 170), falls der Mikrobrennfleck dem nicht durch seitliche Bewegung zu einem nicht oder weniger stark verdampfenden Flächenelement ausweichen würde. Daß die Spannungsschwankungen nicht, wie Weizel und Faßbender (loc. cit.) glaubten, durch diese Anodenfallerhöhung und darauf folgendes seitliches Neuzünden zustande kommen, geht daraus hervor, daß die Frequenz selbst unserer hochfrequenten Spannungsschwankungen mit der der vollen Umläufe des Mikrobrennflecks in dem größeren scheinbaren Brennfleck zusammenfällt. Wir glauben vielmehr, daß *diese Spannungsschwankungen durch die mit der Bewegung des Mikrobrennflecks verbundenen geringen Verlängerungen und Verkürzungen der Bogensäule zusammenhängen.* Daß der Mikrobrennfleck sich nur im Bereich des jeweiligen Säulenfußpunkts, d. h. des größeren scheinbaren Brennflecks, bewegt, liegt an der Trägheit der Bogensäule. Die hochfrequenten elektrischen Schwankungen scheinen damit im Zusammenhang mit dem Verhalten des Mikrobrennflecks verständlich.

Die niederfrequenten elektrischen Schwankungen großer Amplitude, die akustisch als Zischen wahrgenommen werden, sind nach den Filmaufnahmen mit einer Wanderung der ganzen Bogensäule und damit auch ihres den Brennfleck bildenden Fußpunkts auf der Anode verbunden. Diese Bewegungen können durch thermische Einflüsse und Turbulenz oder durch magnetische Kräfte verursacht werden. Bei geringer Strombelastung scheinen die erstgenannten Einflüsse maßgebend zu sein und die geringe Regelmäßigkeit der Erscheinungen zu bedingen. Bei hoher Strombelastung dagegen überwiegen erfahrungsgemäß die magnetischen Kräfte und suchen die Bogensäule zu strecken. Das geschieht (vgl. auch S. 138) dadurch, daß der Bogen aus der Stellung I von Abb. 32 in die Stellung II getrieben wird. Mit dieser Bewegung, die gerade der auf den Filmaufnahmen festgestellten entspricht, ist eine erhebliche Spannungsvergrößerung und damit Stromstärkeverminderung verbunden. Ist der Bogen am oberen Kraterrand angelangt, so ist seine Bogenlänge und damit auch sein Spannungsbedarf so gewachsen, daß im hocherhitzten Dampf eine Neuzündung in Stellung I, d. h. bei kleinster Bogenlänge möglich ist (Spannungszusammenbruch!). Dieser Vorgang, der mit seinen Ursachen im einzelnen noch später behandelt wird, wiederholt sich 1000 bis 2000mal in der Sekunde. Die Richtigkeit dieser Vorstellung wurde von Schluge durch die Beobachtung bestätigt, daß ein die Wanderung von unten nach oben unterstützendes äußeres Magnetfeld

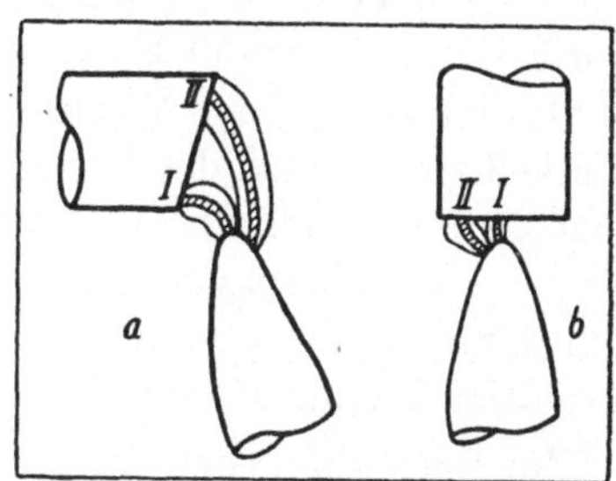

Abb. 32. Schematische Darstellung der Wanderung der kontrahierten Säule des Homogenkohle-Hochstrombogens während einer Zischperiode nach Schluge (89).

den Vorgang beschleunigte und die Zischfrequenz damit vergrößerte, und umgekehrt. Auf die Theorie der Zischvorgänge gehen wir S. 184 ein.

B. Die Strahlung des Hochstromkohlebogens.

1. Gesamtstrahlung und Gesamtstrahlungsausbeute.

Wir beginnen die Besprechung der Strahlungseigenschaften der Hochstromkohlebögen mit der Behandlung der Gesamtstrahlung und der Gesamtstrahlungsausbeute, deren Ergebnisse uns zeigen werden, daß beim Hochstrombogen im Gegensatz zum Niederstrombogen die Strahlung für den Energiehaushalt des Bogens von entscheidender Bedeutung ist.

a) Meßmethoden.

Die Gesamtstrahlung des Bogens, d. h. die über alle Wellenlängen integrierte, in den gesamten Raum abgestrahlte Leistung, wird durch Messung der Winkelverteilung der Strahlung ermittelt. Hierzu wird entweder mit einer absolut geeichten Thermosäule (etwa der von Moll und Burger), am besten zur Vermeidung aller strombedingten Fehler in Kompensationsschaltung, die in die verschiedenen Raumwinkel ausgesandte Strahlung absolut gemessen; oder es wird, wie das zuerst Schluge und der Verfasser (88) getan haben, die Winkelverteilung relativ gemessen und nach sehr genauer Messung *eines* Absolutwerts mit einem Strahlungskalorimeter auf Absolutwerte umgerechnet. Als diesen Eichwert haben Schluge und der Verfasser die senkrecht zur Kraterfläche nach vorn abgestrahlte Leistung, bezogen auf die Raumwinkeleinheit ω_0 gewählt; wir wollen sie „frontale Gesamtstrahlungsstärke" nennen. Die Winkelverteilung wurde im allgemeinen in der Horizontalebene und der zu ihr senkrecht stehenden Meridianebene gemessen und das Mittel beider Kurven der weiteren Rechnung zugrunde gelegt. Beim Gleichstrombogen wurde dann die räumliche Strahlung als rotationssymmetrisch zur Achse der Positivkohle, beim Wechselstrombogen als rotationssymmetrisch zur Winkelhalbierenden des Winkels zwischen den beiden Kohlen angenommen. Durch graphische Integration nach einem in der Lichttechnik bekannten Verfahren von Rousseau und Liebenthal (vgl. [88]) errechnet sich dann aus der absoluten Winkelverteilung der Strahlung die in den gesamten Raum abgestrahlte Leistung in Watt.

Zur Berechnung der Gesamtstrahlungsausbeute des Bogens wird dann das Verhältnis von ausgestrahlter zu zugeführter Leistung gebildet. Dabei wird dem Bogen die elektrische Leistung Stromstärke mal Bogenspannung, gemessen in Watt, zugeführt. Zu ihr muß hinzugerechnet werden je Gramm sekundlich verbrennenden Kohlenstoffs der Betrag von 8 kcal $= 33\,500$ Watt. Dieser letzte Energieanteil ist aber schwer exakt zu bestimmen, weil nach unseren Beobachtungen (S. 129) nur ein Teil des Gewichtsverlusts der Positivkohle wirklich verbrennt, während der Rest teils als Ruß in den Abgasen enthalten ist, sich zum Teil aber auch auf der Negativkohle ablagert (S. 129). Die im folgenden angegebenen Werte der Gesamtstrahlungsausbeute beziehen sich daher allein auf die im Bogen umgesetzte *elektrische* Leistung. Rechnet man die Verbrennungswärme des verdampften Kohlenstoffs *voll* zur elektrischen Leistung hinzu, so vermindert sich dadurch die Strahlungsausbeute um etwa 10% der aus Tab. I zu entnehmenden Werte. Der durch die tatsächliche Verbrennung entstehende, in Tab. I nicht berücksichtigte Fehler dürfte also höchstens 5% ausmachen.

b) Die frontale Gesamtstrahlungsstärke.

Abb. 33 zeigt nach Messungen von Schluge, Haury und dem Verfasser (88, 25) die frontale Gesamtstrahlungsstärke (in Watt je Raumwinkeleinheit ω_0) einiger Gleich- und Wechselstrom-Beckbögen gegen die Bogenleistung aufgetragen. An diesen Kurven, die uns später bei der Besprechung der Theorie noch interessieren werden, fällt das günstige Abschneiden des Wechselstrom-Beckbogens auf, das darauf beruhen dürfte, daß der nach S. 20 mit geringer Bogenlänge brennende Wechselstrombogen fast völlig in dem Anodenmaterialdampf von hohem Emissionsvermögen brennt (statt in der wenig strahlenden Luft), und daß wegen der kleineren Bogenoberfläche die Energieverluste

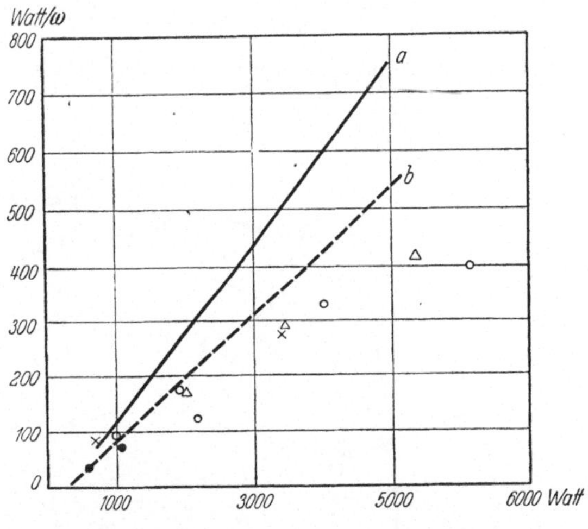

Abb. 33. Abhängigkeit der frontalen Gesamtstrahlungsstärke (in Watt je Raumwinkeleinheit) einiger Gleich- und Wechselstrom-Beckbögen von der Bogenleistung nach Messungen von Schluge, Haury und dem Verfasser (25, 88). Punkte: Gleichstrom-Messungen; Kurve a: Wechselstrombogen mit Strahlung der glühenden Kohleenden; b: ohne Kohle-Strahlung.

durch Wärmeleitung und Konvektion gegenüber dem längeren Gleichstrombogen geringer sein dürften. In Übereinstimmung mit den gleich zu besprechenden Ergebnissen erwarten wir für den Wechselstrombogen also auch eine gute Gesamtstrahlungsausbeute.

c) Die Winkelverteilung der Gesamtstrahlung.

Abb. 34 und 35 zeigen nach Messungen von Schluge und dem Verfasser (88) Winkelverteilungen der Gesamtstrahlung von vier Gleichstrom-Beckbögen gleicher Kohlemarke bei jeweils drei verschiedenen Belastungen. Auffallend ist der bei früheren Messungen unberücksichtigt gebliebene große Anteil der Strahlung, der nach rückwärts gestrahlt wird. Er beweist, daß der aus dem Krater austretende Teil des Anodendampfstroms an der Gesamtstrahlung sehr maßgeblich beteiligt ist.

Abb. 36 zeigt nach Messungen von Haury und dem Verfasser (25) die Winkelverteilung der Strahlung eines Wechselstrom-Beckbogens bei zwei Belastungen. Man

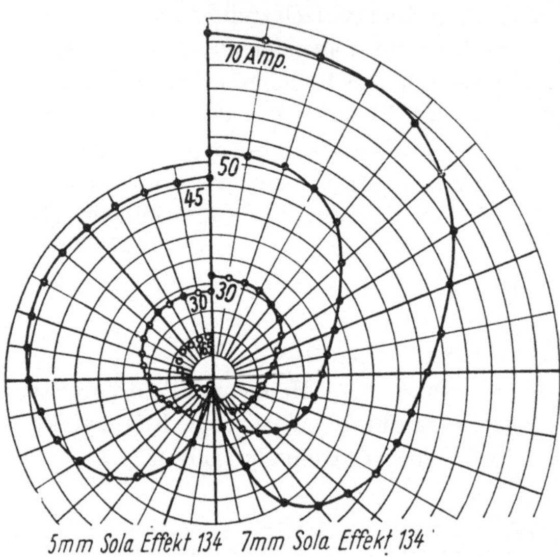

Abb. 34. Winkelverteilung der Gesamtstrahlung zweier Gleichstrom-Beckbögen bei je drei verschiedenen Belastungen nach Messungen von Schluge und dem Verfasser (88).

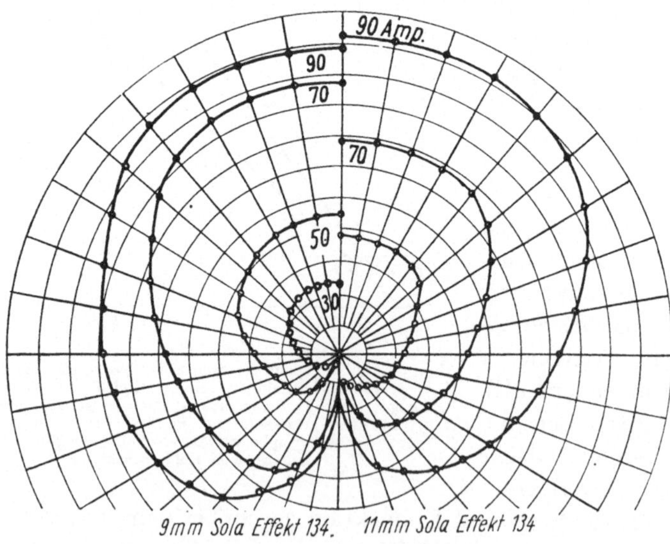

Abb. 35. Winkelverteilung der Gesamtstrahlung zweier Gleichstrom-Beckbögen bei je drei verschiedenen Belastungen nach Messungen von Schluge und dem Verfasser (88).

erkennt, daß relativ zur Frontalstrahlung hier der Anteil der seitlichen und rückwärtigen Strahlung
noch größer ist, als beim Gleichstrom-Beckbogen, was auf das Auftreten der beiden Anodenflammen
und die geringere Kratertiefe zurück-
zuführen sein dürfte.

d) Gesamtstrahlung und Gesamtstrahlungsausbeute.

In Tab. 1 sind die bisher vorliegenden Meßergebnisse der vier Gleichstrom-Beckbögen und des Wechselstrom-Beckbogens gleicher Kohlenmarke jeweils für mehrere Belastungen zusammengestellt.

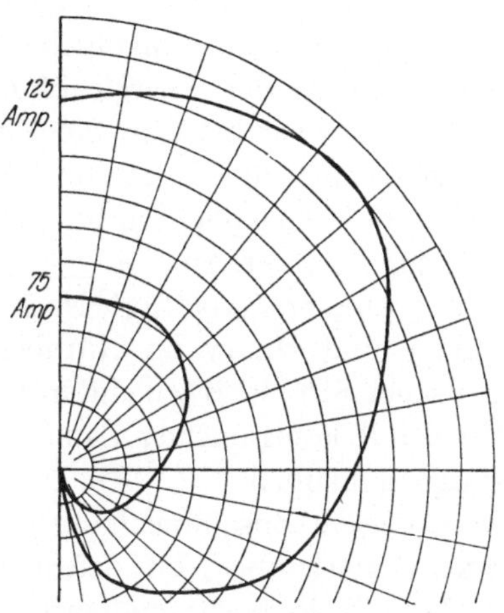

Abb. 36. Winkelverteilung der Gesamtstrahlung
eines 8 mm-Wechselstrom-Beckbogens gleicher
Kohlensorte wie Abb. 34/35 bei zwei verschiedenen Belastungen nach Messungen von Haury
und dem Verfasser (25).

Tabelle 1. Gesamtstrahlungsausbeute von Gleich- und Wechselstrom-Beckbögen
mit Positivkohle RW Sola Effekt 134 nach Messungen von Schluge, Haury und
dem Verfasser (88, 25).

ø	J	U	W	Frontalstrah-lungsstärke	Gesamt-strahlung	Strahlungs-ausbeute
mm	Amp.	Volt	Watt	Watt/ω_0	Watt	%
5	16,5	35	578	32,5	250	43,5
	30	37	1100	70,8	650	58,6
	45	48,5	2180	120	1375	63,0
7	30	24	720	87,5	525	73,0
	50	34	1700	187	1225	72,0
	70	47	3290	283	2470	75,0
9	30	29,5	885	96	950	73,5
	50	39	1950	175	1440	73,7
	70	57,5	4025	328	2810	69,8
	90	68	6120	402	3950	64,4
11	50	40	2000	173	1345	67,3
	70	50	3500	293	2485	71,0
	91	60	5400	413	3820	70,8
8	75	24,5	1840	165	1345	73
~	125	34	4250	355	3570	84

Aus Tab. 1 entnimmt man erstens, daß die Gesamtstrahlungsausbeute aller Beckbögen außerordentlich groß ist, im Gegensatz zum ge-

wöhnlichen Niederstromkohlebogen die Strahlung also den entscheidenden Anteil an der Energieabfuhr des Bogens darstellt. Man erkennt ferner, daß zwar bei dem (auch sonst aus der Reihe fallenden) 5 mm-Gleichstrombogen die Strahlungsausbeute mit der Belastung deutlich zunimmt, daß sie dagegen bei den drei übrigen Gleichstrombögen innerhalb der Fehlergrenze von $\pm 3\%$ gleich ist und unabhängig von der Belastung rund 70 % beträgt. Nach überschlägigen eigenen Messungen mit Schluge und Haury im Nürnberger Siemens-Schuckert-Werk scheint dieses bei Stromstärken unter 100 Amp. gefundene Ergebnis auch bei Bögen mit kontrahierter Säule und Stromstärken bis über 1000 Amp. gültig zu bleiben.

In diesem Zusammenhang ist noch von Interesse, daß bei großen Scheinwerferlampen, bei denen nach S. 197 die Anodenflamme wenige cm oberhalb des positiven Kraters in eine Düse gesaugt und die Strahlung des gesamten oberen Teils der Anodenflamme dadurch ausgeschaltet wird, nach Messungen von Guillery etwa 45% der gesamten Bogenleistung abgesaugt, also nur etwa 55% vom freien Teil des Bogens ausgestrahlt werden. Daraus muß (in Übereinstimmung mit dem Ergebnis von Lichtausbeutemessungen von Beck, S. 87) geschlossen werden, daß etwa 15% der Bogenleistung von dem langen, bei den Absauglampen ausgeschalteten Teil der Anodenflamme ausgestrahlt werden.

Beim Wechselstrom-Beckbogen war die Ermittlung der richtigen, nur den Bogen selbst betreffenden Gesamtstrahlungsausbeute dadurch erschwert, daß die Strahlung der sehr weit entkupferten Kohlen erst mühsam ermittelt und von der gemessenen Bruttogesamtstrahlung abgezogen werden mußte. Trotz der geistreichen, von Haury (25) hierfür ersonnenen Methoden besitzen die von ihm bestimmten Ausbeutewerte von 73 bzw. 84% aber nicht die Sicherheit der Gleichstromwerte. Immerhin zeigen sie, daß die Strahlungsausbeute des hoch belasteten Wechselstrom-Beckbogens der des Gleichstrom-Beckbogens wohl noch überlegen ist. Zu dem gleichen Ergebnis führten auch rohe Überschlagsmessungen, die Schluge, Haury und der Verfasser an höchstbelasteten Drehstrom-Beckbögen bei Stromstärken bis 1200 Amp. im Prüffeld der Körting und Mathiesen A.G. in Leipzig ausführen durften.

Sieht man also von dem aus unbekannten Gründen herausfallenden 5 mm-Gleichstrombogen ab, so *scheint nach unserer heutigen Kenntnis die auf die elektrische Leistung bezogene Gesamtstrahlungsausbeute aller Gleichstrom-Beckbögen also bei 70% zu liegen, die der Wechsel- und Drehstrom-Beckbögen wahrscheinlich noch etwa 10% höher.*

2. Die Gesamtstrahlungsdichte des Hochstrombogenkraters.

Als nächste Strahlungseigenschaft ist die Gesamtstrahlungsdichte der mittleren Kraterfläche zu besprechen, d. h. die vom heißesten Teil des Bogenkraters je cm² Krateroberfläche in den Halbraum abgestrahlte Leistung aller Wellenlängen (in Watt/cm²).

a) Meßmethode.

Zur Messung wurde der Krater mittels einer Quarzlinse gemäß Abb. 41 so auf einer Thermosäule abgebildet, daß nur die Strahlung des mittleren Kraterteils erfaßt wurde, und bei den ersten Messungen (14) der Thermostrom mit einem Galvanometer gemessen, bei·den neueren Messungen von Haury (25) und Hannappel (24) die Thermo-EMK nach einer Kompensationsmethode bestimmt. Die Eichung der Thermosäule erfolgte mittels eines voll belasteten Reinkohlekraters (vgl. S. 63), dessen schwarze Temperatur ebenso wie die des anfangs benutzten Homogenkohlekraters zu 3800⁰ K angenommen wurde und der als grauer Strahler betrachtet wird. Aus dem Stefan-Boltzmannschen Gesetz folgt daraus seine Gesamtstrahlungsdichte zu 1200 Watt/cm².

b) Meßergebnisse an Homogenkohle- und Beckbögen.

Abb. 37 zeigt nach Messungen des Verfassers (14), immer gegen die Stromstärke aufgetragen, die Gesamtstrahlungsdichte verschiedener Homogenkohle-Hochstrombögen, Abb. 38 die der vier stets untersuchten Gleichstrom-Beckbögen, Abb. 39 die einiger hoch belasteter Gleichstrom-Beckbögen nach Hannappel (24) und die des Wechselstrom-Beckbogens nach Haury (25). In Abb. 40 schließlich ist die Gesamtstrahlungsdichte der Gleich- und Wechselstrom-Beckbögen gleicher Kohlesorte (RW Sola Effekt 134) noch gegen die Bogenleistung aufgetragen. Während der

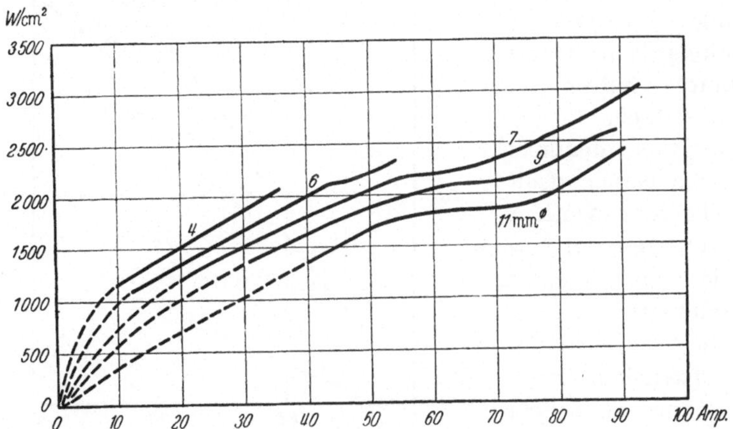

Abb. 37. Abhängigkeit der Gesamtstrahlungsdichte des positiven Kraters verschiedener Homogenkohle-Hochstrombögen (Positivkohle RW Gamma S, Gleichstrom) von der Stromstärke nach Messungen des Verfassers (14).

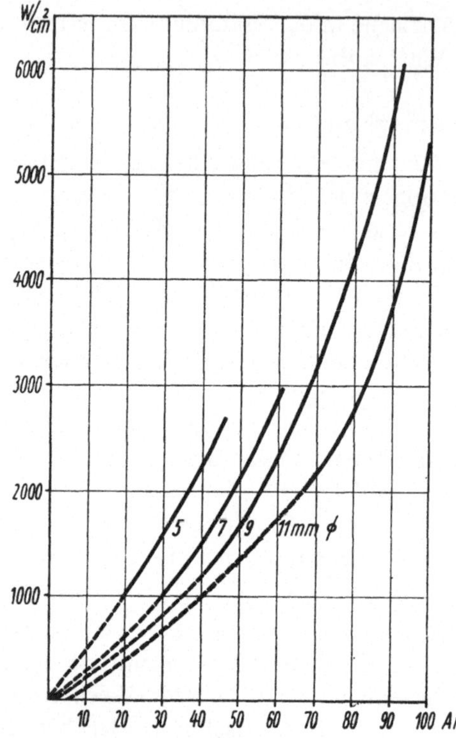

Abb. 38. Abhängigkeit der Gesamtstrahlungsdichte des positiven Kraters verschiedener Beckbögen (Positivkohle RW Sola Effekt 134, Gleichstrom) von der Stromstärke nach Messungen des Verfassers (14.)

Homogenkohlekrater bei höchster Belastung bis zu 3000 Watt je cm² Kraterfläche in den Halbraum abstrahlt (gegenüber 1200 Watt/cm² beim Niederstrombogen!), kann dieser Wert beim Beckbogen also bis nahezu 6000 Watt/cm² steigen und damit die Gesamtstrahlungsdichte der Sonne erreichen! Daß das S. 33 behandelte Ähnlichkeitsgesetz der Hochstromkohlebögen nach Abb. 37, 38, 40 angenähert auch für die Gesamtstrahlungsdichte gilt, war zu erwarten, da ähnliche Bögen auch gleiche Gesamtstrahlungsdichte besitzen müssen.

Außer der Gesamtstrahlungsdichte der Bogenkrater haben wir durch seitliche Projektion der Anodenflammen auch die Gesamtstrahlungsdichte des dem Krater vorgelagerten bzw. aus ihm abströmenden Dampfes gemessen (14) und bei nur 10 mm Dampfstrahldurchmesser beim zischenden Homogenkohle-Hochstrombogen bis zu 1000 Watt/cm², beim Gleich-

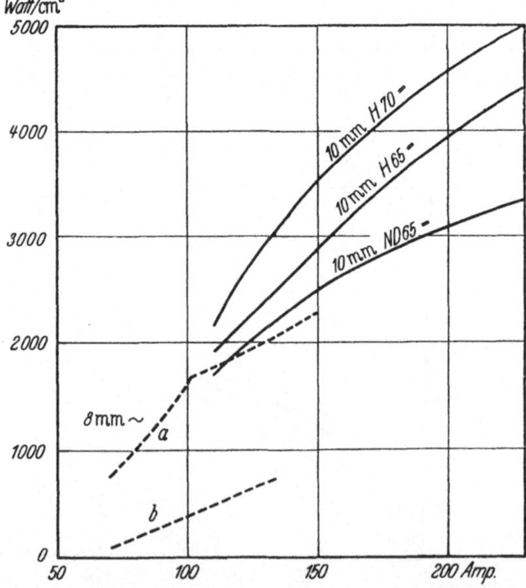

Abb. 39. Abhängigkeit der Gesamtstrahlungsdichte einiger hochbelasteter Gleichstrom-Beckbögen (H 70, H 65, ND 65) und eines Wechselstrom-Beckbogens (a) von der Stromstärke nach Messungen von Hannappel (24) und Haury (25). b = Gesamtstrahlungsdichte der Wechselstrom-Anodenflamme quer zur Flammenrichtung gemessen.

strom-Beckbogen sogar bis maximal 2500 Watt/cm² gefunden, während die relativ geringe Gesamtstrahlungsdichte der Wechselstrom-Beckflammen von etwa 7 mm Durchmesser nach Haury in Abb. 39 Kurve b dargestellt ist.

Es sei schon hier darauf hingewiesen, daß diese Messungen der Gesamtstrahlungsdichte uns die Möglichkeit geben, nach dem Stefan-Boltzmannschen Gesetz die schwarze Temperatur der Bogenkrater — als grauer Strahler angenommen — zu berechnen, d. h. die Temperatur, die ein schwarzer Strahler besitzen würde, der ebensoviel Strahlung je cm² Oberfläche emittiert wie der Bogenkrater. S. 112 gehen wir näher hierauf ein.

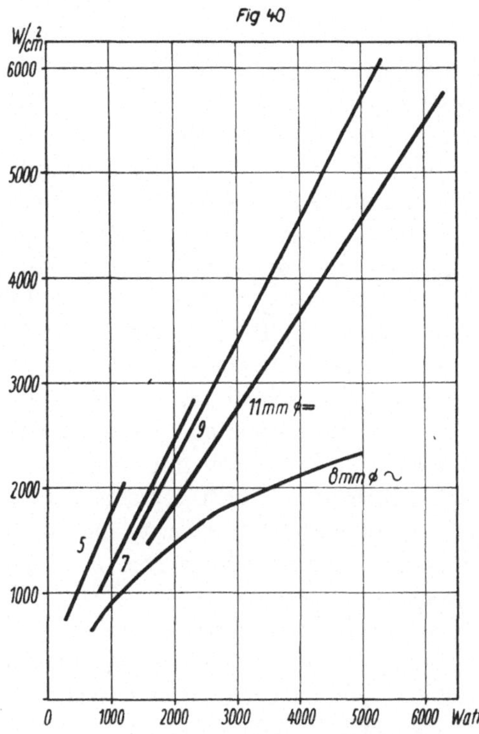

Abb. 40. Abhängigkeit der Gesamtstrahlungsdichte einiger Gleich- und Wechselstrom-Beckbögen gleicher Kohlensorte RW Sola Effekt 134 von der Bogen*leistung* nach Messungen von Haury und dem Verfasser (14, 25).

3. Leuchtdichte und Lichtstärke der Hochstromkohlebögen.

Für die Anwendung des Hochstromkohlebogens ist die wichtigste Größe die Leuchtdichte und ihre Verteilung über die Fläche des positiven Kraters, sowie an Stelle des schwieriger zu messenden Lichtstroms die „Frontallichtstärke", d. h. die Lichtstärke des Bogens gemessen von einem Punkt der Verlängerung der Positivkohle aus.

a) Meßmethoden.

Zur Messung der Lichtstärke und Leuchtdichte werden visuelle wie objektive Photometer verwendet. Bei den subjektiven visuellen Verfahren wird der Bogenkrater mit einem der bekannten visuellen Photometer anvisiert und mit einer bekannten Vergleichslichtquelle, deren Farbe möglichst genau an die des Bogenkraters angeglichen ist, verglichen. Die visuelle Photometrie liefert bei geübten Beobachtern und gut geeichten Photometern sehr exakte Werte und eignet sich besonders zur punktweisen Messung der Leuchtdichteverteilung über den Bogenkrater.

Die erfahrungsgemäß schlechte Vergleichbarkeit der von verschiedenen Beobachtern mit verschiedenen visuellen Photometern gemessenen Leuchtdichtewerte aber beruht u. E. auf der Schwierigkeit einer Absoluteichung dieser Geräte, da die üblichen Leuchtdichtenormale nur Leuchtdichten von 10—100 Stilb besitzen und zur Messung einer Beckkraterleuchtdichte von 100000 Stilb ein Leuchtdichtesprung von 3—4 Zehnerpotenzen durch Schwächungsmittel überbrückt werden muß. Dabei den Absolutfehler unter 3% zu halten, scheint schon sehr schwierig, ganz abgesehen von der Frage der zeitlichen Konstanz dieser Eichung. Schließt man dagegen gemäß unserem Vorschlag (der in ähnlicher Form schon früher von Patzelt gemacht worden ist) alle Messungen jeweils an die Leuchtdichte eines bestimmten Rein- oder Homogenkohlekraters von etwa 18500 Stilb an, so dürfte eine Vergleichbarkeit von in verschiedenen Instituten mit visuellen wie mit objektiven Photometern ausgeführten Messungen mit Sicherheit gewährleistet sein. Im Augenblick scheinen z. B. die in verschiedenen anderen deutschen Laboratorien gemessenen Leuchtdichtewerte um 10—15% über den in diesem Buch gebrachten Leuchtdichtewerten zu liegen, was bei Vergleichen zu berücksichtigen ist.

Bei den objektiven Verfahren, die sich besonders zu betriebsmäßigen Reihenmessungen eignen, erfolgt die Lichtmessung meist mit einem Halbleiterphotoelement, dessen spektrale Empfindlichkeit durch Filter der des normalen menschlichen Auges angepaßt ist (z. B. Filterphotronzellen von Zierold nach Dresler oder Rieck), und dessen Strom mit einem direkt in Lux geeichten Drehspulinstrument gemessen wird. Die spektrale Angleichung der Zellen an die Augenempfindlichkeit genügt den normalen Anforderungen, was daraus hervorgeht, daß bei Bogenmessungen Filterzellen nach Dresler und nach Rieck innerhalb der Meßgenauigkeit übereinstimmende Werte ergeben[1]). Auch die zeitliche Konstanz moderner Photoelemente ist meist befriedigend, wenn man sie nicht höheren Beleuchtungsstärken als 1000 Lux aussetzt und sie vor höheren Temperaturen schützt. Trotzdem empfiehlt es sich, diese Luxmeter regelmäßig von Zeit zu Zeit mit einer 2000 Watt-Lampe oder dem Reinkohlekrater nachzueichen. Auf diese Weise hält man auch mit den sehr bequemen objektiven Photometern den Absolutfehler unter 5%, den relativen Fehler unter 1%.

Zur Lichtstärkemessung wird einfach in geeigneter Entfernung vom positiven Krater mit dem Luxmeter die Beleuchtungsstärke in Lux gemessen und durch Multiplikation mit dem Quadrat des Abstandes Krater-Zelle in Metern die Lichtstärke in HK berechnet.

Zur Messung der Leuchtdichte bildet man gemäß Abb. 41 den positiven Krater durch eine Linse der freien Öffnung f cm² in der Entfernung b

---

[1]) Vgl. W. Finkelnburg und H. Schluge, ZS. techn. Phys. **24**, 1943, 42.

Meter auf einem Schirm ab. Mißt man dort im Bilde des Kraters die Beleuchtungsstärke E Lux, so ist die Kraterleuchtdichte

$$B = \frac{E\,b^2}{f}\ \text{Stilb (HK/cm}^2)$$

Ist nämlich f' die Kraterfläche und f die freie, nicht abgeblendete Linsenfläche, so ist der durch die Linsenöffnung fallende Lichtstrom nach Abb. 41

$$\Phi = \frac{B\,f'\,f}{a^2}$$

Dieser Lichtstrom erzeugt auf dem Schirm ein Kraterbild der Fläche f''

$$f'' = \frac{f'\,b^2}{a^2},$$

in dem mit dem Luxmeter die Beleuchtungsstärke

$$E = \frac{\Phi}{f''} = \frac{B\,f'\,f}{f''} = \frac{B\,f}{b^2}$$

gemessen wird. Auflösung nach B ergibt die obige Leuchtdichteformel. Nach der gleichen Methode kann natürlich auch die Leuchtdichte des Anodendampfstroms (Anodenflamme) allein gemessen werden, wenn man die Flamme seitlich auf der Zelle abbildet. Die Genauigkeit der Messungen ist beim Bogen fast stets durch dessen Schwankungen (deren Betrag von der Belastung und der Kohlensorte abhängt!) gegeben und muß aus der Streuung der Meßpunkte von Fall zu Fall bestimmt werden.

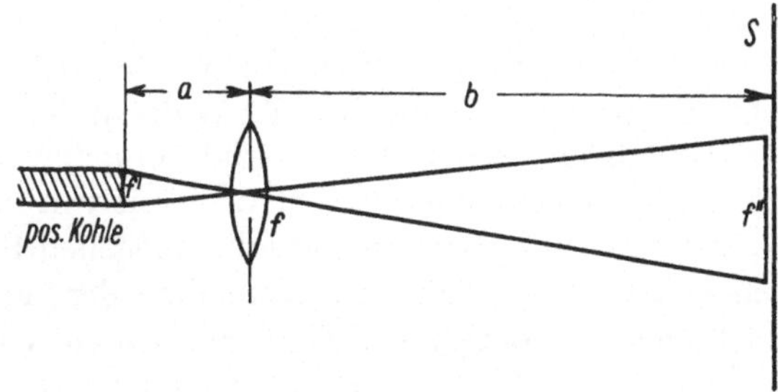

Abb. 41. Abbildung des positiven Bogenkraters mit Linse bekannter Öffnung (f cm²) auf einem Schirm S zur Messung der Leuchtdichte (14).

b) Die Leuchtdichte des Niederstrom-Kohlebogenkraters.

Bevor wir auf die Leuchtdichte des Hochstrombogenkraters eingehen, behandeln wir kurz das alte Problem der Leuchtdichte des Niederstrombogenkraters, einmal weil dieser als Vergleichslichtquelle zu Leuchtdichtemessungen immer wieder benutzt wird, und zweitens weil im Zusammenhang mit einer Diskussion der Leuchtdichte des Kohlebogens allgemein die des Niederstrombogens nicht übersehen werden sollte. Eine Übersicht über die gesamte ältere und neuere Literatur (etwa 1890 bis

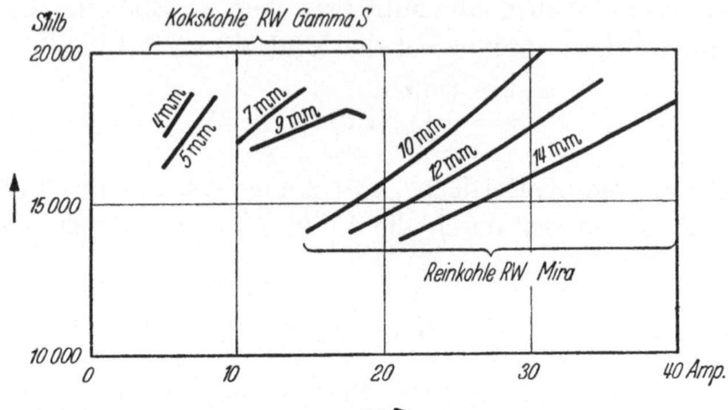

Abb. 42. Belastungsabhängigkeit der Leuchtdichte von homogenen Kokskohlen (RW Gamma S) und Reinkohlen (RW Mira) verschiedener Durchmesser nach Messungen des Verfassers.

1945) zeigt, daß über die Frage der Abhängigkeit der Kraterleuchtdichte
(und damit auch der Kratertemperatur) des Niederstrombogens von der
Stromstärke die Meinungen *stets* auseinandergegangen sind, und daß
wohl nur die Autorität Lummers der Behauptung von der durchgängigen
Konstanz der Leuchtdichte und Temperatur des Homogen- und Rein-
kohlebogenkraters unabhängig von der Belastung allgemeine Geltung
verschafft hat.

Der Verfasser glaubt in unveröffentlichten Untersuchungen der
letzten Jahre den Grund für alle Widersprüche in der Abhängigkeit der
Erscheinungen vom Kohlematerial gefunden zu haben. Systematische
Leuchtdichtemessungen in Abhängigkeit von der Stromstärke am positiven Krater von Reinkohlen und homogenen Kokskohlen ergaben nämlich gemäß Abb. 42 eine lineare Zunahme der Leuchtdichte mit der Stromstärke bis zum Beginn des Zischens. Abweichende Ergebnisse daraufhin

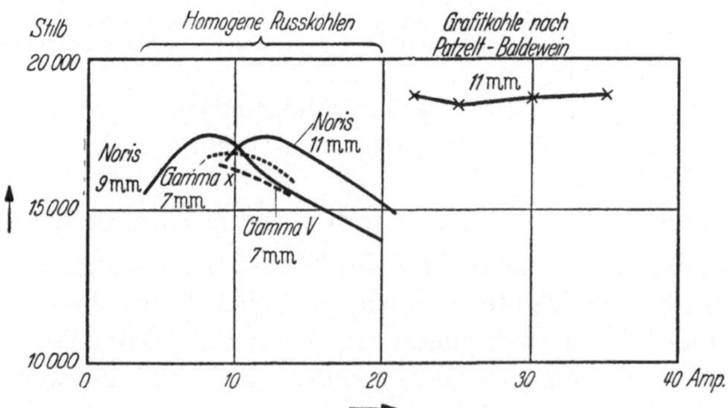

Abb. 43. Belastungsabhängigkeit der Leuchtdichte von verschiedenen
homogenen Rußkohlen und einer homogenen Graphitkohle nach Messungen
des Verfassers sowie von Patzelt und Baldewein (72).

angestellter Versuche von Frieser und Schering (ebenfalls unveröffentlicht), die später von Patzelt und Baldewein (72) bestätigt wurden, an Homogenkohlen anderer Fabrikate, gaben denAnlaß zu einer Erweiterung unserer Messungen, die dann eindeutig ergaben, daß der lineare Anstieg der Leuchtdichte auf Reindocht- und Kokskohlen beschränkt ist, während bei homogenen Rußkohlen bei im ganzen unruhigerem Brennen und daher merklich größerer Streuung der Meßpunkte die Leuchtdichte gemäß Abb. 43 zunächst ansteigt und

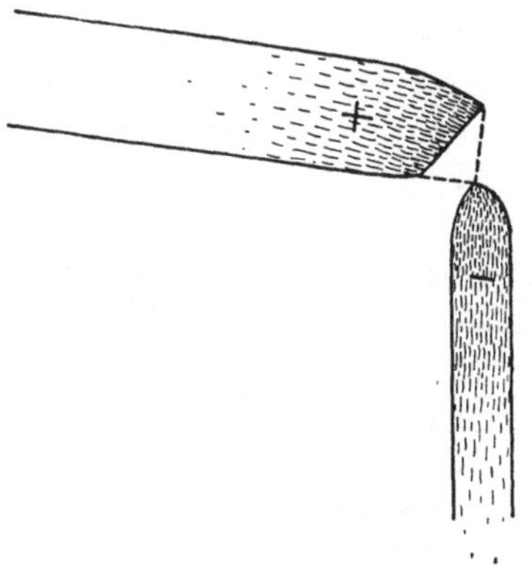

Abb. 44. Schematische Darstellung der richtigen Kohlenstellung des in Winkelstellung brennenden Reinkohle-Niederstrombogens.

bei größeren Stromstärken nach Durchlaufen eines Maximums wieder sinkt, während bei sehr reinen Graphitkohlen nach Patzelt und Baldewein (72) tatsächlich ein größeres Gebiet konstanter Kraterleuchtdichte existiert, wie es früher schon von Chaney, Hamister und Glass[1]) behauptet worden war.

Die damit sichergestellte Abhängigkeit des Kraterleuchtdichteverlaufs vom Material der Positivkohle dürfte (ebenso wie die entsprechende S. 44 bereits festgestellte Abhängigkeit der Zischeigenschaften) durch die verschiedene Wärmeleitfähigkeit der verschiedenen Kohlen bedingt sein, die die Ausdehnung des Anodenansatzes bei Steigerung der Stromstärke beeinflussen muß.

Für die praktische Licht- und Temperaturmessung ist von Wichtigkeit, daß nach den erwähnten amerikanischen Messungen die schwarze Temperatur des Reingraphitkraters 3820° K und seine Leuchtdichte folglich knapp 19000 Stilb beträgt in guter Übereinstimmung mit dem von Patzelt und Baldewein gemessenen Wert von 18800 Stilb. Leider ist die richtige Behandlung dieses Reingraphit-Niederstrombogens nicht ganz einfach, und die Erreichung des richtigen konstanten Brennzustands hängt offenbar entscheidend von der Wahl einer geeigneten Negativkohle ab und erfordert viel Erfahrung.

Wir haben deshalb als besonders leicht zu handhabende und nach vieljährigen Erfahrungen ausgezeichnet konstante Normallichtquelle den positiven Krater eines gemäß Abb. 44 eingestellten und nach langsamer Stromstärkesteigerung (Einbrennen) mit knapp 30 Amp. kurz vor dem Zischen brennenden 10 mm-Reinkohlebogens Marke RW Mira der Ringsdorff-Werke benutzt und nur die besten Erfahrungen gemacht. Nach

---

[1]) Trans. Electrochem. Soc. **67** (1935) 201.

einer noch nicht abgeschlossenen Untersuchung von Köhler und dem Verfasser (28) scheint die schwarze Temperatur dieses Kraters nach Ausschaltung der vorgelagerten Bandenstrahlung des C_2 und CN etwa 3720^0K zu betragen, während die mittlere schwarze Temperatur im sichtbaren Spektralgebiet unter Berücksichtigung der praktisch stets mitgemessenen Bandenstrahlung 3780^0K und die Kraterleuchtdichte folglich etwa 18 100 Stilb betragen dürfte. Wir haben in diesem Buch mit den Werten 3800^0K und 18 500 Stilb gerechnet, was mit allen bisherigen Messungen am besten übereinstimmte. Sollte die exakte Eichung einen etwas anderen Wert ergeben, so wären unsere Hochstrombogenmessungen entsprechend prozentual leicht zu korrigieren.

c) Die Leuchtdichteverteilung über den Hochstrombogenkrater.

Die Leuchtdichteverteilung über den Krater des Hochstromkohlebogens ist für homogene Positivkohlen (d. h. solche ohne Docht, bzw. Nurdochtkohlen) etwa durch Abb. 45 gegeben und erfüllt damit einigermaßen die Forderung des Lichttechnikers auf möglichst gleichmäßige Leuchtdichte. Nurdochtkohlen finden daher neuerdings technisch besonderes Interesse. Praktisch die gleiche Leuchtdichteverteilung zeigen aber auch Beckkohlen, deren Mantel so dünn ist, daß er infolge seitlichen Abzunderns bei Betrachtung der Kraterfläche von vorn nicht mehr bemerkbar ist. Solche Kohlen sind also vom optischen Standpunkt den Nurdochtkohlen gleichwertig, besitzen aber gewisse praktische Vorteile.

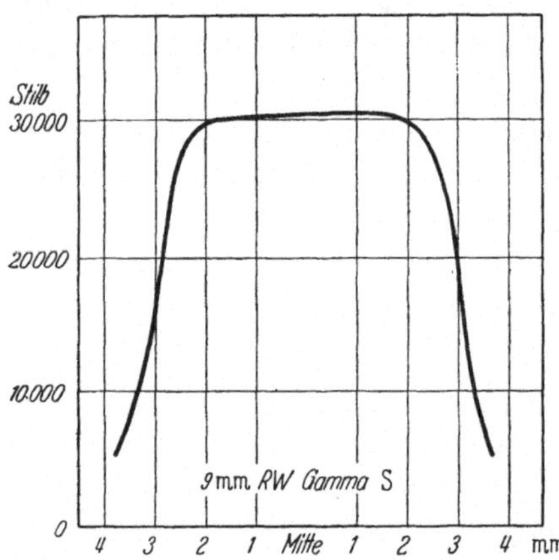

Abb. 45. Leuchtdichteverteilung über den Krater einer homogenen Positivkohle beim Homogenkohle-Hochstrombogen (9 mm Durchmesser, 90 Amp.) nach unveröff. Messungen von Schluge und dem Verfasser.

Bei allen übrigen Dochtkohlen ist die Leuchtdichteverteilung über den Krater im wesentlichen durch das Durchmesserverhältnis des Dochts zur gesamten Kohle bestimmt. Abb. 46 zeigt die Leuchtdichteverteilung zweier gleich hoch belasteter Beckkohlen von gleichem Außendurchmesser, aber verschiedenem Dochtdurchmesser nach Messungen von Baldewein (2) im Laboratorium der Siemens-Plania-Werke. Die Leuchtdichtespitze in der Kratermitte ist also um so steiler, je dünner der Docht im Verhältnis zur gesamten Kohle ist. Um so tiefer höhlt sich gleichzeitig der Krater. Die in Abb. 46 dargestellten Verhältnisse sind aber als recht extrem zu bezeichnen.

Es sei noch erwähnt, daß die Leuchtdichteverteilung über den *senkrechten* Durchmesser der Positivkohle stets eine unsymmetrische Verteilung zeigt, indem das Maximum aus der Kratermitte nach oben versetzt erscheint. Das ist eine Folge der Tatsache, daß die leuchtende Anodenflamme nach oben abströmt und durch ihren Beitrag zur Kraterleuchtdichte das Leuchtdichtemaximum nach oben verschiebt. Symmetrische Leuchtdichteverteilungen erreicht man durch magnetische Beeinflussung der dem Krater vorgelagerten Leuchtdämpfe (vgl. S. 141).

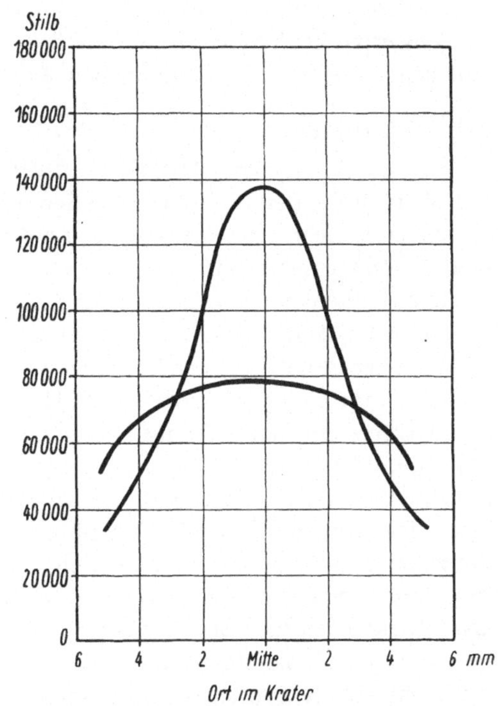

Abb. 46. Leuchtdichteverteilung über den Krater zweier 13 mm-Beck-Dochtkohlen der Siemens-Plania-Werke von 7 und 10 mm Docht-Durchmesser bei gleicher Stromstärke nach Messungen von Baldewein (2).

d) Die räumliche Verteilung der emittierenden Zentren.

Für die Übersicht über die Verhältnisse im Bogenkrater wie für die technische Anwendung ist auch die Frage von Bedeutung, an welcher Stelle im bzw. vor dem Krater der Schwerpunkt der Lichtstrahlung liegt. Aus Messungen ist hierüber bisher nichts auszusagen. Wir wissen aber, daß der glühende feste Kratergrund eine Temperatur von weniger als 4000° K besitzt und daher seine Strahlung gegenüber der des Dampfes mit rund 6000° Temperatur (vgl. S. 117) nur eine geringe Rolle spielen dürfte. Wir wissen ferner, daß die Strahlung des Anodendampfstrahls noch weit vor dem Krater sehr beträchtlich und seine Leuchtdichte bei nur 7—10 mm Schichtdicke bis zu 50% der Kraterleuchtdichte beträgt. Wir wissen schließlich aus theoretischen Untersuchungen (S. 166 f.), daß die Dampftemperatur ihr Maximum in einer Entfernung von einigen zehntel mm vom Kratergrund erreichen muß und nach außen kontinuierlich abnimmt. Aus allen diesen Ergebnissen folgt, daß der Schwerpunkt der Lichterzeugung ziemlich dicht vor dem Kratergrund liegen muß und sich wohl mit zunehmender Belastung langsam von ihm entfernt. Da ein tiefer Krater ferner die leuchtenden Dämpfe stark zusammenhält, wird der Schwerpunkt der Lichtstrahlung hier weiter vom Dochtgrund entfernt liegen, als bei dem ganz flachen Krater von Nurdochtkohlen.

e) Die Kraterleuchtdichte als Funktion der Bogenparameter bei Gleichstrombetrieb.

Die im folgenden zu besprechenden Ergebnisse von Leuchtdichtemessungen beziehen sich stets auf den hellsten Kraterteil, und zwar mit einem Durchmesser etwas kleiner als der Dochtdurchmesser, während bei Homogenkohlen der Durchmesser des projizierten Kraterbildes etwa den doppelten Durchmesser der Photozelle besaß.

Abb. 47 zeigt nach eigenen Messungen (14) für eine Reihe verschiedener Kohledurchmesser des Homogenkohle-Hochstrombogens (Kokskohle) die Abhängigkeit der Kraterleuchtdichte von der Belastung. Die Leuchtdichte nimmt annähernd linear mit der Stromstärke zu. Die gestrichelt gezeichneten Abweichungen von der Linearität beruhen darauf, daß der Bogen (hier von 6 mm Länge) oberhalb 50 Amp. dazu neigt, nach oben auszubrechen und in immer wachsendem Maß an der oberen Kante der Positivkohle bzw. sogar an deren Mantelfläche anzusetzen (vgl. S. 137). Das bewirkt natürlich eine Verringerung der Leuchtdichte der Kratermitte. Verhindert man durch einen Blasmagneten (S. 140) das Ausbrechen, so wächst die Kraterleuchtdichte linear bis mindestens 35 000 Stilb weiter. Es wurden Maximalwerte der Leuchtdichte dieses zischenden

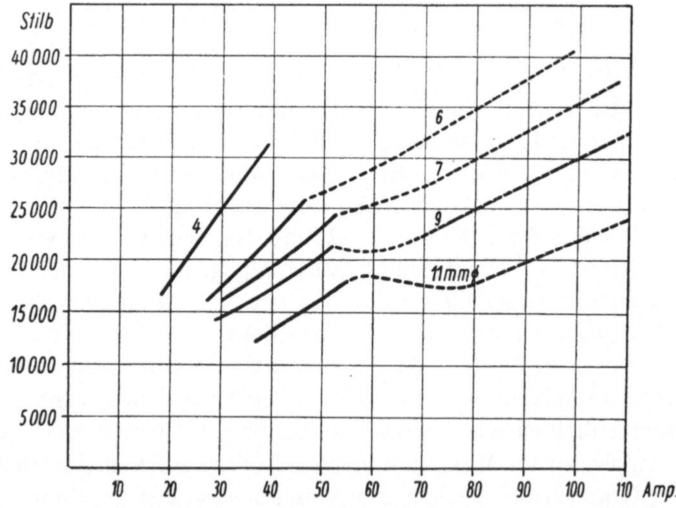

Abb. 47. Abhängigkeit der Kraterleuchtdichte des Homogenkohle-Hochstrombogens (Positivkohlen RW Gamma S) von der Stromstärke nach Messungen des Verfassers (14). Die gestrichelten Kurventeile sind infolge „Ausbrechens" des Bogens gestört.

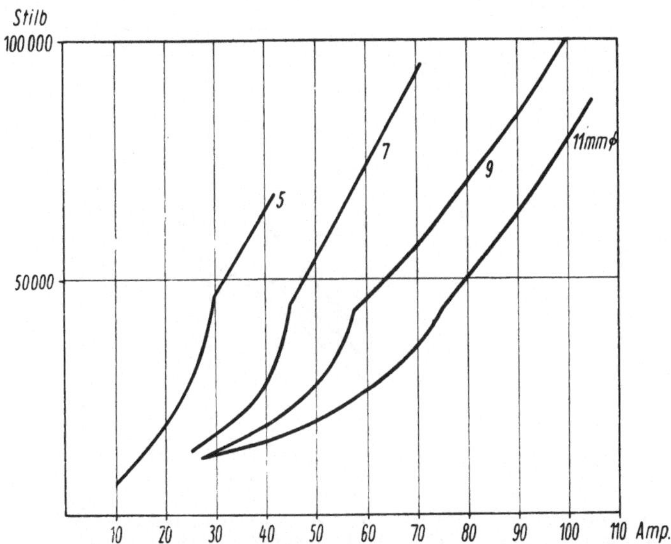

Abb. 48. Abhängigkeit der Kraterleuchtdichte des Gleichstrom-Beckbogens (Positivkohlen RW Sola Effekt 134) von der Stromstärke nach Messungen des Verfassers (14).

Homogenkohlekraters gemessen, die mit über 40000 Stilb die des gewöhnlichen Niederstrombogens um mehr als das doppelte übersteigen. Daß es sich hierbei um einen zeitlichen Mittelwert der Leuchtdichte handelt, wurde bei der Behandlung der Zischprobleme S. 20 bereits erwähnt.

Abb. 48 zeigt in Abhängigkeit von der Stromstärke die Kraterleuchtdichte der vier von uns stets untersuchten Gleichstrom-Weichdocht-Beckbögen. Alle Kurven zeigen bei kleinen Stromstärken einen langsamen Anstieg, um nach dem durch einen Knick gekennzeichneten Einsetzen des Beckeffekts (vgl. S. 31) wesentlich steiler mit der Belastung anzuwachsen. Außer diesem mit dem Einsetzen des Beckeffekts verknüpften Knick zeigen alle Leuchtdichtekurven noch einen zweiten Knick, der unabhängig vom Kohledurchmesser stets bei etwa 43000 Stilb auftritt. Obwohl dieser zweite Knick bei Ausführung nur weniger Messungen innerhalb der Streuung der Messungen zu liegen scheint und daher früher nicht bekannt war, kehrt er in allen unseren Meßreihen wieder, und seine Realität wurde zusätzlich durch Ausführung von mehreren hundert Messungen durch einen nicht eingeweihten Mitarbeiter eindeutig gesichert. Da bei dem im Bogen vorhandenen thermischen Gleichgewicht einer bestimmten Leuchtdichte eine bestimmte Temperatur entspricht, glauben wir in dem Knick bei 43000 Stilb das Anzeichen eines die Temperatur und damit die Leuchtdichte erniedrigenden thermischen Prozesses zu sehen. Die Temperatur, bei der dieser Prozeß einsetzt,

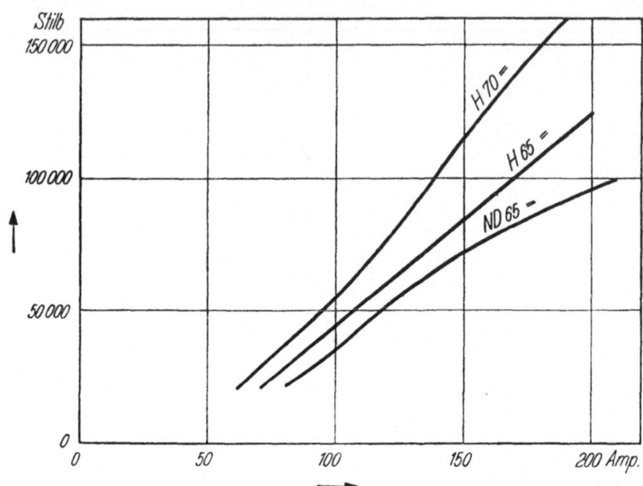

Abb. 49. Belastungsabhängigkeit der Kraterleuchtdichte von drei hoch belastbaren Versuchs-Beckkohlen der Ringsdorff-Werke nach Messungen von Hannappel und dem Verfasser (24). H 70: hoch gesalzene, H 65: niedrig gesalzene Hartdochtkohle von 6,5 mm Dochtdurchmesser, ND 65: niedrig gesalzene Nurdochtkohle. Außendurchmesser stets 10 mm.

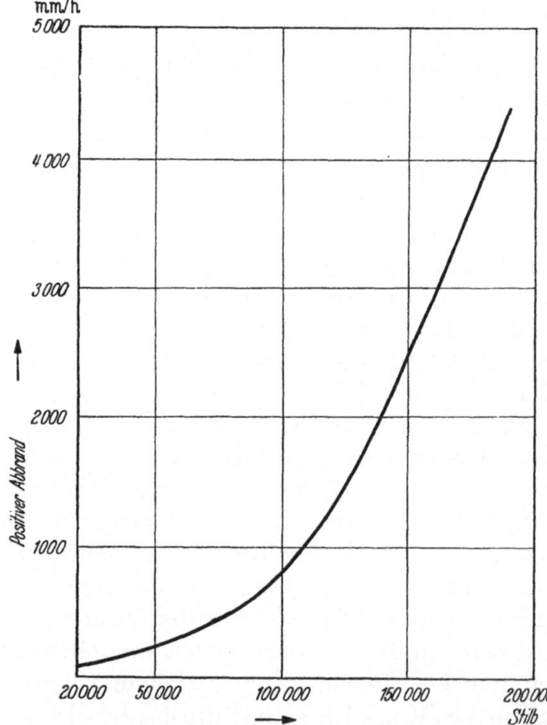

Abb. 50. Abhängigkeit der Kraterleuchtdichte von Beckbögen vom Abbrand der Positivkohle. Da die Leuchtdichte noch von weiteren Parametern abhängt, kann die Kurve nur einen ungefähren Überblick geben.

liegt nach unseren später zu behandelnden Temperaturmessungen bei ungefähr 5400°K. Da so genaue Messungen, wie sie zur Feststellung derartiger Knicke erforderlich sind, bisher nur für die erwähnte RW Sola Effekt 134 ausgeführt worden sind, ist noch nicht zu entscheiden, ob es sich um einen chemischen Vorgang mit einer speziellen Komponente des Leuchtdampfes handelt, oder um einen Vorgang in der Luft, etwa die bei dieser Temperatur kräftig einsetzende Dissoziation des Stickstoffs.

Steigert man die Belastung über die Maximalwerte der Abb. 48 hinaus, so nehmen die Bogenschwankungen stark zu, und die Leuchtdichte nähert sich einem Grenzwert, der je nach der Kohlensorte(Dochtzusammensetzung usw., vgl. S. 22) verschieden hoch liegt. Besonders spannungssenkende Zusätze zum Docht vermindern, wie im folgenden Abschnitt gezeigt wird, die Maximalleuchtdichte beträchtlich. Mit guten Weichdochtkohlen lassen sich 120000 Stilb konstant erreichen (allerdings bei recht hohem Abbrand!); der Grenzwert liegt hier bei etwa 150000 sb. Mit den höher belastbaren Hartdochtkohlen geeigneter Dochtzusammensetzung (Leuchtdichtekurven z. B. Abb. 49) erreicht man heute technisch konstant 160000 und kurzzeitig 200000 Stilb. Dabei ist die hohe Leucht-

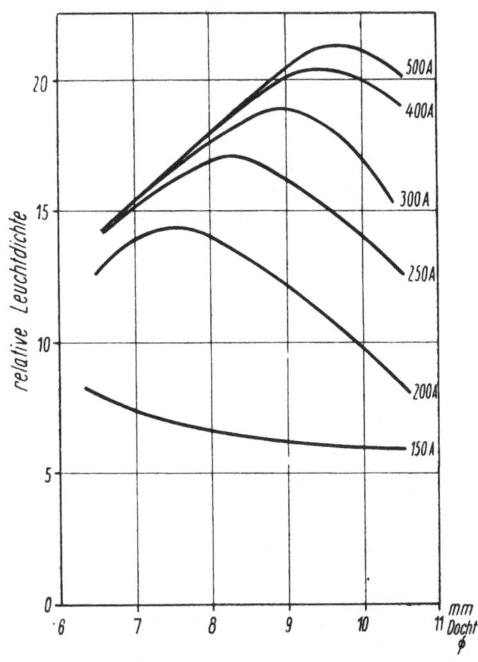

Abb. 51. Abhängigkeit der Leuchtdichte einer 13 mm-Beckkohle der Siemens-Plania-Werke vom Dochtdurchmesser bei verschiedenen, jeweils konstanten Strombelastungen nach Messungen von Baldewein (2). Mit steigender Stromstärke nimmt die Größe des günstigsten Dochtdurchmessers zu.

dichte stets ursächlich mit großem Abbrand der Positivkohle verknüpft. Abb. 50 zeigt diesen empirisch festgestellten Zusammenhang zwischen beiden Größen und ist damit für die Praxis von großer Bedeutung.

Baldewein (2) hat im Laboratorium der Siemens-Plania-Werke in einer eingehenden Untersuchung über die Grenzen der Leuchtdichtesteigerung von Beckkohlen insbesondere den Einfluß des Verhältnisses von Docht- zu Manteldurchmesser auf die erreichbare Leuchtdichte untersucht. Als Ergebnis zeigt Abb. 51 für eine 13 mm-Beckkohle bei verschiedenen Belastungen von 150—500 Amp. die Leuchtdichte in Abhängigkeit vom Dochtdurchmesser. Man erkennt, daß mit steigender Belastung der 13 mm-Kohle der günstigste Dochtdurchmesser immer mehr wächst. Nurdochtkohlen sollten demnach, abgesehen von den durch die seitlich austretenden Salztropfen vorläufig noch bedingten praktischen Schwierigkeiten, für höchste Belastungen und Leuchtdichten die bestgeeigneten Kohlen sein. Ein tiefer Krater, wie ihn Kohlen mit dickem Mantel ergeben, hält also zwar die leuchtenden Dämpfe gut zusammen und besitzt daher bei gleicher Belastung höhere Leuchtdichte als ein flacher Krater, ist aber weniger hoch belastbar ohne zu flackern

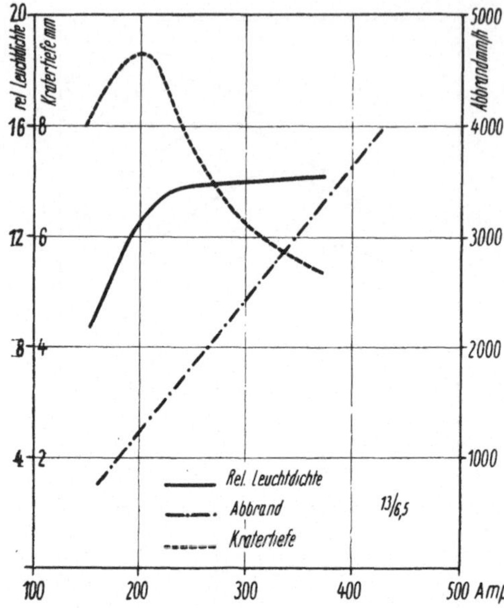

Abb. 52. Abhängigkeit der Leuchtdichte, der Kratertiefe und des Abbrandes einer 13 mm-Beckkohle mit 6,5 mm Docht der Siemens-Plania-Werke von der Stromstärke nach Messungen von Baldewein (2).

und besitzt daher die geringere Grenzleuchtdichte. Dieser Befund wird illustriert durch Abb. 52, die für eine 13 mm-Kohle mit 6,5 mm-Docht nach Baldewein den Verlauf des positiven Abbrands, der Kratertiefe und der Leuchtdichte von der Stromstärke zeigt. Während der positive Abbrand (die Verdampfung) linear mit der Stromdichte wächst (vgl. auch S. 126 f.), erreicht die Leuchtdichte mit wachsender Belastung einen Knickpunkt, der mit der größten Kratertiefe zusammenfällt und ober-

halb dessen die Leuchtdichte wesentlich langsamer ansteigt. Nur bei Kohlen mit äußerst dünnem Mantel bzw. Nurdochtkohlen fehlt dieser Leuchtdichteknick. Abb. 53 zeigt das am Beispiel einer 13 mm-Kohle mit 10 mm-Docht nach Messungen von Guillery und Zill (38), die bei dieser Kohle mit dünnem Mantel, der durch seitliches Abzundern an der Stirnfläche praktisch verschwunden ist, einen linearen Anstieg der Leuchtdichte bis 200 000 Stilb fanden. Selbst bei der extremen Belastung von 380 Amp./cm² entsprechend einem positiven Abbrand von 1,2 mm/sec brannte die Kohle angeblich noch befriedigend flackerfrei. Dabei wurde eine Leuchtdichte der Anodenflamme selbst von maximal 130000 Stilb gemessen.

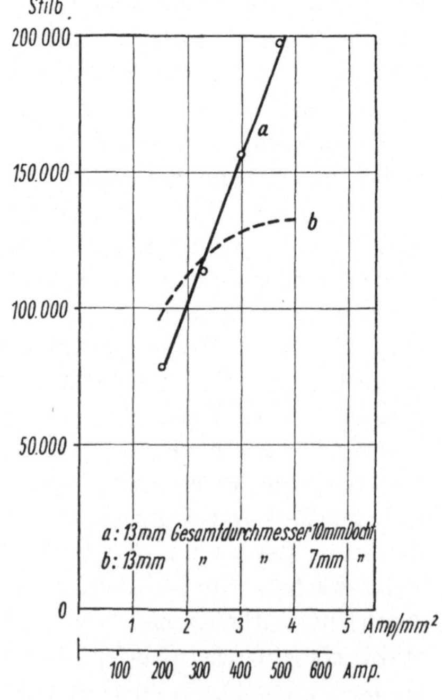

Abb. 53. Stromstärkeabhängigkeit der Leuchtdichte zweier Beckkohlen der Siemens-Plania-Werke von 13 mm Gesamtdurchmesser und Dochtdurchmessern von 7 mm und 10 mm nach Messungen von Guillery und Zill (38).

Wegen der technischen Bedeutung der Erzielung höchster Leuchtdichte seien unter Vorwegnahme späterer Ergebnisse einige theoretische
Bemerkungen eingeschaltet. Da das Leuchten der Dämpfe, wie wir zeigen
werden, als thermische Strahlung aufgefaßt werden muß, ist zur Erzielung höchster Leuchtdichte eine möglichst hohe Temperatur im Krater
Voraussetzung. Nach S. 171 ist nun unter sonst gleichen Bedingungen die
Dampftemperatur um so höher, je größer die mittlere effektive Ionisierungsspannung der Dämpfe ist. Auf die hieraus folgende Abhängigkeit
der Leuchtdichte von der Dochtzusammensetzung gehen wir S. 74 ein.
Weiter steigt die Leuchtdichte erwartungsgemäß (vgl. S. 8) mit der
Strombelastung der Anode. Es wird aber oft vergessen, daß jede Dampfstrahlung und damit auch die Kraterleuchtdichte nicht nur von der
Temperatur, sondern auch vom Absorptionsvermögen der leuchtenden
Dampfschicht, und das heißt hier von der räumlichen Dichte der strahlenden Atome und der Dicke der strahlenden Dampfschicht abhängt.
Bei dem technisch erwünschten flachen Krater, bei Verwendung hoch
belastbarer schwach gesalzener Kohlen und bei zu starker Absaugung
der Leuchtdämpfe dicht oberhalb des Kraters besteht daher die Gefahr,
daß die Dichte und die Dicke der leuchtenden Dampfschicht, und mit ihr
das Absorptionsvermögen, so verkleinert wird, daß trotz sehr hoher
Dampftemperatur die Strahlungsdichte des Kraters unter dem erreichbaren Maximum bleibt. *Zur Erzielung höchster Strahlungsdichte muß
also auf die Erhaltung einer genügenden Dichte und Dicke der Dampfschicht in und vor dem Krater geachtet werden. Ein gutes Kriterium dafür
ist, daß bei genügendem Absorptionsvermögen der Dampfschicht Einzelheiten des Kratergrundes nicht mehr erkennbar sein sollten.*
     Schon aus Abb. 47 und 48 folgt (14), daß das S. 33 behandelte Ähnlich-
keitsgesetz der Hochstromkohlebögen in der dort beschriebenen Näherung
auch für die Leuchtdichte gilt. Das erscheint an sich selbstverständlich,
da ähnliche Bögen bei gleicher Temperatur auch gleiche Leuchtdichte besitzen müssen. Patzelt (70) hat dieses Leuchtdichte-Ähnlichkeitsgesetz an
verschiedenen Beckkohlen eingehend untersucht und darüber z. T. sehr
eigenartige, theoretisch kaum glaubhafte Abhängigkeiten mitgeteilt. Dieses
vom Verfasser gefundene Ähnlichkeitsgesetz gilt natürlich *nicht* für die
Belastbarkeit von Beckkohlen. Erfahrungsgemäß kann man nämlich mit
dickeren Positivkohlen höhere Leuchtdichten erzielen als mit dünneren,
muß sie dafür aber natürlich auch relativ höher belasten. Dabei zeigte sich,
daß die Belastbarkeit gleichartiger Beckkohlen ziemlich genau dem Positivkohlen*querschnitt* proportional ist, und zwar kann man 100 Amp./cm² als
mäßige Belastung und 200 Amp./cm² als die höchste heute technisch
verwendbare Belastung guter Hartdochtkohlen ansehen.
     Es wurde schon mehrfach erwähnt, daß es Voraussetzung für einen
richtig ausgebildeten Hochstrombogen ist, daß der Elektronenstrom der

Bogensäule glatt und ohne Störung des Anodendampfstroms über diesen in den positiven Krater einmündet und hier die Verdampfung bewirkt. Man erhält folglich auch nur unter dieser Bedingung flackerfreie Strahlung hoher Leuchtdichte. Das bedeutet einmal, daß koaxiale Kohlenstellung bei höherer Stromstärke ungünstig ist, weil offenbar der (theoretisch noch nicht verständliche) Impuls der negativen Flamme den Anodendampfstrom förmlich zerbläst. Für Bögen über 120 Amp. kommt daher nur Winkelstellung der Kohlen in Betracht, und für magnetisch nicht beeinflußte Bögen hat sich ein Winkel von 150⁰ als günstig erwiesen, während bei kleinerem Winkel das Einmünden der negativen Flamme in den Krater magnetisch gesteuert werden muß (S. 142).

Der Einfluß der Bogenlänge auf die Kraterleuchtdichte (bei konstant gehaltener Stromstärke!) ist vom Verfasser im Bereich geringer Stromstärken und daher unkontrahierter Bogensäule, von Guillery bei verschiedenen Bögen hoher Stromstärke mit voll kontrahierter Säule untersucht worden. Allgemein sollte man nach unseren theoretischen Vorstellungen über die Abhängigkeit der Kraterleuchtdichte von den anodischen Vorgängen erwarten, daß die Bogenlänge (ebenso wie die Wahl der richtigen Negativkohle) nur für die Bogenstabilität, nicht aber für die Leuchtdichte selbst von Bedeutung wäre. Dieses Ergebnis wurde bei Beckbögen großer Stromstärke von Guillery auch voll und ganz bestätigt. Bei Veränderung der Bogenlänge um 16 mm blieb z. B. die Leuchtdichte eines 200 Amp.-Bogens trotz merklicher Änderung der Bogenspannung und Bogenleistung konstant. Eigene Versuche mit Beckbögen *ohne* kontrahierte Säule im Stromstärkebereich unterhalb 80 Amp. haben dagegen ergeben, daß deren Kraterleuchtdichte mit zunehmender Bogenlänge zunächst wächst und dann nach Überschreiten eines Maximums wieder abnimmt. Es ist uns noch nicht klar, welche von zwei möglichen Ursachen hierfür die entscheidende ist. Einmal hängt die Richtung der Anodenflamme und mit ihr die Dicke der vor dem Krater liegenden, an der Kraterstrahlung sich beteiligenden Leuchtdampfschicht von der Bogenlänge ab. Zweitens aber kann mit der Bogenlänge auch die Länge der turbulenten Säule zunehmen. Da aber in dieser je cm Länge etwa 3000 Watt umgesetzt und damit zur Aufheizung des Leuchtdampfes verwandt werden, ist ein Beitrag dieser turbulenten, dem Krater vorgelagerten Säule zur Kraterleuchtdichte zu erwarten, der an der festgestellten Abhängigkeit der Leuchtdichte von der Bogenlänge bei diesen Bögen geringer Stromstärke beteiligt sein sollte.

Versuche von Hannappel (42) sowie von Seeliger und Franzmeyer (91) haben schließlich gezeigt, daß bei Anwendung geeigneter magnetischer Querfelder der Bogen bei sehr viel geringerer als der üblichen Länge stabil brennen kann, womit elektrische Leistung gespart und der Wirkungsgrad des Bogens vergrößert wird. Durch die dabei erfolgende Konzentration des

Anodendampfstrahls vor dem positiven Krater kann eineLeuchtdichtesteigerung bis zu 20% erzielt werden, allerdings nur bei mäßig belasteten Bögen. S. 137 gehen wir auf die magnetische Bogenbeeinflussung näher ein.

f) Die Kraterleuchtdichte des Wechselhochstrombogens.

Systematische Leuchtdichtemessungen an mit Wechselstrom betriebenen Hochstrombögen sind erst kürzlich von Haury und dem Verfasser (25) ausgeführt worden, so daß abschließende Ergebnisse bisher nur für den Wechselstrom-Beckbogen mit 8 mm RW Sola Effekt 134-Kohlen vorliegen (Abb. 54). Wie S. 20 bereits erwähnt, erwies sich eine geringe Bogenlänge als günstig. Der Kohlewinkel der benutzten Lampe betrug 100°, doch ergaben Versuche, daß auch mit sehr viel kleinerem Kohlewinkel (bei geeigneter magnetischer Beeinflussung sogar mit parallel nebeneinander angeordneten Kohlen!) ein sehr befriedigendes Verhalten erzielt werden konnte, jedenfalls bei den untersuchten Stromstärken bis maximal 150 Amp. Der Vergleich von Abb. 54 mit Abb. 48 zeigt, daß zur Erreichung einer bestimmten Kraterleuchtdichte beim Wechselstrom-Beckbogen rund die doppelte Stromstärke aufgewendet werden muß wie beim Gleichstrom-

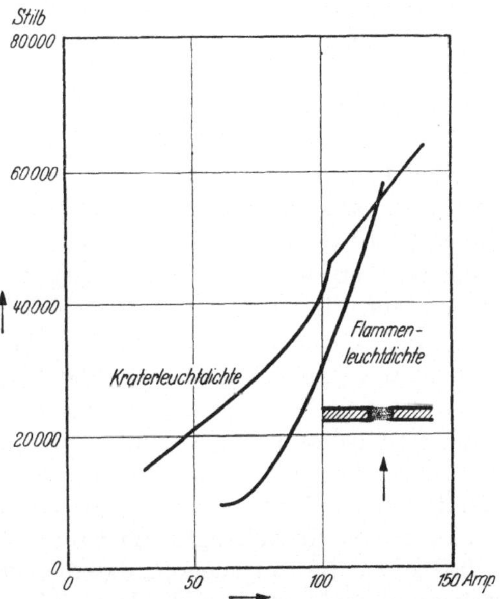

Abb. 54. Stromstärkeabhängigkeit der Kraterleuchtdichte und der Flammenleuchtdichte eines zwischen zwei 8 mm RW Sola Effekt 134-Beckkohlen brennenden Wechselstrom-Beckbogens nach Messungen von Haury und dem Verfasser (25).

bogen, in Übereinstimmung mit der Tatsache, daß im Zeitmittel jedem der beiden Krater nur die halbe Bogenleistung zugeführt wird. Auch die maximale Kraterleuchtdichte ist mit 65000 Stilb recht niedrig. Bei Bezug auf die Bogen*leistung* statt der Stromstärke schneidet der Wechselstrombogen dagegen etwas günstiger ab, da wegen der geringeren Bogenlänge die Bogenspannung (Abb. 15) besonders niedrig ist.

g) Die Abhängigkeit der Kraterleuchtdichte von der Dochtzusammensetzung.

Die Kraterleuchtdichte von Hochstrombögen mit Salzkohlen hängt (wie die Lichtstärke) wesentlich von der Natur des Leuchtsalzes und der

Dochtzusammensetzung und -Behandlung, in geringem Maße auch vom Material (und der Feinkörnigkeit) des Kohlemantels ab.

Während der Einfluß des Mantelmaterials sich im Wesentlichen auf die von der relativen elektrischen Leitfähigkeit des Mantel- und Dochtmaterials abhängende Stromverteilung in der Positivkohle und damit nur indirekt auf die Leuchtdichte auswirken dürfte, ist der Einfluß des Dochtmaterials ein direkter. Denn die Metallatome des Leuchtsalzes sind ja die wesentlichen emittierenden Zentren der strahlenden Dämpfe; ihr Spektrum bestimmt die Energieverteilung und damit die Farbe des ausgestrahlten Lichtes. Die Temperatur des emittierenden Dampfes und mit ihr die Intensität der Strahlung, d. h. auch die Leuchtdichte, aber hängt, wie wir noch erkennen werden, von der Ionisierungsspannung der Atome des Dampfes und damit in empfindlicher Weise von dessen Zusammensetzung ab.

Normalerweise wird als Dochtsubstanz eine Mischung von Kohlenstoff mit Leuchtsalz verwandt, und dieses besteht beim Beckbogen aus einem Gemisch von Fluorid und Oxyd des Cers und anderer seltener Erden (meist 45% Cer, 30% Lanthan und 25% übrige seltene Erden, zusammen Cerit genannt). Erfahrungsgemäß ergibt die Verwendung von überwiegend Fluorid eine hohe Leuchtdichte, aber bei Überlastung ein frühes Flackern und Rußen, während Ceritoxydkohlen bei gleicher Belastung zwar eine geringere Leuchtdichte geben (wie z. B. der Vergleich von Abb. 48 und Abb. 49 zeigt!), aber dafür eine bessere Lichtruhe besitzen und damit höher belastbar sind. Meist werden in der Praxis Mischungen beider Salze zur Herstellung hoch belastbarer Kohlen verwandt, weil die Verwendung von zu viel Oxyd zu dem sehr störenden Auftreten von Karbidtropfen im Krater Anlaß gibt.

Es ist wichtig zu bemerken, daß die Dochtmaterialien bei der Fabrikation und der Vorheizung der Kohle hinter dem positiven Krater nicht unverändert erhalten bleiben. Beim Glühen des Dochts wird vielmehr nach Röntgenuntersuchungen von Stintzing (93) ein Teil des Ceritfluorids in ein Oxyfluorid der Zusammensetzung CeOF umgewandelt, und anscheinend geht teilweise die Umsetzung mit dem Luftsauerstoff weiter zum Ceritoxyd. Dadurch erklärt sich, daß hochgeglühte Beckkohlen sich ähnlich verhalten wie solche mit einem erheblichen Prozentsatz Oxyd. Es ist weiter mit Sicherheit bekannt, daß der Salzgehalt des Dochtes von großer Bedeutung für die Leuchtdichte ist. Ein hoher Salzgehalt (über 45 Gewichts%) gibt nämlich eine große Leuchtdichte und eine kurze, stark leuchtende Anodenflamme, aber gleichzeitig auch eine starke Lichtunruhe. Schwach gesalzene Kohlen (etwa 30% Salz) dagegen ergeben ausgezeichnete Lichtkonstanz und äußerst ruhige Bögen, aber dafür relativ geringe Leuchtdichte. Beispiele für die beiden Typen von Kohlen bilden die RW-Kohlen H 70 und H 65 (vgl. Abb. 49).

Wir haben bisher nur von Ceritfluorid und -oxyd als den *Leuchtsalzen* gesprochen. Tatsächlich werden den Beckdochten meist noch kleinere Zusätze verschiedener anderer Stoffe zur Bindung, Bogenberuhigung und u. U. auch Spannungssenkung beigefügt, deren Wirkung trotz unserer vielseitigen Versuche bisher nur einigermaßen übersehen werden kann. Sicher ist nur, daß der Zusatz spannungssenkender Stoffe von geringer Ionisierungsspannung, wie besonders Kalium, in theoretisch verständlicher Weise (vgl. S. 176) die Dampftemperatur senkt und damit die Leuchtdichte vermindert. Diese Wirkung braucht nicht immer im gesamten Belastungsbereich der Kohle sichtbar zu sein, wirkt sich aber bei *hoher* Belastung stets aus.

In ähnlicher Weise wie Kalium wirkt anscheinend der im Cerit vorhandene Anteil an Lanthan wegen dessen geringer Ionisierungsspannung von nur 5,5 Volt gegenüber 6,9 Volt beim Cer. Die Ringsdorff-Werke stellten deshalb auf Vorschlag von Wolff und dem Verfasser Beckkohlen von sonst gleicher Zusammensetzung und Fertigungsart mit den einzelnen Komponenten des Cerits allein her, die von Wolff und von uns eingehend untersucht wurden. Abb. 55 zeigt einige der Ergebnisse für 7 mm-Weichdochtkohlen, und zwar den Vergleich der Leuchtdichten einer gewöhnlichen Kino-Beckkohle für kleinere Theater („156") mit der reinen Cerkohle und der reinen Lanthankohle, Abb. 56—58 den Verlauf der Bogenspannung, des Anodenfalls und des positiven Abbrands der gleichen Kohlen mit der Stromstärke. Erwartungsgemäß liegt die Leuchtdichte der Cerkohle am höchsten und besonders bei hoher Belastung weit über der der Normalkohle, während die Lanthankohle entsprechend der geringen Ionisierungsspannung des Lanthans

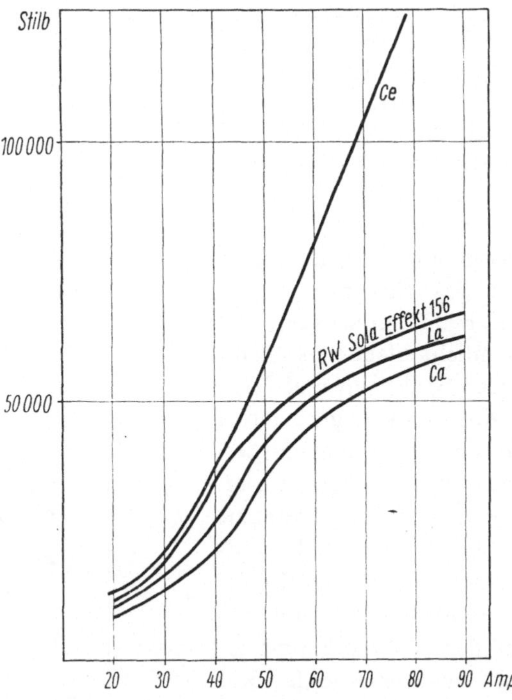

Abb. 55. Stromstärkeabhängigkeit der Kraterleuchtdichte von 7 mm-Beckkohlen der Ringsdorff-Werke mit Cer-, Cerit-, Lanthan- und Calciumfluorid als Leuchtsalz nach unveröff. Messungen des Verfassers.

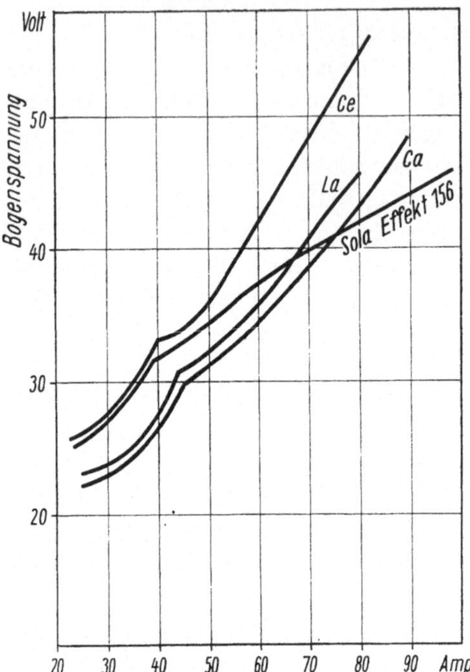

Abb. 56. Strom-Spannungs-Kennlinien der Beckbögen mit den unter Abb. 55 genannten Leuchtsalzen nach unveröff. Messungen des Verfassers.

eine sehr geringe Leuchtdichte zeigt.

Außer den üblichen, auf der Basis des Cerits als Leuchtsalz aufgebauten Beckkohlen hat man Hochstromdochtkohlen mit den verschiedensten anderen Metallsalzen als Leuchtsubstanz erprobt. Geeignet sind theoretisch und in Übereinstimmung mit der Erfahrung alle Salze von genügend hoher Siedetemperatur (die nicht zu stark mit dem Kohlenstoff im Krater Karbid bilden, das spritzt und die Ausbildung des Kraters stört), von genügender Liniendichte im

sichtbaren Spektrum und von nicht zu geringer Ionisierungsspannung. Diese Bedingungen erfüllt z. B. gut das Eisenfluorid, das ein recht intensives, aber ziemlich bläuliches sichtbaren Spektrum und Licht ergibt, und in geringerem Grade das Calcium, das wegen seiner geringeren Ionisierungsspannung zwar eine merklich geringere Leuchtdichte, aber ein u. U. erwünschtes, leicht gelbliches (in der Anodenflamme sogar leuchtend goldgelbes) Licht gibt. Die Kraterleuchtdichte einer Ca-Beckkohle ist in Abb. 55 in Ab-

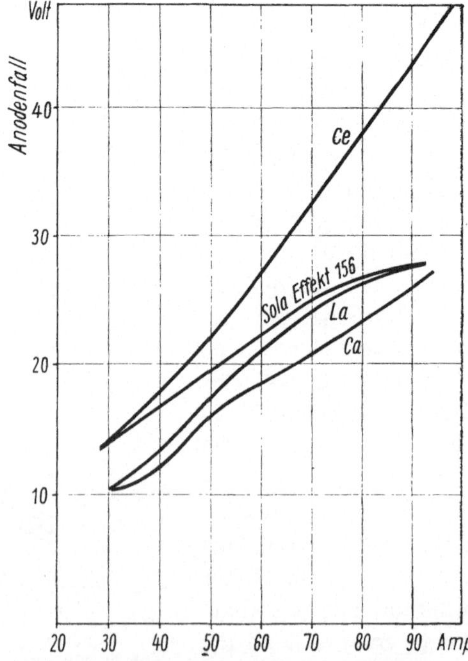

Abb. 57. Stromstärkeabhängigkeit des Anodenfalls der Beckbögen mit den unter Abb. 55 genannten Leuchtsalzen nach unveröff. Messungen des Verfassers.

hängigkeit von der Stromstärke ebenfalls eingetragen. Eine aus Fe- und Ca-Salzen aufgebaute Kohle hat sich z. B. Ende des Krieges als Cerit-Ersatzkohle im Kinobetrieb durchaus bewährt, wenn auch ihre Leuchtdichte um 25 bis 30 % unter der der Ceritkohle lag.

Es sei abschließend betont, daß hier nur einige Gesichtspunkte über den Zusammenhang von Dochtzusammensetzung und Leuchtdichte gegeben werden konnten, da die feineren Einzelheiten noch unverständlich sind und zudem von den Fabriken als Betriebsgeheimnis gehütet werden.

Auch beim Homogenkohle-Hochstrombogen ha-

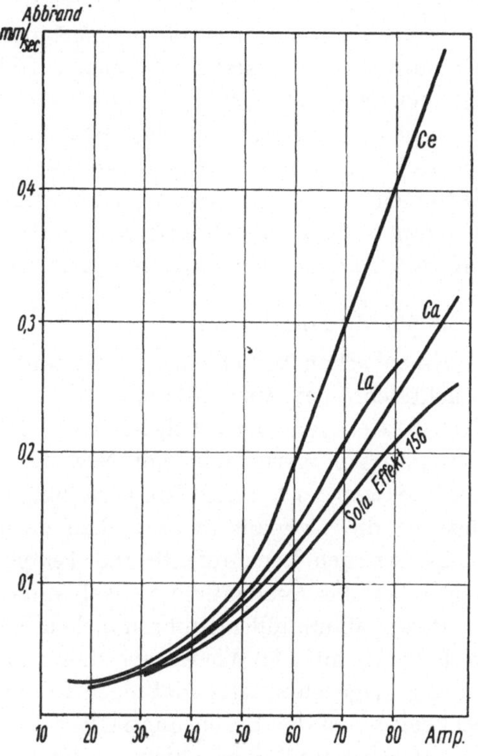

Abb. 58. Stromstärkeabhängigkeit des positiven Abbrands von 7 mm-Beckkohlen mit den unter Abb. 55 genannten Leuchtsalzen (Weichdochte!) nach unveröff. Messungen des Verfassers.

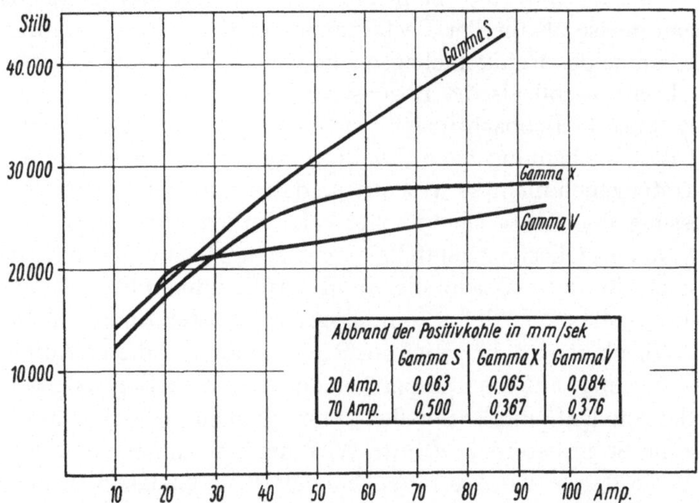

Abbrand der Positivkohle in mm/sek			
	Gamma S	Gamma X	Gamma V
20 Amp.	0,063	0,065	0,084
70 Amp.	0,500	0,367	0,376

Abb. 59. Stromstärkeabhängigkeit der Kraterleuchtdichte von drei 7 mm-RW-Homogenkohlen verschiedener Zusammensetzung nach unveröff. Messungen des Verfassers. Die Tabelle zeigt, daß der Abbrand der Leuchtdichte proportional ist.

ben wir übrigens die Abhängigkeit der Leuchtdichte vom Material der Positivkohle feststellen können. Abb. 59 zeigt die Stromstärkeabhängigkeit der Kraterleuchtdichte der drei uns schon von ihren Zischeigenschaften (S. 41) her bekannten Ringsdorff-Homogenkohlen aus Koks (Gamma S), Ruß (Gamma V) und einer zwischen diesen Extremen stehenden Sorte (Gamma X). Man erkennt, daß selbst bei diesen noch sehr ähnlich aufgebauten Homogenkohlen sehr erhebliche Unterschiede der Leuchtdichte auftreten.

h) Die Leuchtdichte der Anodenflammen.

Es ist schon verschiedentlich darauf hingewiesen worden, daß die Leuchtdichte der Anodenflamme auch ohne den Hintergrund des positiven Kraters sehr beträchtliche Werte annehmen kann, und die Bogenphotographien vermitteln (im Negativ) wenigstens einen ungefähren Eindruck von der Leuchtdichteverteilung längs der Flamme. Eine genaue Messung, die wegen des theoretischen, noch zu behandelnden Zusammenhangs zwischen Leuchtdichte und Temperatur von Interesse wäre, ist wegen der die Anodenflamme fast stets in mehr oder minder ausgeprägtem Maß umhüllenden bräunlichen Schwaden leider recht schwierig, weshalb wir auf die Wiedergabe dieser Messungen verzichten. Von Bedeutung dagegen scheint, daß nach Rohloff (78) die Anodenflamme des Beckbogens an der Berührungsstelle mit der Bogensäule besonders aufgeheizt wird und daher hier ein hellerer Saum erscheint, der beim Reinkohle-Hochstrombogen merkwürdigerweise fehlt. Rohloff schließt hieraus, daß die Temperatur der Bogensäule (nach übereinstimmenden Ansichten der meisten Autoren in Luft von der Größenordnung 6000°K) höher sein müsse als die der Beckflamme vor dem Krater, während die Anodenflamme des Reinkohlebogens die gleiche (oder eine höhere) Temperatur besitzen soll als die Bogensäule.

Nach unsern Beobachtungen ist dieser „Oberflächeneffekt", wie Rohloff die Erscheinung nennt, wohl vorhanden, doch ist der Leuchtdichte-Unterschied nicht so wesentlich, daß seine Berücksichtigung bei der Messung der Kraterleuchtdichte erforderlich wäre. Ferner scheint uns der Name „Oberflächeneffekt" nicht sehr günstig gewählt, da sich (auch nach Rohloffs Zeichnungen) die Aufhellung über die gesamte turbulente Säule, d. h. den stromführenden Teil der Anodenflamme erstreckt. Wir glauben daher auch nicht, daß man von dieser Aufhellung, d. h. Aufheizung, auf die Temperatur der normalen Bogensäule relativ zu der der Anodenflamme schließen kann, glauben vielmehr, daß es sich hier um die S. 72 bereits erwähnte Wirkung der Aufheizung der turbulenten Säule durch den Stromfluß handelt. Unabhängig von der absoluten Temperatur der Anodenflamme *muß* deren stromführender Teil, d. h. die turbulente Säule, noch zusätzlich aufgeheizt werden, da in ihr einige Kilowatt je cm³ umgesetzt werden, und diese Aufheizung muß sich u. E. als Leuchtdichtesteigerung bemerkbar machen. Warum diese nach Rohloffs Angaben bei der Reinkohle-Anodenflamme nicht auftritt, können wir mangels eigener Versuche nicht entscheiden.

Daß die Flammenleuchtdichte mindestens in den dem Krater vorgelagerten Teilen der turbulenten Säule erheblich von der Stromstärke abhängt, zeigt Abb. 60, in der die obere Kurve nach Messungen von Schluge und dem Verfasser (31) die Leuchtdichte der Anodenflamme dicht vor dem Krater (aber quer zu Rohloffs Oberflächeneffekt!) zeigt, während die untere Kurve nach Haury (25) die Leuchtdichte der turbulenten Säule eines kurzen, zwischen koaxialen Kohlen brennenden Wechselstrom - Beckbogens gleicher Kohlesorte darstellt.

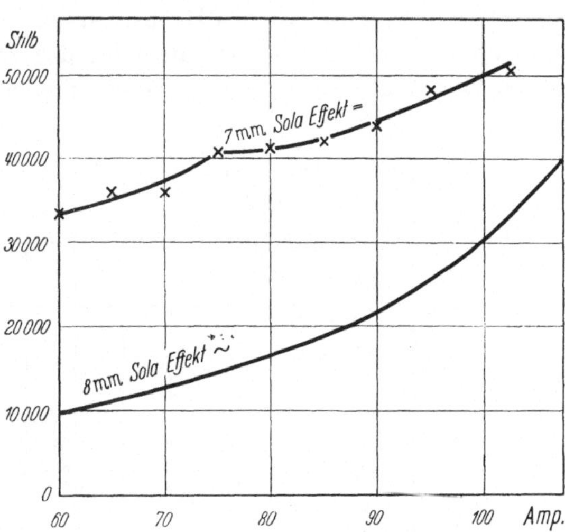

Abb. 60. Stromstärkeabhängigkeit der Anodenflammen-Leuchtdichte eines Gleichstrom- und eines Wechselstrom-Beckbogens gleicher Kohlensorte RW Sola Effekt 134, quer zur Flammenrichtung dicht vor dem Krater gemessen. Nach Schluge, Haury und dem Verfasser (25, 88).

Für die beachtliche Leuchtdichte der Anodendämpfe ist kennzeichnend, daß schon 7—8 mm dicke Dampfstrahlen eine Leuchtdichte bis zu 50000 Stilb, d. h. bis zum 2,5fachen der Leuchtdichte des glühenden Kohlenstoffs bei 4000°K ergaben. Guillery und Zill (38) haben vor dem Krater eines mit 500 Amp. extrem überlasteten 13 mm-Bogens ja sogar eine Flammenleuchtdichte von 130000 Stilb gemessen.

i) Der Zusammenhang von Kraterleuchtdichte, Anodenfall (bzw. Brennspannung) und Abbrand der Positivkohle.

Es sei schon hier auf die für die spätere Theorie der Vorgänge sehr wichtige Beobachtung hingewiesen, daß die Leuchtdichte aller Beckkohlen gleicher Dochtzusammensetzung eine eindeutige Funktion des Anodenfalls und des Abbrands der Positivkohle, bzw. genauer des durch Verdampfung entstehenden überwiegenden Anteils des Abbrands ist. Kohlen hoher Leuchtdichte ergaben also auch immer großen Abbrand und hohen Anodenfall (16). Die Abb. 55 bis 58 zeigen, daß bei den oben erwähnten Beckkohlen mit verschiedenen Leuchtsalzen die Kurven der

Stromstärkeabhängigkeit der Leuchtdichte, der Bogenbrennspannung, des Anodenfalls und des Abbrands der Positivkohlen in der Tat größte Ähnlichkeit aufweisen, und das gleiche gilt für die drei nach Abb. 49 von Hannappel (24) gemessenen hochbelasteten Hartdocht-Beckkohlen. Den aus empirischen Daten ermittelten Zusammenhang zwischen dem positiven Abbrand und der Kraterleuchtdichte von Beckkohlen Abb. 50 haben wir oben bereits erwähnt. Der besprochene Zusammenhang ist aber nicht auf Beckkohlen beschränkt, sondern muß nach unseren Untersuchungen als typische Eigenschaft des Hochstromkohlebogens ganz allgemein angesehen werden. Sie gilt also auch für den Homogenkohle-Hochstrombogen, wie z. B. die in Abb. 59 eingetragenen Werte des positiven Ab-

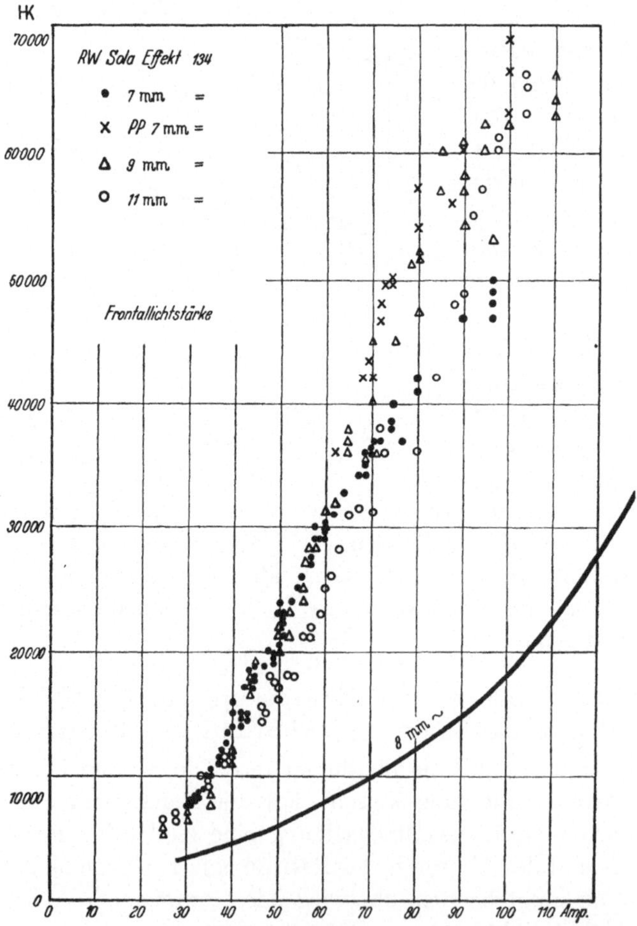

Abb. 61. Stromstärkeabhängigkeit der Frontallichtstärke von Gleichstrom-Beckbögen mit verschiedenen Kohlen und einem Wechselstrom-Beckbogen mit RW Sola Effekt 134 nach Messungen von Schluge, Haury und dem Verfasser.

brands der drei Homogen-
kohlen zeigen, für die ebenfalls
Leuchtdichte und Abbrand
durchaus parallel laufen, und
das gleiche gilt ebenfalls für die
Brennspannung als Maß für
den Anodenfall.

k) Die Frontallichtstärke.

Als Frontallichtstärke bezeichnen wir die (natürlich
ohne jede optische Abbildung!)
von einem Punkt der Verlängerung der Positivkohle aus
gemessene Lichtstärke des Bogens in HK. Abb. 61 zeigt für
einige von Schluge und dem

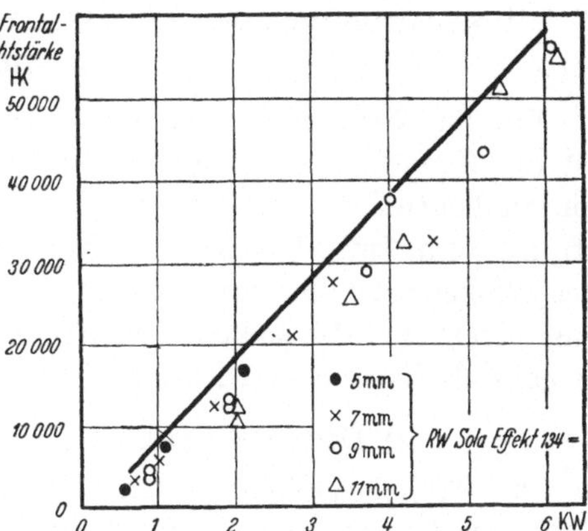

Abb. 62. Abhängigkeit der Frontallichtstärke verschiedener Gleichstrom-Beckbögen (nur wenige Meßpunkte
gezeichnet) sowie des Wechselstrom-Beckbogens gleicher
Kohlemarke von der Bogenleistung nach Messungen von
Schluge, Haury und dem Verfasser.

Verfasser (31) gemessene Gleichstrom-Beckbögen von 7—11 mm Durchmesser und einen von Haury (25) gemessenen Wechselstrom-Beckbogen
(8 mm-Kohlen gleicher Marke) die Frontallichtstärke in Abhängigkeit
von der Stromstärke, Abb. 62 in Abhängigkeit von der elektrischen
Bogenleistung. Aus Abb. 61 und 62 lassen sich eine Anzahl interessanter
Ergebnisse ablesen:

1. In erster, gröbster Näherung ist (jedenfalls beim Gleichstrom-Beckbogen!) die Frontallichtstärke vom Kohledurchmesser unabhängig.
   Genau genommen ist bei gleicher Stromstärke bzw. Leistung die
   Frontallichtstärke um so größer, je geringer der Positivkohlendurchmesser, je höher der Bogen also spezifisch belastet ist.
2. Die Abhängigkeit der Frontallichtstärke von der Bogenleistung
   (Abb. 62) ist linear, ja es besteht fast Proportionalität. Der Beckbogen
   strahlt nach unseren Messungen je Watt umgesetzter Leistung eine
   Frontallichtstärke von 8—9 HK. Dieses empirische Gesetz gilt nach
   zusätzlichen Messungen von Schluge, Haury und dem Verfasser
   innerhalb ± 10 % bei Gleich-, Wechsel- und Drehstrom-Beckbögen
   für Leistungen bis mindestens 100 kW.
3. Zur Erzielung gleicher Frontallichtstärke ist beim Wechselstrom-
   Beckbogen nach Abb. 61 wieder rund die doppelte Stromstärke erforderlich wie beim Gleichstrom-Beckbogen, während bei Bezug auf
   gleiche elektrische Bogenleistung der Wechselstrom-Beckbogen bei
   günstigster Einstellung auch des Blasmagneten sogar noch etwas
   besser abschneidet als der Gleichstrom-Beckbogen. Dieser Befund
   deutet bereits auf die etwas höhere Lichtausbeute des Wechselstrom-
   Beckbogens hin (vgl. S. 85).

4. Winkelverteilung der Lichtstrahlung, Lichtstrom und Lichtausbeute.

Für die Verwendung des Bogens als Lichtquelle optischer Geräte ist die Kenntnis der Winkelverteilung der Lichtstrahlung notwendig, die zu beurteilen gestattet, welcher Anteil des gesamten Bogenlichtstroms vom Spiegel oder der Linse erfaßt und ausgenutzt wird. Aus der Winkelverteilung errechnet sich weiter der gesamte Lichtstrom und aus diesem und der elektrischen Bogenleistung die zur Beurteilung des Bogens als Lichtquelle wichtige Lichtausbeute in Hefnerlumen je Watt.

a) Die Messung der Winkelverteilung.

Die Winkelverteilung der Lichtstrahlung wird am einfachsten mit dem S. 60 beschriebenen Luxmeter mit Photoelement gemessen, indem dieses im Kreise um den Bogen herumgeführt oder letzterer bei feststehendem Photoelement gedreht wird. Abb. 63 zeigt als Beispiel links nach Messungen von Schluge und dem Verfasser (31) die Winkelverteilung der Lichtstrahlung eines 7 mm-Gleichstrom-Beckbogens, rechts nach Haury und dem Verfasser (25) die eines 8 mm-Wechselstrom-Beckbogens gleicher Kohlemarke. Dabei handelt es sich bei den älteren Gleichstrommessungen um die Winkelverteilung in der Horizontalebene, von der aber nach orientierenden Versuchen die in den übrigen Ebenen

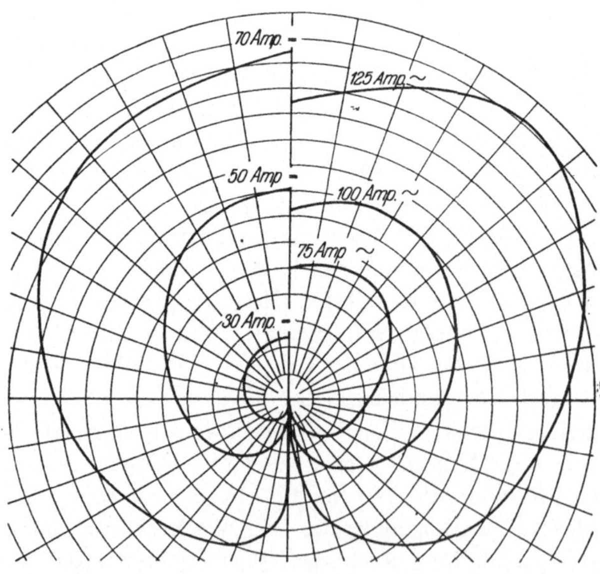

Abb. 63. Winkelverteilung der Lichtstrahlung eines 7 mm-Gleichstrom-Beckbogens (links) und eines 8 mm-Wechselstrom-Beckbogens (rechts) gleicher Kohlenmarke RW Sola Effekt 134 bei verschiedenen Belastungen nach Messungen von Schluge, Haury und dem Verfasser.

nicht grundsätzlich abweicht, während bei den Wechselstrommessungen wegen der größeren Lichtunsymmetrie ein Mittel zwischen der horizontal und der meridional gemessenen Winkelverteilung aufgetragen ist.

Die Winkelverteilungskurven gleichen erwartungsgemäß den in Abb. 34 bis 36 dargestellten Winkelverteilungen der Gesamtstrahlung. Man erkennt, daß zwar der überwiegende Anteil des Lichts nach vorne gestrahlt und damit in optischen Geräten ausgenutzt werden kann, daß aber ein sehr erheblicher Anteil, der von der Strahlung der Anodenflamme herrührt, auch nach den Seiten und sogar nach rückwärts abgestrahlt wird. Auf die aus Abb. 63 ersichtlichen charakteristischen Unterschiede der Winkelverteilung der Strahlung des Gleich- und des Wechselstrom-Beckbogens sei hingewiesen. Infolge der geringeren Kraterleuchtdichte (vgl. S. 73) und der größeren Beteiligung der Dampfstrahlung (Bogen ganz im Anodendampf brennend) beim Wechselstrombogen liegt hier das Maximum der Lichtstrahlung nicht frontal wie beim Gleichstrombogen, sondern unter einem Winkel von 35—40⁰ seitlich!

b) Lichtstrom und Lichtausbeute.

Zur Berechnung des gesamten vom Bogen abgestrahlten Lichtstroms wurde in erster Näherung angenommen, daß die gemessene mittlere Winkelverteilung der Lichtstrahlung auch für jede andere durch die Positivkohle (bzw. beim Wechselstrombogen durch die Winkelhalbierende zwischen den Kohlen) gelegte Ebene gültig ist, daß man die räumliche Lichtverteilung also durch Rotation der Winkelverteilung Abb. 63 um diese Achsen erhält. Der durch diese nicht exakt zutreffende Annahme entstehende Fehler dürfte nach unseren Abschätzungen nicht wesentlich sein. Der Bogenlichtstrom läßt sich dann aus Abb. 63 nach der S. 52 erwähnten, im einzelnen aus unserer Arbeit (88) zu entnehmenden Methode durch graphische Integration ermitteln. Für die von uns stets untersuchten vier Gleichstrom-Beckkohlen, eine Nurdochtkohle und zum Vergleich noch die Reinkohle RW Mira, finden sich die Lichtstromwerte für verschiedene Belastungen in der vorletzten Spalte von Tabelle 2, für den von Haury (25) untersuchten Wechselstrom-Beckbogen in Tabelle 3. In der drittletzten Spalte der Tabellen ist das von uns als „Verteilungswert" bezeichnete Verhältnis von gesamten Lichtstrom zu Frontallichtstärke angegeben. Für eine punktförmige, allseitig gleichmäßig strahlende Lichtquelle würde der Verteilungswert $4\pi = 12{,}5$ sein, während er nach Tab. 2 für unsere im wesentlichen doch nach vorn strahlenden Gleichstrom-Beckbögen im Mittel gleich 7,5 ist. Im einzelnen ist seine Abhängigkeit von der Belastung und der Kohlendicke aus der wechselnden Kratertiefe und Anodenflammenlänge verständlich. *Die Kenntnis des mittleren Verteilungswerts von 7,5 für Gleichstrom-Beckbögen ist darum wichtig, weil sie für Überschlagsrechnungen die Ermittlung des*

*Bogenlichtstroms aus der leicht zu messenden Frontallichtstärke erlaubt.
Der Lichtstrom ist ja einfach gleich Verteilungswert mal Frontallichtstärke.*

Bei der Reinkohle RW Mira ist nach Tab. 2 der Verteilungswert mit
3,88 nur etwa halb so groß wie bei den Beckbögen, weil wegen der
fehlenden Anodenflamme (Niederstrombogen!) die Strahlung nach der
Seite und nach rückwärts wesentlich geringer ist als beim Hochstromkohlebogen. Der Verteilungswert ist also eine recht anschauliche, die

Tabelle 2.

Lichtausbeute verschiedener Gleichstrom-Beckbögen in Abhängigkeit von der
Belastung nach Messungen von Schluge und dem Verfasser (31).

	ø	J	U	W	Frontal-lichtstärke	Vertei-lungswert	Licht-strom	Licht-ausbeute
	mm	Amp.	Volt	Watt	HK	F	Hlm	Hlm/Watt
RW Sola Effekt 134 (Docht-Beckkohle)	5	16,5	35	578	2 550	8,47	21 600	37,3
		30	37	1100	7 900	9,32	73 600	66,3
		45	48,5	2180	16 750	9,61	161 000	73,8
	7	30	24	720	3 600	9,16	33 000	46
		30	35	1050	5 970	8,18	48 800	46
		50	34	1700	12 800	7,43	95 000	56
		50	54	2800	21 000	7,05	148 000	53
		70	47	3290	27 800	7,59	211 000	64
		70	65	4550	32 200	8,65	290 000	65
	9	30	29,5	885	4 500	7,85	35 300	40
		30	29,5	885	4 200	7,40	33 600	38
		50	39	1950	12 900	7,52	97 000	49,7
		50	39	1950	13 400	7,70	102 300	52,5
		70	57,5	4025	37 000	7,03	260 000	64,4
		70	53	3700	28 800	6,46	186 000	50
		90	68	6120	56 000	8,15	456 000	74,5
		90	62	5200	43 500	7,36	314 000	60,5
	11	50	40	2000	10 600	7,68	81 500	40,8
		50	40	2000	12 300	6,42	87 800	39,4
		70	50	3500	25 500	6,81	173 500	49,6
		70	58	4130	32 300	5,97	192 000	46
		90	60	5400	51 500	5,86	300 000	55,5
		90	68	6200	55 000	6,46	536 000	57
Nurdocht-Beckkohle RW Sola Effekt 134	10	40	32	1280	5 760	7,64	44 000	34,4
		50	35	1750	9 900	6,57	65 000	37,2
		60	40	2400	12 960	7,70	99 700	41,6
		70	42	2940	18 000	8,35	152 000	51,5
Rein-Kohle RW Mira	11	28,5	56	1600	9 500	3,88	36 900	23,1

Tabelle 3.

Lichtausbeute eines Wechselstrom-Beckbogens nach Messungen von Haury (25).

	mm	Amp.	Volt	Watt	HK	F	Hlm	Hlm/Watt
RW		50	23,5	1175	6 500	8,1	52 700	44,8
Sola	8	75	24,5	1840	12 500	8,5	106 700	58
Effekt		100	29	2900	18 640	10,0	185 500	64
134		125	34	4250	28 000	11,6	325 000	76,5

räumliche Verteilung der Strahlung kennzeichnende Größe. Beim Wechselstrom-Beckbogen ist nach Tab. 3 der Verteilungswert merklich größer als beim Gleichstrombogen und nimmt mit der Belastung stark zu, weil hier nach der Winkelverteilung (rechte Seite von Abb. 63) die seitliche und rückwärtige Strahlung bezogen auf die relativ geringe Frontalstrahlung viel größer ist und mit zunehmender Anodenverdampfung (und d. i. Belastung) erheblich wächst.

Das Verhältnis des gesamten Bogenlichtstroms in Lumen zu der im Bogen umgesetzten elektrischen Leistung ergibt schließlich die Lichtausbeute des Bogens in Hefnerlumen je Watt (Hlm/Watt), die in der letzten Spalte der Tabellen 2 und 3 für die verschiedenen Kohlen und Belastungen zu finden ist. Dabei handelt es sich insofern nicht um die technische Brutto-Lichtausbeute, als zur Berechnung nur die *im Bogen und in den Kohlen umgesetzte elektrische Leistung* benutzt worden ist. Diese Netto-Lichtausbeute ist aber für den Bogen (einschließlich der unvermeidbaren Kohlenverluste) charakteristisch. Für die technische Beurteilung dagegen könnte man eine Brutto-Lichtausbeute berechnen, wenn man als Leistung das Produkt aus Stromstärke mal Betriebsspannung des Generators oder Umformers ansetzt. Diese Brutto-Lichtausbeute liegt je nach den Verhältnissen um 15—30 % unter den Werten der Tabellen 2 und 3.

c) Die Abhängigkeit der Lichtausbeute von der Belastung und der Kraterleuchtdichte.

Abb. 64 zeigt die Abhängigkeit der Lichtausbeute von der Belastung für die vier gemessenen Gleichstrom-Beckbögen und den Wechselstrom-Beckbogen. Die Lichtausbeute nimmt im Gegensatz zur Gesamtstrahlungsausbeute (S. 55) mit der Belastung zu, und zwar abgesehen von der 5 mm-Kohle, deren Gesamtstrahlungsausbeute bereits mit der Belastung wuchs, völlig gleichmäßig für die verschiedenen Gleichstrombögen und den Wechselstrombogen. Gegenüber der Lichtausbeute des Niederstrombogens (Reinkohlebogen RW Mira, letzte Zeile von Tab. 2!) von 23 Hlm/Watt liegt die des Beckbogens mit 40—80 Hlm/Watt sehr hoch. Dabei ist, wie von uns durch sorgfältige Messungen sichergestellt wurde, die Ausbeute von der Bogenlänge weitgehend unabhängig. Wich-

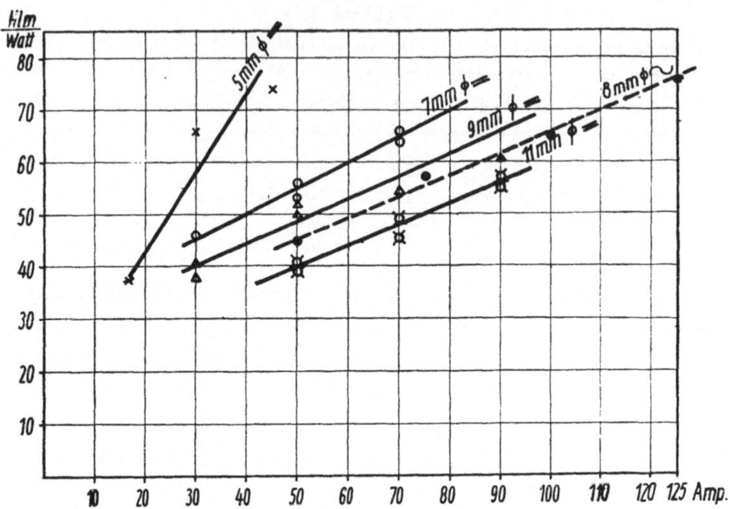

Abb. 64. Stromstärkeabhängigkeit der Lichtausbeute mehrerer Gleichstrom-Beckbögen und eines Wechselstrom-Beckbogens gleicher Kohlenmarke RW Sola Effekt 134 nach Messungen von Schluge, Haury und dem Verfasser.

tig scheint ferner, daß die von uns gemessenen Maximalwerte der Lichtausbeute keineswegs mit besonders hoch belasteten Kohlen erreicht wurden. Für diese sind vielmehr noch merklich höhere Werte der Lichtausbeute zu erwarten und von Beck (5) an einer mit 450 Amp. belasteten 24 mm-Kohle mit 89 Hlm/Watt auch gemessen worden.

Einen Anhaltspunkt für die überhaupt erreichbaren Werte und gleichzeitig eine interessante Gesetzmäßigkeit erhält man, wenn man die Lichtausbeute nicht gegen die Stromstärke, sondern gegen die zugehörige Kraterleuchtdichte aufträgt. Nach Abb. 65 erhält man hierbei für alle vier Gleichstrom-Beckbögen *eine* Gerade und für den Wechselstrom-Beckbogen eine andere, woraus man schließen kann, daß *die Lichtausbeute von der Kraterleuchtdichte, d. h. letztlich, von der Kratertemperatur abhängt.* Quantitativ entnimmt man aus Fig. 65 für die Gleichstrom-Beckbögen die Beziehung:

$$\text{Lichtausbeute in Hlm/Watt} = 35 + 0{,}4 \cdot 10^{-3}\, B \quad (B \text{ in Stilb}).$$

Für die höchste bisher kurzzeitig erreichbare Kraterleuchtdichte von 200000 Stilb würde aus dieser Beziehung eine Lichtausbeute von 115 Hlm/Watt folgen, ein Wert, der weit über den höchsten sonst bisher überhaupt erreichten Lichtausbeuten liegt. Der Beckbogen ist damit jedenfalls die weitaus ökonomischste bisher bekannte Lichtquelle. Daß die Lichtausbeute-Leuchtdichte-Gerade für den Wechselstrom-Beckbogen etwa doppelt so steil verläuft wie für die Gleichstrom-Beckbögen, folgt wieder aus der relativ zur gesamten Lichtstrahlung nur halb so großen Leuchtdichte jedes der beiden Krater.

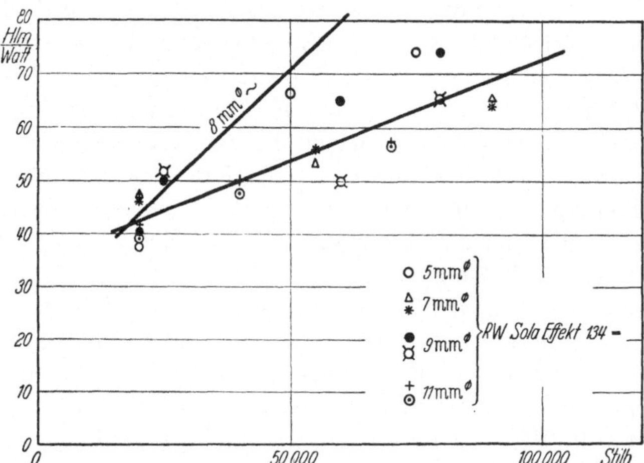

Abb. 65. Abhängigkeit der Lichtausbeute der Weichdocht-Beckkohlen RW Sola Effekt 134 von der Kraterleuchtdichte bei Gleich- und Wechselstrombetrieb nach Messungen von Schluge, Haury und dem Verfasser.

Die überraschende Größe unserer Lichtausbeutewerte wird bestätigt durch Messungen von Beck (5), der an verschiedenen technischen Lampen bei Stromstärken zwischen 50 und 450 Amp. Ausbeutewerte zwischen 60 und 89 Hlm/Watt gemessen hat. Daß an der erfaßten Strahlung die Anodenflamme merklich beteiligt ist, ist unzweifelhaft, und geht aus den Messungen Becks deutlich hervor. Saugt er nämlich den Hauptteil der Flamme in der bei größeren Lampen üblichen Weise in eine oberhalb der Positivkohle angebrachte Düse, und schaltet ihre Strahlung damit aus, so erniedrigt sich die von ihm gemessene Lichtausbeute z. B. von 75,5 auf 60 bzw. von 89 auf 70,5 Hlm/Watt, d. h. um rund 20%. Immerhin betragen auch dann noch Becks Lichtausbeutewerte das zwei- bis dreifache der Lichtausbeute des Reinkohlebogens (nach unseren Messungen 23 Hlm/Watt!).

Im Gegensatz dazu haben Guillery und Mitarbeiter (38) im Nürnberger Siemens-Schuckert-Werk unter Ausschaltung der Anodenflammenstrahlung durch geeignete Blenden den *nur* vom Krater und dem ihm direkt vorgelagerten Leuchtdampf emittierten Lichtstrom gemessen und auf diese Weise reine Kraterlichtausbeuten von 21 Hlm/Watt für den Reinkohle-Niederstrombogenkrater und von 23—31,5 Hlm/Watt für Beckbogenkrater verschiedener Belastung gemessen. Die Richtigkeit dieser zunächst überraschend niedrigen und unter sich wenig verschiedenen Werte folgt auch (nach Guillery) aus dem Vergleich der Kraterlichtströme von Reinkohle- und Beckbögen gleicher Gesamtstromstärke. Multipliziert man nämlich die (natürlich verschieden großen) Kraterflächen mit den entsprechenden mittleren Kraterleuchtdichten, so findet man, daß bei gleicher Stromstärke der gesamte Beckkrater-Lichtstrom den des Niederstrombogenkraters nicht sehr wesentlich übersteigt.

Unter Berücksichtigung der oben erwähnten Beckschen Messungen folgt aus Guillerys Befund, daß die den Beckkrater umgebenden Leuchtdämpfe einschließlich der kraternahen Teile der Anodenflamme insgesamt ebensoviel Licht ausstrahlen wie der Krater selbst mit den ihm direkt vorgelagerten Leuchtdämpfen. Dieses Ergebnis scheint mit unseren eigenen Messungen in befriedigender Übereinstimmung. Daß mit steigender Strombelastung ein immer größerer Anteil des gesamten Lichtstroms von der Anodenflamme übernommen wird, folgt ja aus deren wachsender Länge und Leuchtdichte (S. 79) in guter Übereinstimmung mit Guillerys Ergebnis, daß die reine Kraterlichtausbeute des Beckbogens gerade bei höchsten Belastungen (13 mm-Kohle bei 500 Amp.!) von über 30 Hlm/Watt wieder auf etwa 23 Hlm/Watt abnimmt. Trotzdem so der Gang von Guillerys Ergebnissen gut verständlich scheint, halten wir seine Absolutwerte immer noch für reichlich niedrig, weil allein die im Vergleich zum Niederstromkrater so viel höhere Temperatur des Beckkraters auch eine merkliche Vergrößerung der Kraterlichtausbeute ergeben sollte.

Zur Frage der Abhängigkeit der Lichtausbeute von der Belastung ist zu bemerken, daß hier eine klare Gesetzmäßigkeit nur aus unseren Messungen Tab. 2 und 3, nicht aber aus denen von Beck und Guillery zu entnehmen ist, weil eine solche Abhängigkeit nur bei Veränderung der Belastung der *gleichen* Positivkohle klar herauskommen kann. Unsere Messungen, die zur Sicherung unseres Befundes auch auf eine Nurdochtkohle ausgedehnt wurden, zeigen nach Tab. 2 eindeutig die gleiche Zunahme der Gesamtlichtausbeute mit der Belastung für alle Gleich- und Wechselstrom-Beckbögen. Daß diese Zunahme der Gesamtlichtausbeute weitgehend der Anodenflammenstrahlung zuzuschreiben ist, wurde bereits vermutet und folgt jetzt eindeutig aus den Messungen der reinen Kraterlichtausbeute von Guillery.

Die gesamten Messungen der Lichtausbeute des Beckbogens haben also das folgende physikalisch wie technisch interessante Ergebnis erbracht: Bei Betrachtung des gesamten Bogenlichtstroms steht der Beckbogen mit einer maximalen gemessenen Lichtausbeute von 89 Hlm/Watt an erster Stelle unter allen kontinuierlichen Lichtquellen überhaupt. Nur 30—50% dieses Lichtstroms stammen aber vom Krater direkt, während der überwiegende Teil von den kraternahen Leuchtdämpfen besonders der Anodenflamme emittiert wird. Etwa 20% des gesamten Lichtstroms stammen von dem bei den großen Becklampen meist abgesaugten oberen Teil der Anodenflamme. Nutzt man also technisch (wie beim Scheinwerfer oder der Kinoprojektionslampe) wesentlich die reine Kraterstrahlung aus, so liegt der Vorzug des Beckbogens in seiner überragenden

Leuchtdichte bei der im Vergleich zum Niederstrombogen und anderen Lichtquellen immer noch sehr guten Lichtausbeute von rund 30 Hlm/Watt. Kommt es andererseits, wie bei Aufhellern (S. 204) und den meisten anderen technischen oder medizinischen Anwendungen, auf größtmöglichen Lichtstrom an (wobei die Leuchtdichte nicht so wesentlich ist), so besitzt der Beckbogen gegenüber dem Reinkohlebogen und den anderen konkurrierenden Lichtquellen den Vorteil der extrem großen Lichtausbeute von 60—90 Hlm/Watt. In diesem letzten Fall ist die Verwendung von Spiegeln mit größtmöglichem Öffnungsverhältnis vorteilhaft. Für beide extrem verschiedenen Anwendungsarten ist der Beckbogen also den meisten anderen Lichtquellen weit überlegen!

5. UV-Strahlung, UV-Ausbeute und UV-Strahlungsdichte.

Im Anschluß an die Behandlung der Lichtstrahlung und Lichtausbeute des Beckbogens betrachten wir nun kurz die Ultraviolettstrahlung, die von ebenso großem wissenschaftlichem wie technischem Interesse ist.

Messungen der Ultraviolettstrahlung von Hochstrombögen sind anscheinend bisher nur vom Verfasser (23) ausgeführt worden, und zwar zur Erzielung eines Überblicks nur mit einer recht rohen, einfachen Methode. Dazu wurde die von einem Schottschen UG5-Filter von 2 mm Dicke durchgelassene UV-Strahlung mit einem Photoelement sowie zu dessen Eichung teilweise auch mit einer Normalthermosäule gemessen. Zur Elimination des vom UG5-Filter außer dem Ultraviolett noch durchgelassenen Rests Ultrarotstrahlung wurde von dem Meßwert der vom UG5 insgesamt durchgelassenen Strahlung der nach Vorschalten eines RG1-Rotfilters abgelesene Wert abgezogen, da die Kombination UG5 + RG1 nur den vom UG5 durchgelassenen UR-Rest durchläßt, diesen aber ungeschwächt. Alle unsere Angaben beziehen sich also auf die vom UG5-Filter durchgelassene reine UV-Strahlung in Watt. Dabei halten wir die in Tabelle 4 angegebenen Relativmessungen für recht sicher, da sie auch mit den durch ein UG2 ausgeführten Messungen gut übereinstimmen, während die Absolutmessungen wegen des durch die Ereignisse erzwungenen Abbruchs der Untersuchung weniger sicher sind.

Gemessen wurde erstens die UV-Frontalstrahlungsstärke, d. h. die vom Bogen frontal in die Raumwinkeleinheit ω_0 gestrahlte UV-Leistung in Watt/ω_0; sie findet sich in Spalte 5 der Tab. 4. Durch Multiplikation dieser UV-Strahlungsstärke mit dem S. 83 besprochenen Verteilungswert F (der für die zum Vergleich herangezogenen Osram-Quecksilberhöchstdrucklampen sehr hoch zu 12 angesetzt wurde, während er nach S. 84 für den Niederstrombogen knapp 4 und für die Beckbögen im Mittel 7,5 ist) erhielten wir die gesamte vom Bogen abgestrahlte UV-Leistung (Spalte 6 in Watt) und durch Division mit der im Bogen umgesetzten elektrischen Leistung $J \cdot U$ die UV-Ausbeute in % (Spalte 7). Eine Vernachlässigung liegt also bei der Berechnung der Spalten 6 und 7 insofern vor, als der Verteilungswert F nicht gemessen, sondern beim Beckbogen unabhängig von der Belastung zu 7,5 angesetzt wurde. In der letzten Spalte schließlich findet sich die mit Abbildung gemäß Abb. 41 S. 61 gemessene Ultraviolett-Strahlungs*dichte*, d. h. die je cm² Kraterfläche in die Raumwinkeleinheit gestrahlte UV-Leistung in Watt/cm² ω_0.

Tabelle 4.

Ultraviolett-Frontalstrahlungsstärke, UV-Ausbeute und UV-Strahlungsdichte des Niederstrombogenkraters, des Beckkraters und einiger Quecksilberhöchstdrucklampen nach Messungen des Verfassers (23).

Lichtquelle	Amp.	Volt	Watt	Frontal-strahlung Watt/ω_0	Gesamte UV-Strahlung Watt	Ausbeute %	UV-Strahlungsdichte Watt/cm²
RW Mira ..	29	46	1 330	6	24	1,8	18
	100	56	5 600	55	410	7,3	37
Beckbogen	130	64	8 300	100	750	9,0	76
RW Sola	160	73	11 700	150	1120	9,6	108
Effekt	190	82	15 600	210	1580	10,1	165
H 65	220	86	19 000	250	1880	9,9	235
	260	91	23 600	350	2620	11,2	—
HBO 200 .	3,3	61	200	2	24	12	48
HBO 500 .	6	87	520	6,2	74	14	40
HBO 500 .	6	80	480	5,5	66	14	42
HBO 2001 .	34	56	1 900	21	250	13	150

Die Messungen wurden ausgeführt für die 10 mm-Mira als unsern Standard-Niederstrombogen, für den Gleichstrom-Beckbogen mit positiver RW Sola Effekt H 65-Hartdochtkohle von 10 mm Durchmesser bei verschiedenen Belastungen, und schließlich zum Vergleich für einige Osram-Quecksilberhöchstdrucklampen als die heute in der Technik wohl vorwiegend als Ultraviolettstrahler benutzten Lampen.

Spalte 8 der Tab. 4 zeigt, daß man mit dem Beckbogen leicht das zehnfache der Ultraviolettstrahlungsdichte des Reinkohle-Niederstrombogens erhält, und das ist auch theoretisch zu erwarten, da nach S. 116 schon die sichtbare Strahlung mit der 6. Potenz der Temperatur wächst und das für den Übergang von den 4000° des Niederstromkraters zu den 6000° des Beckkraters gerade den Faktor 10 ergibt. Unerwartet dagegen schien uns, daß die Ultraviolettstrahlungsdichte die der besten Quecksilberlampen noch übersteigt und damit überall dort, wo hohe UV-Strahlungsdichten bei gleichzeitig großer UV-Strahlungsleistung er-

wünscht sind, dem Quecksilberbogen eindeutig überlegen scheint, jedenfalls soweit langwelliges Ultraviolett in Frage kommt. Denn es ist selbstverständlich ein Nachteil der bisher allein ausgeführten rohen UV-
Messungen, daß die sehr verschiedene Verteilung der UV-Strahlung des
Beckbogens und der Hg-Bögen auf die verschiedenen Spektralbereiche
(langwelliges, mittleres und kurzwelliges UV) nicht berücksichtigt ist.
Für viele ärztliche Zwecke z. B. ist aber das vom Beckbogen vorwiegend
abgestrahlte langwellige Ultraviolett erwünschter als das kurzwelligere
UV der Hg-Bögen.

Wenig anders als bei der UV-Strahlungsdichte ist das Bild nach
Tab. 4 bei der UV-Frontalstrahlungsstärke, der gesamten UV-Strahlung
und der UV-Strahlungsausbeute. Auch letztere ist beim Beckbogen um
ein Vielfaches größer als beim Niederstrombogen und erreicht fast die
Werte der Quecksilberlampen. Daß deren UV-Ausbeute noch höher liegt,
als die des voll belasteten Beckbogens, beruht auf der Bevorzugung der
Ultraviolett-Emission im Quecksilberspektrum. Daß aber auch vom
Beckbogen nach unsern allerdings noch unsicheren Absolutmessungen
bis zu 10% der im Bogen umgesetzten elektrischen Energie als UV-
Strahlung emittiert werden können, ist ein Zeichen für die sehr hohe
Kratertemperatur, mit der wir uns im nächsten Kapitel beschäftigen
werden.

6. Die Ultrarotstrahlungsdichte des Beckbogens.

a) Allgemeines.

Angaben über die UR-Strahlungsdichte verschiedener Strahlungsquellen erfordern zunächst eine genaue Festlegung der interessierenden
Spektralbereiche, da für verschiedene Zwecke und verschiedene Aufnah-
megeräte die verschiedensten Spektralbereiche im kurzwelligen oder
langwelligen Ultrarot in Frage kommen. Eine Übersicht über die UR-
Strahlungsdichte des normal belasteten und des hoch belasteten Beckbogens in einem weiten Bereich des kurzwelligen Ultrarot geben unsere
S. 95 zu behandelnden Energieverteilungsmessungen Abb. 68. Sie geben
im absoluten Maßstab an, welche Energie in Watt von einem cm² der
Krateroberfläche je Wellenlängenbereich von 1 Å Breite abgestrahlt
wird. Der Verlauf der Kurve im langwelligen Ultrarot läßt sich einigermaßen extrapolieren. Im folgenden behandeln wir ausschließlich die
UR-Strahlungsdichte bei 10000 Å = 1 μ, weil dieses Gebiet für die Anwendung von besonderem Interesse zu sein scheint.

b) Meßmethoden.

Die sauberste Methode zur Messung von UR-Strahlungsdichten ist
die spektrale Zerlegung der Bogenstrahlung mit dem Doppelmonochromator mit anschließender Messung der auf die einzelnen Wellenlängen-

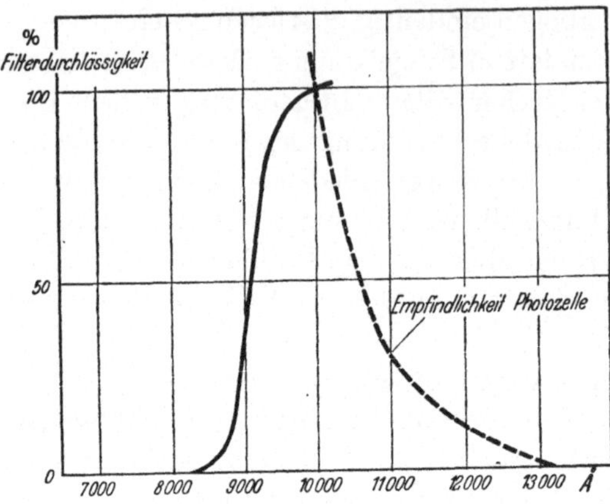

Abb. 66. Begrenzung eines UR-Spektralbereichs mit Schwerpunkt bei $1\,\mu$ durch Filterdurchlässigkeit und Photozellen-Empfindlichkeit (schematisch).

gebiete entfallenden Energie mittels der Thermosäule. Der wesentliche Teil der folgenden Ergebnisse ist mit dieser Methode gewonnen oder zum mindesten kontrolliert worden. Weniger sauber ist die viel verwendete Filter-Photozellemethode. Bei dieser schneidet man die sichtbare Strahlung bei der gewünschten Wellenlänge mit einem Filter von möglichst steiler Grenzwellenlänge (z.B. bei 9000 Å) ab und mißt die von diesem Filter durchgelassene UR-Strahlung etwa mit einer Cäsium Photozelle, deren spektrale Empfindlichkeit von $1\,\mu$ nach langen Wellen zu schnell abfällt und bei etwa $1,3\,\mu$ endet. Man begrenzt also den erfaßten UR-Bereich gemäß Abb. 66 nach kurzen Wellen zu durch ein Filter, nach langen Wellen durch die Empfindlichkeitsgrenze der Photozelle und erfaßt so bei richtiger Wahl des Filters einen Spektralbereich mit Schwerpunkt bei $1\,\mu$. Natürlich läßt sich auch jedes andere UR-Gebiet in ähnlicher Weise erfassen.

c) Die UR-Strahlungsdichte des Beckbogenkraters in Abhängigkeit von der Belastung und Dochtzusammensetzung.

Aus den Energieverteilungskurven der Beckbogen-Kraterstrahlung Abb. 68 geht hervor, daß der normal belastete Beckkrater bei $1\,\mu$ eine UR-Strahlungsdichte von $33\cdot10^{-3}$ Watt/cm² Å besitzt, der hoch belastete Beckkrater eine solche von $46\cdot10^{-3}$. Zum Vergleich erwähnen wir, daß die UR-Strahlungsdichte des Niederstrombogenkraters bei voller Belastung etwa $25\cdot10^{-3}$ Watt/cm² Å beträgt. Messungen an einer großen Zahl von Versuchsdochten ergaben (31), daß durch Änderung der Dochtzusammensetzung zwar eine relative Vergrößerung der UR-Strahlungsdichte bezogen auf die sichtbare Leuchtdichte erreicht werden konnte, dagegen keine wesentliche Vergrößerung des Absolutwerts der UR-Strahlungsdichte. Diese konnte mit Spezialkohlen, die auch eine sehr gute Leuchtdichte ergaben, lediglich um maximal 10% vergrößert werden, so daß eine UR-Strahlungsdichte von $50\cdot10^{-3}$ Watt/cm² Å der von uns mit Weichdochtkohlen gemessene Höchstwert ist. Auch bei Messungen an höchstbelasteten technischen Lampen bis 1000 Amp. haben wir keine merklich höheren Werte der UR-Strahlungsdichte fest-

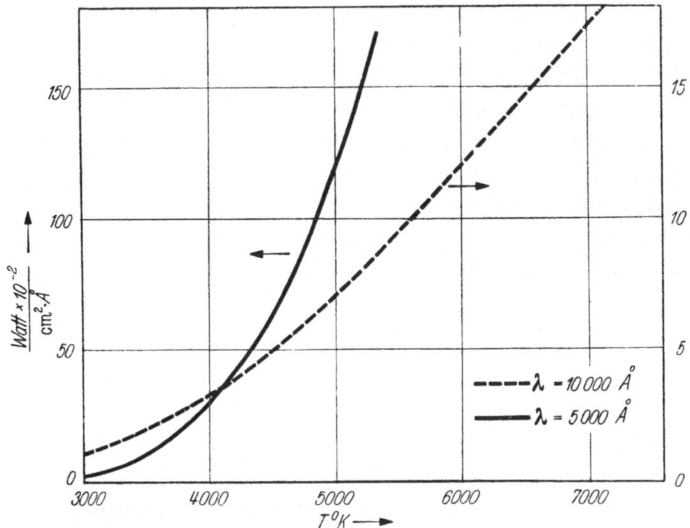

Abb. 67. Abhängigkeit der absoluten Strahlungsintensität eines schwarzen Strahlers bei 5000 Å und bei 10 000 Å von der Temperatur. Zu der ausgezogenen Kurve gehört die linke, zur gestrichelten die rechte Ordinatenskala.

gestellt. Zur Beurteilung der angegebenen Werte sei erwähnt, daß für technische Zwecke bisher als UR-Strahlungsquelle vielfach eine überlastete Wolfram-Wendellampe (630 Watt statt 500) benutzt wurde, deren UR-Strahlungsdichte etwa $12 \cdot 10^{-3}$ beträgt. Mit dem Beckbogen erreicht man also rund die vierfache UR-Strahlungsdichte der überlasteten Wolframlampe.

Beim Vergleich der UR-Strahlungsdichten der verschiedenen Bögen fällt auf, daß die Unterschiede der Strahlung des Niederstrombogens und der Beckbögen viel geringer sind als im sichtbaren Spektralbereich. Das liegt daran, daß die Bögen, wie schon erwähnt, Temperaturstrahler sind und nach dem Planckschen Gesetz die UR-Strahlungsdichte folglich viel langsamer mit zunehmender Temperatur wächst als die sichtbare Strahlung. Abb. 67 zeigt den aus der Planckschen Formel folgenden Anstieg der Strahlungsdichten bei 5000 und bei 10 000 Å mit der absoluten Temperatur. Hinzu kommt allerdings noch, daß nach Ausweis der Energieverteilungskurven Abb. 68 die dem sichtbaren Spektralbereich entsprechenden Strahlungsanteile gegenüber dem UR im Vergleich zu den entsprechenden Planck-Kurven beim Beckbogen überhöht sind, daß also das Absorptionsvermögen der leuchtenden Kraterfläche einschließlich der Dämpfe vom Sichtbaren zum UR hin merklich abfällt.

7. Die spektrale Energieverteilung der Bogenstrahlung.

Als Grundlage für die im nächsten Kapitel zu besprechenden Temperaturbestimmungen, als Übersicht über die gesamte Ausstrahlung des

Bogenkraters und zur Beurteilung der Eignung des Hochstromkohlebogens als Lichtquelle für die verschiedenen Spektralbereiche, für photochemische und sonstige wissenschaftliche Zwecke ist die Kenntnis der spektralen Energieverteilung der Kraterstrahlung wie der Anodenflammenstrahlung von Interesse. Dabei genügen nicht die verschiedentlich (8, 10, 11, 12, 61, 62) ausgeführten Relativmessungen; zum Vergleich des Hochstromkohlebogens mit anderen Strahlungsquellen sind vielmehr Absolutmessungen erforderlich, wie sie unseres Wissens bisher nur von Schluge und dem Verfasser (32) ausgeführt worden sind.

a) Meßmethoden.

Für eine rohe Übersicht genügt es, die Verteilung der Strahlung auf die verschiedenen Spektralgebiete mit Filtern und geeigneten Empfangsgeräten (Thermosäulen oder geeichten Photozellen) absolut zu messen. Für Zwecke der Filmaufnahme hat man ferner die *relative* spektrale Intensitätsverteilung zum Vergleich mit anderen Lichtquellen und zur Ermittlung der photographischen Wirksamkeit der verschiedenen Wellenlängenbereiche häufiger bestimmt (10, 11, 12); doch fehlen auch hier systematische Untersuchungen. Erwähnenswert sind lediglich Messungen von Bowditch und Downes (10, 11), die die prozentualen Anteile der Beckbogenstrahlung gemessen haben, die in den photographisch wirksamen Wellenlängenbereich 3400—7000 Å, in das nähere Ultrarot von 7000 bis 14000 Å und in das ferne Ultrarot 14000—50000 Å fallen. Ein kurzer Auszug aus den Ergebnissen ist in der folgenden Tab. 5 zusammengestellt:

Tabelle 5.

Verteilung der Beckbogenstrahlung auf die verschiedenen Spektralgebiete nach Messungen von Bowditch und Downes (9—11).

Wellenlängenbereich	Geringe Belastung	Hohe Belastung
3 400— 7 000 Å	30%	36,8%
7 000—14 000 Å	30%	29,1%
14 000—50 000 Å	40%	34,1%

Wir sehen bei steigender Belastung die gleiche Verschiebung der Energie in die kurzwelligeren Spektralbereiche, die uns gleich bei der Behandlung der exakten Energieverteilung und S. 103 bei der Bogenlichtfarbe wieder begegnen wird.

Absolutmessungen der spektralen Energieverteilung sind von Schluge und dem Verfasser (32) mit einem kleinen Doppelmonochromator mit Thermosäule bzw. Photoelement als Empfangsgerät und mit photographischer Registriervorrichtung ausgeführt worden. Die Spaltbreite des kleinen Geräts war dabei so groß, daß jeweils die Energie eines eine große Anzahl von Spektrallinien umfassenden Spektralgebiets registriert und die Kurve der Energieverteilung damit automatisch ausgeglichen wurde. Die Thermosäule wurde für Wellenlängen über 5000 Å, im kurzwelligeren Spektralbereich ein Selen-Photoelement als Strahlungsempfänger benutzt. Der Thermo- bzw. Photostrom wurde mittels Spiegelgalvanometer photographisch registriert. Für alle Einzelheiten der experimentellen Durchführung sei auf unsere Arbeit (32) verwiesen. Zur Absoluteichung wurde im kurzwelligen Spektralbereich die Quecksilber-Normallampe von Osram benutzt, im langwelligen Spektralgebiet die Strahlung des voll belasteten Niederstrom-Reinkohlekraters (10 mm RW Mira mit 30 Amp.

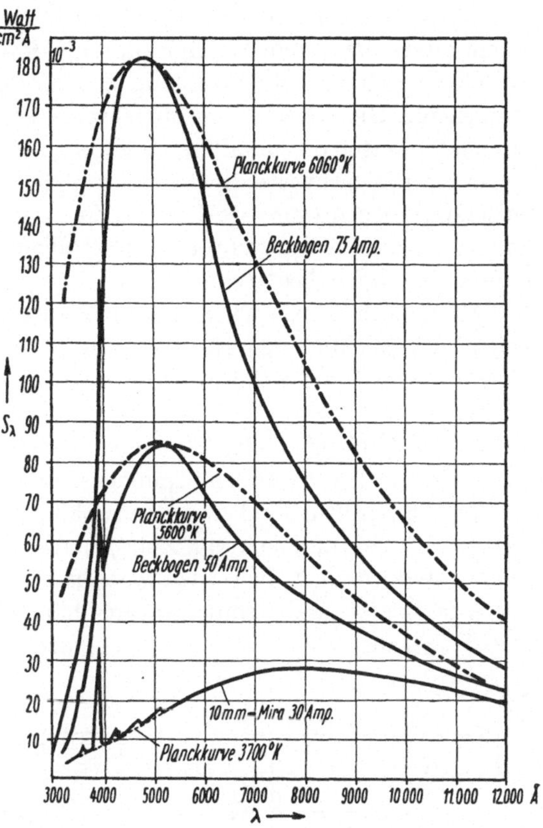

Abb. 68. Absolute Energieverteilung der Strahlung des Gleichstrom-Beckkraters der RW Sola Effekt 134-Weichdochtkohle von 7 mm Durchmesser bei 50 und 75 Amp. Belastung im Wellenlängenbereich 3000 bis 12000 Å mit der Reinkohlestrahlung (RM Mira 10 mm bei 30 Amp.) als Vergleich. Nach Messungen von Schluge und dem Verfasser (32).

belastet). Dessen schwarze Temperatur wurde damals zu 3700° K angenommen und auf dieser Grundlage die Abb. 68—71 berechnet. Eine eventuelle Erhöhung der Mira-Temperatur würde also eine geringe Verschiebung der Kurven bedingen. Nach den nötigen Umrechnungen und Reduktionen erhielten wir die absolute spektrale Energieverteilung in Watt je cm² Krateroberfläche je Wellenlängengebiet von 1 Å Breite. Aus äußeren Gründen waren unsere Messungen auf den Wellenlängenbereich 3500—13000 Å beschränkt.

b) Die Energieverteilungskurven der Beckbogenstrahlung.

Abb. 68 zeigt als wesentlichstes Ergebnis dieser Messungen die spektrale Energieverteilung der Strahlung des Reinkohle-Niederstromkraters und des normal mit 50 Amp. und hoch mit 75 Amp. belasteten Beckbogenkraters der 7 mm-Weichdochtkohle RW Sola Effekt 134. Dabei handelt es sich um die Strahlung des mittleren Kraterteils höchster Temperatur. Die Kurven sind Mittelwerte aus über 100 Einzelregistrierungen. Sie zeigen die gewaltige Überlegenheit des Beckbogens als Lichtquelle für das sichtbare Spektralgebiet gegenüber dem gewöhnlichen Niederstrombogen (unterste Kurve). Aus der Tatsache, daß die steilen Maxima gerade in das sichtbare Spektralgebiet fallen, folgt der S. 84 besprochene hohe lichttechnische Wirkungsgrad des Beckbogens. Zu Abb. 68 ist noch zu bemerken, daß die Planckkurven etwas proportional erniedrigt sind, um einen Kurvenvergleich zu ermöglichen; die Einzelheiten werden bei der Behandlung des Temperaturproblems erwähnt werden.

Aus der Ähnlichkeit der Energieverteilungskurven mit den Planckkurven des idealen schwarzen Strahlers schließen wir, daß der Beckbogen mit der sehr großen Zahl und gleichmäßigen Verteilung der von ihm emittierten Spektrallinien (vgl. Abb. 72) als quasi-kontinuierlicher, *angenähert grauer Strahler* angesehen werden darf. Ein grauer Strahler ist durch frequenz- und temperaturunabhängiges Absorptionsvermögen $A(v, T) = \text{const} = a$ gekennzeichnet. Nach dem Kirchhoffschen Gesetz ist das spektrale Emissionsvermögen des grauen Strahlers

$$E_{gr}(v,T) = a \cdot E_s(v,T)$$

wobei $E_s(v,T)$ dasjenige des schwarzen Strahlers (Plancksches Gesetz!) ist. Wir halten also die Ähnlichkeit der gemessenen Energieverteilungskurven mit den Planckkurven nicht für Zufall, sondern schreiben ihr eine tiefere physikalische Bedeutung zu (32). Für die Ermittlung der Dampftemperatur S. 116 wird dieser Schluß von Wichtigkeit sein. Es sei aber darauf hingewiesen, daß unsere gemessenen Energieverteilungskurven besonders im Ultrarot doch wesentlich

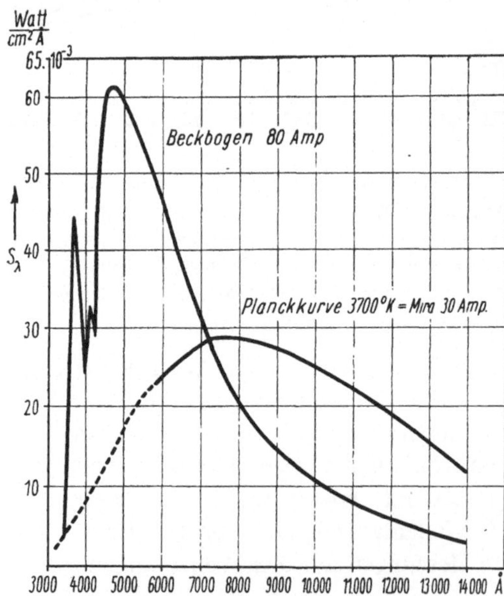

Abb. 69. Absolute Energieverteilung der Strahlung des 7 mm dicken Anodendampfstrahls eines 7 mm-Beckbogens nach Abb. 68 bei 80 Amp. mit der Reinkohlekraterstrahlung als Vergleich. Nach Messungen von Schluge und dem Verfasser (32).

steiler abfallen als die entsprechenden Planckkurven. Das muß an der Dichte und Intensität der das ganze Spektrum ausfüllenden Spektrallinien liegen, die im sichtbaren Gebiet offenbar besonders groß ist.

Abb. 69 zeigt, wieder im absoluten Maß gegen die Strahlung des Niederstrom-Reinkohlekraters, die Energieverteilung des 7 mm dicken Anodendampfstrahls, d. h. der Anodenflamme eines 7 mm- 80 Amp.-Bogens dicht vor dem Krater. Im kurzwelligen Spektralgebiet heben sich die schon in Abb. 68 sichtbaren Zacken der sehr intensiven CN-Banden hier noch viel deutlicher heraus; sie werden durch die bei der Reaktion des Luftstickstoffs mit dem Kohlenstoff entstehenden CN-Moleküle emittiert und sind wesentlich mit verantwortlich für die S. 91 erwähnte intensive langwellige Ultraviolettstrahlung des Beckbogens. Nach dem sehr steilen Energiemaximum im sichtbaren Gebiet fällt die Strahlungsintensität des Dampfstrahls nach langen Wellen zu viel steiler ab als die des Kraters, ein Zeichen dafür, daß im langwelligen Gebiet die Strahlung des festen Kratergrundes, die in Abb. 69 fehlt, gegenüber der Dampfstrahlung nicht vernachlässigt werden darf.

c) Die Energieverteilung der Strahlung des Homogenkohle-Hochstrombogens.

Abb. 70 zeigt die aus einer großen Zahl von Einzelregistrierungen ermittelte spektrale Energieverteilung des hoch belasteten zischenden Homogenkohle - Hochstrombogens. Entsprechend unseren allgemeinen Feststellungen, daß beim Hochstromkohlebogen die Dampfstrahlung von entscheidender Bedeutung ist, wird nach Abb. 70 das Bild der Energieverteilung des überlasteten Homogenkohlebogens durch die intensive Bandenstrahlung des Kohlenstoffdampfes (C_2-Moleküle) und der durch Reaktion mit dem Luftstickstoff entstehenden CN-Moleküle bestimmt. Die steilen Zacken im kurzwelligen Gebiet der Abb. 70

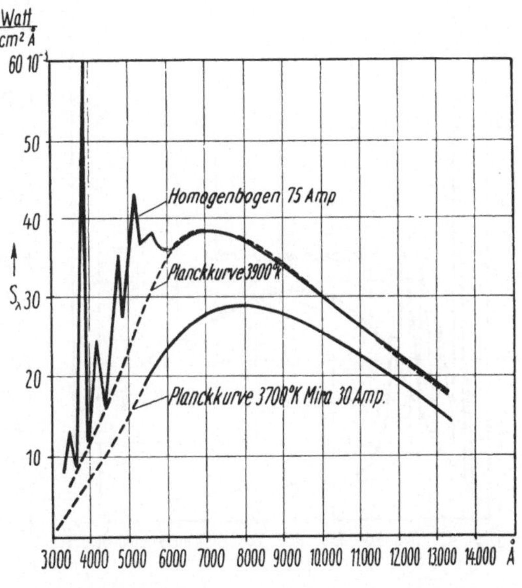

Abb. 70. Absolute Energieverteilung der Kraterstrahlung eines 7 mm-Homogenkohle-Hochstrombogens (RW Gamma S) bei 75 Amp. mit der Reinkohlekraterstrahlung als Vergleich. Nach Messungen von Schluge und dem Verfasser (32).

sind nach ihren Wellenlängen diesen Molekülen C_2 und CN eindeutig zuzuordnen.

Überraschend war dagegen, daß auch im langwelligen Spektralgebiet, in dem eine Bandenemission der Moleküle fehlt, die ausgestrahlte Energie die des Reinkohlekraters (Mira) sehr wesentlich übersteigt. Beachtet man dabei, daß die Energieverteilung dieser langwelligen Strahlung gemäß Abb. 70 in dem weiten Spektralbereich von 6000 bis 13000 Å innerhalb der Meßgenauigkeit mit der Energieverteilungskurve eines schwarzen Strahlers der Temperatur 3900° K zusammenfällt (wobei allerdings die Mira-Temperatur zu 3700° K angenommen ist, was ja vielleicht zu niedrig ist!), so liegt es nahe, hier an eine Strahlung des festen Kohlenstoffs zu denken. Man glaubte zwar lange, daß die schwarze Temperatur von 3800° K und damit die wahre Temperatur 4000° K dem Siedepunkt des Kohlenstoffs entspräche, doch lassen verschiedene eigene Beobachtungen diesen Schluß zweifelhaft erscheinen (vgl. auch Podszus [73]—[75]). Es lag deshalb nahe, aus Abb. 70 zu schließen, daß die schwarze Temperatur des bei dieser Belastung sicher siedenden Kohlenstoffs 3900° K und die wahre Temperatur des Siedepunkts von Kohlenstoff wegen dessen mittlerem Absorptionsvermögen von 80% damit 4120° K betrüge (32).

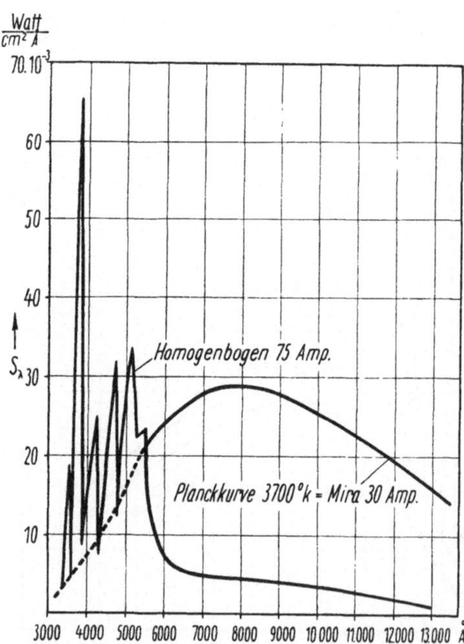

Abb. 71. Absolute Energieverteilung der Strahlung des 7 mm-Anodendampfstrahls eines 7 mm-Homogenkohle-Hochstrombogens nach Abb. 70 bei 75 Amp. mit der Reinkohlekraterstrahlung als Vergleich. Nach Messungen von Schluge und dem Verfasser (32).

Es sei aber darauf hingewiesen, daß die S. 42 f. behandelten Erscheinungen des zischenden Homogenkohlebogens für eine lokal so hohe Stromdichte an der Anode sprechen, daß auch eine intensive kontinuierliche Strahlung der Kohlenstoffdämpfe selbst (Bremsstrahlung!) nun nicht unmöglich erscheint. (Vgl. die Säulenkontraktion in Abb. 29d und das kontinuierliche Spektrum der kontrahierten Säule Abb. 73!) Damit würde der Schluß auf eine Siedetemperatur des Kohlenstoffs von über 4000° K hinfällig werden, doch bliebe dann unverständlich, daß die Kraterstrahlung einschließlich dieser langwelligen kontinuierlichen Dampfstrahlung (bei Annahme der Mira-Temperatur zu 3700° K) so genau der Planckkurve 3900⁰ entspricht. Die Frage muß also zunächst als unentschieden offen bleiben.

Abb. 71 zeigt die absolute Energieverteilung der Strahlung der 7 mm dicken Dampfschicht des hoch belasteten Homogenkohlebogens dicht vor dem Krater. Neben der außerordentlich intensiven Bandenstrahlung des C_2 und CN bemerkt man im langwelligen Spektralgebiet noch eine kontinuierliche Strahlung, die wir der Strahlung der dauernd von der Anode abgeschleuderten kleinen festen, glühenden Kohleteilchen zugeschrieben hatten, die aber auch als kontinuierliche Dampfstrahlung im Sinne unserer obigen Ausführungen aufgefaßt werden könnte.

8. Die spektroskopische Analyse der Bogenstrahlung.

Die spektroskopische Analyse der Bogenstrahlung ist bisher nur ziemlich oberflächlich ausgeführt worden, hat aber doch bereits eine Reihe interessanter Aufschlüsse erbracht. Weitere gründliche Untersuchungen sind dringend erforderlich.

a) Das Spektrum der Beckbogendämpfe.

Das Spektrum der Anodendämpfe des Beckbogens wurde vom Verfasser mit dem Darmstädter 3 m-Gitter aufgenommen und durchmustert. Es besteht (vgl. den kleinen Ausschnitt Abb. 72) im Gebiet 8000—2200 Å aus einer dichten Folge von Linien, die im wesentlichen dem Ceratom und (in geringerem Ausmaß) dem Ce^+-Ion zugehören. Banden treten außer den CN-Banden nicht hervor. Die Linien sind bemerkenswert scharf, und zwischen ihnen ist nur ein schwacher kontinuierlicher Untergrund erkennbar. Beide Beobachtungen sprechen gegen einen hohen Ionisierungsgrad des Leuchtdampfes, da dieser ein intensiveres Elektronenbremskontinuum bedingen würde[1]. Systematische Untersuchungen über das Intensitätsverhältnis von Bogen- zu Funkenlinien sowie über Intensitätsverschiebungen bei Änderung der Bogenbelastung stehen noch aus (vgl. aber S. 121).

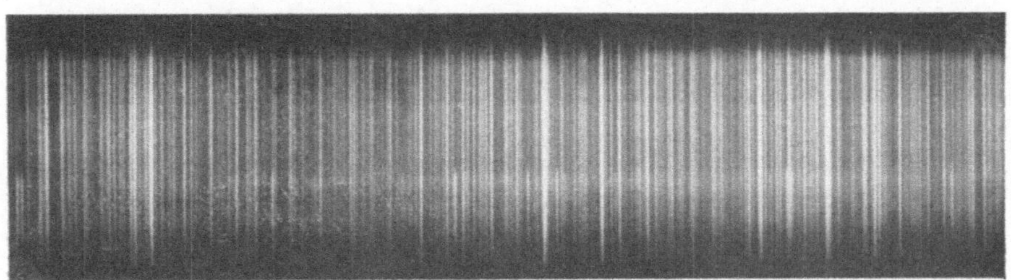

Abb. 72. Ausschnitt von 240 Å Breite aus dem mit 3 m-Gitter aufgenommenen Spektrum der Beckbogen-Kraterdämpfe, in der unteren Hälfte von Fe-Vergleichslinien überlagert. Aufnahme des Verfassers.

[1] Vgl. W. Finkelnburg, „Kontinuierliche Spektren", Springer, Berlin 1938.

7*

Zu etwas abweichenden, im Fall ihrer Bestätigung für die Theorie der Strahlungsvorgänge wichtigen Ergebnissen kommt neuerdings Th. Schmidt (90) bei einer spektroskopischen Untersuchung der Anodenflamme des Gleichstrom-Beckbogens bei 50—60 Amp. Die Ergebnisse sollen unabhängig sein vom Fabrikat der Beckkohlen. Nach Schmidt emittiert die Anodenflamme in den Bereichen, die über 3 mm vom Krater entfernt sind, ein relativ intensives Kontinuum, während die Linienemission hier zurücktritt und bevorzugt in der Bogensäule und dem von uns als turbulente Säule bezeichneten anodennächsten und kathodenseitigen Teil der Anodenflamme hervortritt. In der eigentlichen Anodenflamme wurden (in Übereinstimmung mit unseren Beobachtungen) nur die C_2- und CN-Banden gefunden (relativ schwach), in der Bogenaureole um die Anodenflamme herum ferner eine Bandengruppe bei 6087 bis 6037 Å und eine Einzelbande bei 5291 Å des CaF, vier Banden des LaO bei 5600, 5380, 4418 und 4372 Å, sowie schließlich zwei schwache Banden des CeO bei 4863 und 4791 Å. Bei vorläufigen Photometrierungen des Anodenflammenkontinuums im Anschluß an den Homogenkohle-Niederstromkrater als Strahlungsnormal hat Schmidt eine angenähert Plancksche Intensitätsverteilung gefunden, wobei die Temperatur 6—10 mm vor der Anode bei 5000—6000°K liegen soll.

Schmidts erste Ansicht, daß es sich bei dem Kontinuum um die Strahlung fester Kohlepartikel handeln sollte, die auch nach unseren Beobachtungen im Dampfstrom der Anodenflamme mitgerissen werden und aus dem Kohlegerüst des Dochts stammen, entfällt, wenn die Temperaturbestimmung richtig ist, da die Höchsttemperatur fester Kohleteilchen ja nur etwa 4000°K beträgt. Schmidt nimmt deshalb neuerdings an, daß möglicherweise doch entsprechend einer S. 156 noch zu besprechenden Arbeit von Bassett (4) die Strahlung von Cerkarbidtröpfchen CeC_2 für das Kontinuum der Anodenflamme verantwortlich sei, da ein Elektronenbremskontinuum mit der relativ geringen Temperatur (6000°) und Ionisierung der Anodenflamme nicht vereinbar ist. Eine Bestätigung dieser Ansicht sieht Schmidt in dem Befund, daß im Spektrum der S. 77 erwähnten Ersatz-Beckkohlen ohne seltene Erden im Docht die Intensität des Kontinuum stark reduziert sein soll, weil nur die seltenen Erden genügend hoch siedende Karbide besitzen[1]).

---

[1]) Auf Veranlassung des Verfassers hat soeben Michel (unveröffentlicht) im Tübinger Physikalischen Institut die Anodenflamme eines Beckbogens (RW Sola Effekt 304) in verschiedenen Abständen von der Anode mit einem Steinheil-Spektographen und ergänzend mit dem großen Tübinger 6 m-Gitter aufgenommen. Bei dieser Untersuchung fand sich in Übereinstimmung mit der oben erwähnten ersten Untersuchung des Verfassers nur ein äußerst schwacher kontinuierlicher Untergrund zwischen den sehr scharfen Linien des Cers, aber keine Spur des von Schmidt angegebenen intensiven Kontinuums. Das auf manchen Spektrogrammen geringer Dispersion erscheinende Kontinuum ließ sich bei der großen Dispersion der Gitterspektren deutlich in zahlreiche feine Linien auflösen.

Eine Ursache für die Abweichung seines spektroskopischen Befundes von dem unseren (bei dem allerdings die Anodenflamme nicht für sich untersucht wurde!) sieht Schmidt in der Tatsache, daß er mit einer eisenfreien Lampe gearbeitet hat und diese die Vorbedingung für die Erzielung einer völlig ungestörten Anodenflamme bilden soll, was nicht ganz unmöglich erscheint.

b) Das Spektrum der Kohlenstoffanodenflamme des Homogenkohle-Hochstrombogens.

Im Gegensatz zum Spektrum der Beckflamme besteht das der Homogenkohle-Hochstrombogenflamme, wie S. 99 bereits erwähnt, fast ausschließlich aus den Molekülbanden des C_2 und CN. Außerdem treten die Atomlinien der Verunreinigungen Bor, Calcium, Magnesium usw. sowie ein kontinuierlicher Untergrund auf. Die Emission der C_2-Banden ist besonders auffallend, weil nach Rechnungen von Zeise[1]) bereits bei einer Temperatur von 5000^{0}K über 99% der C_2-Moleküle in Atome dissoziiert sein sollten (18). Die Anodenflammentemperatur beträgt aber, wie S. 118 gezeigt werden wird, sicherlich 6000^{0}K. Th. Schmidt äußerte deshalb den Gedanken, daß die C_2-Emission mit der Existenz fester Kohlenstoffpartikel in der Anodenflamme verknüpft sein könne. Dann müßte aber u. E. die C_2-Emission wohl durch Moleküle erfolgen, die nach Verdampfung von den festen Kohlenstoffteilchen sich noch nicht ins thermische Gleichgewicht mit der Umgebung gesetzt haben. Wir glauben, daß diese Hypothese prüfbar ist. Die aus der Intensitätsverteilung der Banden ermittelte Temperatur müßte u. E. dann nämlich unabhängig vom Verlauf der Anodenflammentemperatur mit der Entfernung von der Anodenstirnfläche und unabhängig von der Stromstärke sein. Dem widerspricht aber eine neue Untersuchung von Oftring und dem Verfasser (29), in der die relative Änderung der Intensitätsverteilung zwischen den verschiedenen Schwingungsbanden des C_2 einmal bei konstanter Stromstärke als Funktion des Orts der Emission in der Anodenflamme (Abstand vom Krater), und zweitens am gleichen Punkt der Flamme in Abhängigkeit von der Stromstärke untersucht wurde.

Die Arbeit ergab eindeutig, daß die Intensitätsverteilung in dem C_2-Bandensystem bei 5200 Å sowohl von der Stromstärke als auch vom Ort der Emission in der Anodenflamme abhängt. Die Intensitätsverschiebungen lassen erkennen, daß die Schwingungstemperatur (S. 108!) der C_2-Moleküle mit zunehmender Stromstärke wächst und mit zunehmendem Abstand vom positiven Krater abnimmt. Daraus muß man wohl schließen, daß die Bandenemission im thermischen Gleichgewicht erfolgt, womit Schmidts Vorschlag zur Aufklärung der überraschend starken C_2-Emission in der Anodenflamme des Homogenkohle-Hochstrombogens entfiele. Diese bleibt also bis heute unerklärt.

---

[1]) H. Zeise, ZS. Elektrochemie **46**, 1940, 38.

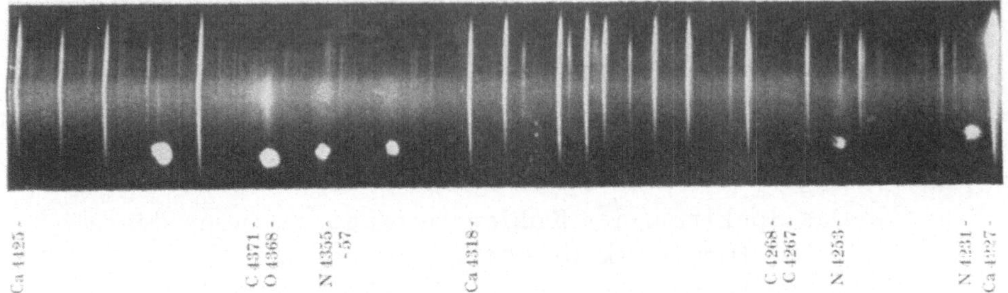

Abb. 73. Aufnahme der Verteilung der spektralen Emission in den verschiedenen Zonen der kontrahierten Hochstromsäule in Luft. Aufnahme des Verfassers (16).

c) Das Spektrum der kontrahierten Säule.

Wegen der hohen Temperatur der kontrahierten Säule ist deren Spektrum von besonderem Interesse. Da der Leuchtdampfstrom (Anodenflamme) im allgemeinen nach oben abströmt und daher mit der Säule wenig in Berührung kommt, haben wir es bei ihr mit einer Entladung in Luft mit einem geringen Zusatz von Kohlenstoffdampf und seinen Verunreinigungen (B, Ca, Mg usw.) zu tun, die wohl vorwiegend aus der negativen Kohle stammen. Zur Aufnahme wurde (vgl. [16]) die kontrahierte Säule quer auf dem Spalt des Spektographen abgebildet, so daß das Spektrum (vgl. Abb. 73, eine der älteren Aufnahmen, da die neueren durch die Ereignisse verloren gingen) die Verteilung der Emission im Säulenkern und den verschiedenen Hüllen zu unterscheiden gestattet. Während im äußersten Saum nur die Linien der Atome geringster Anregungsspannung (Ca) auftreten und damit die dort geringe Temperatur anzeigen, folgen nach innen die Linien höherer Anregungspannung (z. B. Mg) sowie die Funkenlinien der einfach ionisierten Verunreinigungselemente. In diesen Säumen werden ferner auch Molekülbanden, besonders die des CN, emittiert. Sehr aufschlußreich ist das Spektrum des Säulenkerns. Es besteht im wesentlichen nur aus einem intensiven kontinuierlichen Spektrum, das sich vom Ultrarot bis ins ferne Ultraviolett erstreckt und als Elektronenbremskontinuum ein sicheres Zeichen für den hohen Ionisierungsgrad und damit für die hohe Temperatur des Säulenkerns darstellt. Ein weiterer Beleg für die hohe Achsentemperatur der kontrahierten Säule ist die Tatsache, daß im Säulenkern keine Banden emittiert werden, daß also offenbar alle Moleküle vollkommen in Atome dissoziiert sind. Dementsprechend treten neben dem Bremskontinuum im Spektrum des Säulenkerns nur die Atomlinien des Sauerstoffs, Stickstoffs und Kohlenstoffs auf, und zwar sehr stark verbreitert. Diese Verbreiterung kann nur als Folge der Störung der Atomemission durch die Felder der umgebenden Elektronen und Ionen gedeutet werden und ist damit ein dritter Beleg für den hohen Ionisierungsgrad und die hohe

Temperatur der eigentlichen kontrahierten Säule. Auch hier können erst eingehendere Untersuchungen über die Intensität und Intensitätsverteilung des Kontinuums sowie über die Linienverbreiterungen genauen Aufschluß über den physikalischen Zustand des Säulenplasmas geben. Auf einige diesbezügliche Fragen gehen wir bei der Behandlung der Theorie der Hochstromsäule S. 191 bereits ein.

9. Die Farbe des Bogenlichts.

Das Interesse für die Farbe des Bogenlichts ist erst durch die Verwendung des Bogenlichts im Filmwesen und besonders bei der Farbfilmaufnahme in den letzten Jahren rege geworden. Die Lichtfarbe kann aber auch mit Vorteil zur Kontrolle des richtigen Bogenbetriebs herangezogen werden, da Rußen, Schwadenbildung und fast alle anderen Bogenstörungen sich auch durch Änderungen der Bogenlichtfarbe bemerkbar machen.

a) Meßmethoden.

Eine anerkannt beste Meßmethode für die Lichtfarbe gibt es noch nicht. Zu unterscheiden sind zwei verschiedene Probleme. Es muß erstens eine Methode zur quantitativen Erfassung der subjektiv als Farbe empfundenen Eigenschaft des Bogenlichts gewählt werden, und zweitens müssen die durch diese Meßmethode ermittelten, die Lichtfarbe kennzeichnenden Zahlen in Beziehung gesetzt werden zur Farbe einer Normallichtquelle, als die meist die tageslichtähnliche Normalbeleuchtung B nach DIN 5033 mit der Farbtemperatur $T_F = 4800^0 K$ gewählt wird.

Die eindeutigste Kennzeichnung der Lichtfarbe ist durch die spektrale Energieverteilung im sichtbaren Gebiet gegeben, wie wir sie für zwei Belastungen des Beckbogens in Abb. 68 wiedergegeben haben. Diese Methode ist aber erstens viel zu umständlich, und zweitens macht die Herstellung der Beziehung zur Normalbeleuchtungsfarbe Schwierigkeiten. Man hat deshalb vielfach (vgl. Schering [85]) das sichtbare Spektralgebiet durch eine Anzahl möglichst monochromatischer Filter in einzelne Streifen eingeteilt und mit einem subjektiven Photometer unter Zwischenschaltung eines der Filter nach dem anderen die Lichtstärke oder Leuchtdichte der zu messenden Lichtquelle in diesen einzelnen Spektralgebieten gemessen. Einfacher arbeitet das objektive Dreifilter-Farbmeßgerät von Zierold. Es benutzt ein Photoelement wie das objektive Luxmeter, und außerdem drei verschiedene Farbfilter, mit denen nacheinander die Lichtstärke bzw. Leuchtdichte der beleuchteten Lichtquelle in den drei von den Filtern durchgelassenen Spektralgebieten gemessen wird. Für Bogenlichtmessungen bedeutet diese Nacheinandermessung wegen der unvermeidlichen Bogenschwankungen aber erfahrungsgemäß eine Fehlerquelle, falls nicht bei jeder Messung über eine längere Zeit gemittelt wird. Bei allen diesen Methoden kann die Lichtfarbe ferner nicht durch *eine Zahl* gekennzeichnet werden, so daß die Ergebnisse zahlreicher Messungen schwer übersichtlich darzustellen sind.

Das äußerste an Einfachheit der Lichtfarbmessung erreicht demgegenüber ein Vorschlag des Verfassers (19), nach dem lediglich die durch die 2 mm starken Schott-Filter RG 1 und BG 12 mit einem Filter-Photronelement gemessenen Werte des Blauanteils und des Rotanteils des Lichtes zur Kennzeichnung der Lichtfarbe verwandt werden sollen. Die beiden Filter werden bei der einfachsten Ausführung in einem Rähmchen von der Zelle verschiebbar angeordnet und wie bei dem Zierold-Dreifilter-Farbmeßgerät nacheinander vor die Zelle geschoben. Um den hierdurch entstehenden oben erwähnten Fehler zu vermeiden, sehen wir neuerdings zwei identische Photoelemente mit fest angebrachten Filtern vor, die gleichzeitig beleuchtet werden. Die von ihnen erzeugten, den beiden Farbanteilen proportionalen Photoströme werden gemessen und der Quotient von Blau- und Rotanteil gebildet, eventuell auch mit geeigneten Meßinstrumenten direkt abgelesen. Diesen Quotienten verwenden wir als „Farbindex" zur Kennzeichnung der Lichtfarbe und haben damit gegenüber allen anderen Methoden der Farbmessung nicht nur den *Vorteil größter Einfachheit der Messung, sondern gleichzeitig den der Kennzeichnung der Lichtfarbe durch eine einzige Zahl.* Diese einfache Farbindexmethode arbeitet allerdings nur genau, wenn wir es mit einer kontinuierlichen oder quasi-kontinuierlichen Lichtquelle (vgl. S. 96) zu tun haben; aber diese Voraussetzung ist bei den uns hier interessierenden Kohlebögen, sofern sie lichttechnisches Interesse besitzen, stets erfüllt. Tab. 6 gibt einige Farbindexwerte, um einen Überblick über deren Größe und Unterschiede zu vermitteln. Steigender Farbindex bedeutet nach der Definition steigenden Blauanteil, d. h. höhere Temperatur.

Tabelle 6.

Farbindex-Werte verschiedener Lichtquellen.

Lichtquelle	Farbindex
1000 Watt-Glühlampe	0,04
Reinkohlebogenkrater, unterbelastet	0,09—0,10
Reinkohlebogenkrater, voll belastet	0,13
Krater des Ca-Beckbogens, voll belastet	0,20
Tageslicht (gleichmäßig grau bedeckter Himmel) .	0,18—0,22
Beckbogenkrater, stark unterbelastet	0,20
Beckbogenkrater, normal belastet	0,25—0,30
Beckbogenkrater höchster Belastung	bis 0,50

Man erkennt, daß trotz der extrem einfachen Methode die Unterschiede zwischen dem Auge nur schwach verschieden erscheinenden Farben sehr erhebliche sind, unsere Methode also für alle praktischen Zwecke bei kontinuierlichen Lichtquellen vollauf ausreicht. Ein Vorschlag für einen technisch fertig durchgebildeten, mit einem Belichtungsmesser gekoppelten Farbindexmesser nach unserem Prinzip haben Schluge und Heinzmann ausgearbeitet und zu Patent angemeldet.

Die Farbindexmethode gestattet also die Kennzeichnung der Lichtfarbe durch eine einzige Zahl, die in einfachster Weise direkt gemessen werden kann. Zur Kennzeichnung der Lichtfarbe durch *eine* Zahl wird vielfach (besonders von amerikanischer filmtechnischer Seite) auch die Farbtemperatur T_F benutzt, d. h. die Temperatur eines schwarzen Strahlers (vgl. S. 108), der im sichtbaren Gebiet den gleichen Farbeindruck ergibt wie der wirkliche Strahler. Diese Kennzeichnung der Lichtfarbe durch die Farbtemperatur ist bei den kontinuierlichen und quasikontinuierlichen Strahlern im allgemeinen möglich, hat aber für die Praxis u. E. den großen Nachteil, daß sie im Gegensatz zur Farbindexmethode keine direkte Beziehung zu einer einfachen Meßmethode besitzt, da die Messung einer Farbtemperatur schwierig ist und eigentlich nur auf dem Umweg über die Berechnung von T_F aus einer Reihe von Filtermessungen möglich ist. Will man diese Schwierigkeit umgehen, so muß man auf die Kennzeichnung der Lichtfarbe durch eine Zahl verzichten, falls man nicht den Farbindex nehmen will, der natürlich in Farbtemperaturen umgeeicht werden könnte.

Es bleibt dann nur die graphische Kennzeichnung der Lichtfarbe durch einen Punkt in einem Diagramm übrig, sei es im Farbdreieck oder in rechtwinkligen Koordinaten mit empfindungsgemäßen Abstandsmaß, wie das für einige Bogenmessungen Schering (85) durchgeführt hat.

b) Die Lichtfarbe der Beckkraterstrahlung.

Systematische Messungen der Lichtfarbe von Hochstrombögen sind bisher nur in geringem Umfang und ausschließlich mit der einfachen Farbindexmethode von Schluge und dem Verfasser (19, 88) durchgeführt worden. Abb. 74 zeigt das Ergebnis einer Farbindexmeßreihe an unseren Weichdocht-Gleichstrom-Beckbögen. Man sieht, daß der F. I. mit der Belastung sehr erheblich zunimmt, die Lichtfarbe also immer bläulicher wird. Dem entspricht, wie wir S. 117 sehen werden, eine Zunahme der Plasmatemperatur mit der Belastung. Der beim Überschreiten des Siedepunktes des Leuchtsalzes, d. h. beim Eintreten des Beckeffekts in der Leuchtdichte beobachtete Sprung (vgl. Abb. 48) zeigt sich auch deutlich im Farbindex-Stromstärke-Diagramm Abb. 74; die gelbliche Kraterstrahlung schlägt hier plötzlich in die weißliche des Leuchtsalzdampfes um, wie wir es beim Überschreiten des Siedepunktes erwarten. Bei sehr hohen Belastungen zeigen die meisten Beckkohlen ein Wiederabsinken des Farbindex, das nach unseren Beobachtungen durch die Bildung bräunlicher, den Farbindex erniedrigender Dämpfe vor dem Krater

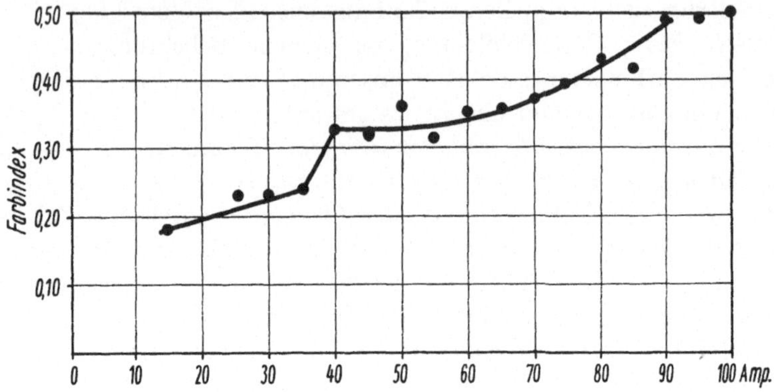

Abb. 74. Abhängigkeit des Farbindex der Kraterstrahlung der 7 mm-Weichdocht-Beckkohle RW Sola Effekt 134 T von der Stromstärke (Gleichstrom-Betrieb). Nach Messungen von Schluge und dem Verfasser (88).

(ein typisches Zeichen überlasteter Beckbögen besonders bei hochgesalzenen Kohlen!) bewirkt wird.

Schering (85) hat mit der erwähnten Siebenfiltermethode und graphischer Darstellung der Ergebnisse verschiedene Kino-Beckkohlen bei normaler Belastung untersucht und ihre Strahlung mit der Normalbeleuchtung B verglichen. Die Lichtfarbe der verschiedenen Kohlen unterschied sich untereinander nicht wesentlich; gegenüber der Normalbeleuchtung erschien sie leicht grünlich. Durch Belastungsänderungen in dem bei der Kinoprojektion vorkommenden geringen Ausmaß entstehen nach Schering keine störenden Farbänderungen.

Von amerikanischer Filmseite (11) sind Farbtemperaturen verschiedener Beckkohlen mitgeteilt worden, die aber mangels genauerer Definition der verwendeten Kohlen für uns nur geringes Interesse besitzen. Die Farbtemperatur der meisten Beckkohlen liegt nach diesen Untersuchungen im günstigsten Belastungsbereich erheblich über der des Sonnenlichts, was für Filmzwecke unerwünscht ist, da es ein bläuliches Licht bedeutet. An Stelle der früher üblichen Verwendung von Gelbfiltern hat die National Carbon Co. deshalb eine Beckkohle entwickelt, die angeblich genau die Farbtemperatur der Sonne von 4850° K besitzt (57). Versuche zur Beeinflussung der Lichtfarbe des Beckbogens sind auch vom Verfasser in Zusammenarbeit mit den Ringsdorff-Werken unternommen worden und haben ergeben, daß eine gewisse Erniedrigung des Farbindex bis etwa 0,20 und damit der Farbtemperatur durchaus möglich ist, ebenso wie eine fast beliebige Vergrößerung (an der aber kein Interesse besteht!). Eine wesentliche Erniedrigung des Farbindex dagegen ist nur auf Kosten der Leuchtdichte möglich.

Es sei schließlich erwähnt, daß F. I.-Messungen am Niederstrombogenkrater (RW Mira) einen deutlichen Anstieg des Farbindex mit der

Stromstärke ergeben haben, der entsprechend unserer verschiedentlich vertretenen Ansicht (vgl. auch S. 62 und [17]) für eine Zunahme der Kratertemperatur mit der Belastung spricht, in Übereinstimmung mit der in Abb. 42 dargestellten Zunahme der Leuchtdichte mit der Belastung.

c) Die Lichtfarbe des Beckbogen-Dampfstrahls.

Entsprechend dem allgemeinen Befund, daß für die Beckbogenstrahlung die Anodendämpfe maßgebend sind, war zu erwarten, daß auch die Lichtfarbe des Beckkraters durch die der Anodendämpfe bestimmt sein würde. Zur Prüfung dieser Annahme wurde die Anodenflamme eines 7 mm-Beckbogens quer auf unserem Farbindexmesser abgebildet und tatsächlich bei Steigerung der Belastung von 60 auf 100 Amp. dicht vor dem Krater eine Zunahme des Farbindex von 0,28 auf 0,50 gefunden (88).

C. Die Temperaturen im Hochstromkohlebogen.

Es ist ein wesentliches Kennzeichen des elektrischen Lichtbogens im Gegensatz zu anderne elektrischen Entladungsformen, daß seine Eigenschaften in erster Linie durch *eine* physikalische Größe, die Temperatur, bestimmt sind. Die Messung der Temperatur der verschiedenen Bogengebiete ist daher eine der wichtigsten Aufgaben bei der Untersuchung der Hochstromkohlebögen, zumal nicht nur der physikalische Mechanismus, sondern auch die technisch wichtigen Strahlungseigenschaften Funktionen der Temperatur sind.

1. Bedeutung und Messung höchster Temperaturen. Die Definition der Hilfstemperaturen.

a) Allgemeines über die Messung höchster Temperaturen.

Leider ist gerade die Messung hoher Temperaturen (oberhalb $3000^0\,\mathrm{K}$) ein besonders schwieriges und noch keineswegs befriedigend gelöstes Problem. Voraussetzung für die Berechtigung, von einer Temperatur zu sprechen ist, daß an der betreffenden Stelle des Raums bzw. hier des Bogens thermodynamisches Gleichgewicht herrscht. Im thermodynamischen Gleichgewicht ist die mittlere kinetische Energie wie die Verteilung der kinetischen Energie über alle Moleküle, Atome, Ionen und Elektronen eindeutig durch die absolute Temperatur gegeben, ebenso die mittlere Energie der Schwingung und Rotation der Moleküle, die Anteile der in verschiedenen Zuständen angeregten zu den unangeregten Atomen, die Anteile der dissoziierten und nicht dissoziierten Moleküle, der ionisierten und nicht ionisierten Atome, besonders aber auch die Verteilung der Energie über die emittierten Strahlungsquanten und damit die Intensitätsverteilung der von dem betreffenden Raumelement der Temperatur T emittierten Strahlung (Plancksches Gesetz).

Wenn nun im thermodynamischen Gleichgewicht alle diese Größen eindeutige Funktionen der Temperatur sind, so bietet jede dieser Größen, sofern ihre Messung experimentell möglich ist, umgekehrt auch eine Möglichkeit zur Bestimmung der absoluten Temperatur. Aus der spektroskopisch möglichen Messung der Verteilung der Energie über die verschiedenen Schwingungs- und Rotationszustände von Molekülen lassen sich also, sofern in dem betreffenden Raumelement Moleküle geeigneter Art vorhanden sind, eine „Schwingungstemperatur" und eine „Rotationstemperatur" berechnen, die bei exakt vorhandenem Gleichgewicht natürlich gleich sein müßten, das infolge von Störungen aber leider oft nicht sind. Aus der ebenfalls spektroskopisch möglichen Messung der Anregungsverteilung von Atomzuständen läßt sich in ähnlicher Weise eine „Anregungstemperatur", aus dem auf verschiedene Weise spektroskopisch bestimmbaren Ionisierungsgrad eine „Ionisierungstemperatur" berechnen. Besonders aber gestattet die Messung der Intensitätsverteilung der emittierten Strahlung ebenso wie deren Absolutwert auf verschiedene Weise Temperaturwerte zu bestimmen, und von diesen Methoden werden wir ausgiebig Gebrauch machen. Im einzelnen sind, wie wir gleich feststellen werden, die verschiedenen Bestimmungsmethoden der Temperatur, die in besonderen Fällen (wie bei der Bogensäule) noch durch rein theoretische Berechnungsmöglichkeiten ergänzt werden, verschiedenen Fehlerquellen ausgesetzt, deren systematische Untersuchung gerade an Hand des Bogens noch nicht beendet ist. Aus diesem Grunde sind Temperaturmessungen auf Grund möglichst aller bekannten Methoden zur Sicherung der Ergebnisse erforderlich; aus dem gleichen Grunde kommt diesen Messungen aber auch ein grundsätzliches physikalisches Interesse zu.

b) Wahre Temperatur, schwarze Temperatur, Farbtemperatur und Wiensche Temperatur.

Da die oben angedeuteten, meist spektroskopischen Methoden zur Bestimmung der wahren Plasmatemperatur eines Bogenteils im allgemeinen recht komplizierte Messungen erfordern, arbeitet man gern mit einfacheren Strahlungsmessungen ohne spektrale Zerlegung der Strahlung und definiert dazu Hilfsgrößen der Temperatur, die mit der wahren Temperatur in einem eindeutigen, mehr oder weniger genau bekannten Zusammenhang stehen. So bezeichnet man als *mittlere schwarze Temperatur* T_s die Temperatur eines idealen schwarzen Strahlers, der insgesamt ebensoviel Energie je Sekunde und cm² (d. i. also Leistung/cm²) abstrahlt, wie es z. B. der positive Bogenkrater tatsächlich tut. Da jeder wirkliche Strahler gleicher Temperatur weniger strahlt als der ideale schwarze Strahler, muß bei Voraussetzung gleicher Gesamtstrahlung die wahre Temperatur des wirklichen Strahlers stets höher sein als seine mittlere schwarze Temperatur T_s, die gleich der Temperatur des schwarzen Strahlers gleicher Gesamtstrahlung ist. Die schwarze Temperatur T_s stellt also stets einen Mindestwert der wahren Temperatur dar, und die Differenz beider ist um so größer, je mehr der wirkliche Strahler vom idealen schwarzen Strahler abweicht. Die Gesamtstrahlungsdichte eines grauen Strahlers findet man aus dem auf S. 95 angegebenen spektralen Emissionsvermögen durch Integration über alle Frequenzen:

$$S_{gr} = a \cdot \int_0^\infty E_s \, (\nu, T) \, d\nu = a \cdot \sigma \cdot T^4$$

$$\sigma = 5{,}75 \cdot 10^{-12} \, \text{Watt/Grad}^4 \, \text{cm}^2$$

Definitionsgemäß setzt man

$$S_{gr} = \sigma \cdot T_s{}^4$$

der Gesamtstrahlungsdichte eines schwarzen Körpers der Temperatur T gleich. Daraus folgt die streng nur für einen grauen Strahler gültige Beziehung:

$$T^4 = \frac{1}{a} \, T_s{}^4,$$

wo a, das Absorptionsvermögen des wirklichen Strahlers, ein echter Bruch ist. Für glühenden festen Kohlenstoff (Reinkohlekrater) ist a etwa gleich 0,8, für das Beckbogenplasma nach Messungen von Schluge und dem Verfasser (32) je nach der Belastung 0,3—0,5. Aus der Kenntnis von T_s und dem Absorptionsvermögen a läßt sich die wahre Temperatur T also berechnen.

Wir haben bisher von der mittleren schwarzen Temperatur gesprochen. Man kann natürlich auch eine schwarze Temperatur für eine bestimmte Wellenlänge oder einen bestimmten Wellenlängenbereich definieren als die Temperatur eines schwarzen Strahlers, der bei der betreffenden Wellenlänge bzw. in dem betreffenden Wellenlängengebiet ebensoviel Leistung ausstrahlt wie der wirkliche Strahler. Im allgemeinen wird diese schwarze Temperatur $T_s \, (\lambda)$, die man z. B. mit den optischen Pyrometern mißt, sich mit der Wellenlänge ändern. Soweit im folgenden das (λ) fortgelassen und nichts anderes bemerkt wird, ist stets die *mittlere* schwarze Temperatur gemeint.

Als weitere Hilfsgröße wird gelegentlich die S. 105 schon erwähnte Farbtemperatur benutzt, die die Temperatur eines schwarzen Strahlers angibt, dessen sichtbares Licht den gleichen Farbeindruck vermittelt, wie die sichtbare Strahlung des wirklichen Strahlers. Die Farbtemperatur mag daher zur Kennzeichnung der Lichtfarbe (vgl. S. 103) geeignet sein, hilft uns aber nicht zur Ermittlung der wahren Bogentemperaturen. Dagegen werden wir eine ,,Wiensche Temperatur'' definieren als die

Temperatur eines schwarzen Strahlers, dessen Energiestrahlung ihr Maximum bei derselben Wellenlänge besitzt wie die Strahlung des wirklichen Strahlers. Ist die spektrale Energieverteilung der Bogenstrahlung (vgl. S. 95) der des schwarzen Strahlers (Plancksche Intensitätsverteilung) ähnlich, wie das bei der Beckbogenstrahlung der Fall ist, so wird die Wiensche Temperatur T_W auch mehr oder weniger nahe bei der gesuchten wahren Temperatur liegen. Auf der anderen Seite sei betont, daß bei einer von der Planckschen Strahlung so stark abweichenden Strahlung wie nach Abb. 70 der des Homogenkohle-Hochstrombogens es überhaupt keinen Sinn hat, von einer Wienschen Temperatur zu sprechen, während die mittlere schwarze Temperatur T_s auch dann noch ihren Sinn behält.

2. Die schwarze Temperatur des Beckbogenkraters.

a) Die pyrometrische Bestimmung der schwarzen Temperatur des Beckbogenkraters.

Die ersten Messungen der schwarzen Temperatur des Beckbogenkraters hat schon während des ersten Weltkrieges Gehlhoff (33) ausgeführt. Dabei handelte es sich um eine nur über das sichtbare Spektralgebiet gemittelte schwarze Temperatur. Gehlhoff arbeitete nämlich einfach mit einem Pyrometer nach Holborn-Kurlbaum, bei dem das der Reihe nach durch verschiedene Filter gefilterte Licht des Kraters mit dem einer Vergleichslichtquelle (Glühlampe) verglichen bzw. deren Strahlung durch Stromstärkeveränderung auf die des Kraters abgestimmt wurde. Wegen der gegenüber der Glühlampe um ein vielfaches überlegenen Leuchtdichte des Beckkraters wurde dessen Strahlung vor der Messung durch einen rotierenden Sektor auf etwa 1 % geschwächt und diese Schwächung nachträglich bei der Berechnung der schwarzen Kratertemperatur aus der in einer Eichtabelle niedergelegten schwarzen Temperatur des Glühdrahts berücksichtigt. Diese Messungen wurden mit verschiedenen Filtern ausgeführt und ergaben dementsprechend verschiedene Werte der schwarzen Kratertemperatur für die verschiedenen durch die benutzten Filter ausgesonderten Spektralgebiete. Leider wurde von Gehlhoff jeweils nur eine aus allen diesen Einzelwerten gemittelte und damit „für weißes Licht geltende", d. h. mit anderen Worten über das sichtbare Spektralgebiet gemittelte schwarze Kratertemperatur angegeben, nicht aber die Größe der Abweichungen zwischen den Einzelwerten.

Abb. 75 zeigt die Abhängigkeit dieser schwarzen Temperatur von der Stromstärke für die zuerst von Beck verwendeten, nur mäßig belasteten Beckkohlen, Abb. 76 für die von Gehlhoff entwickelten, u. a.

infolge Zusatz von Cer-
oxyd höher belastbaren
Kohlen, jeweils auf kon-
stante Bogenspannung
statt wie bei uns auf
konstante Bogenlänge
bezogen. Dieser Bezug
auf konstante Bogen-
spannung erschwert lei-
der den Vergleich mit un-
seren gleich zu bespre-
chenden Messungen et-
was. Immerhin liegt der
Absolutwert in der auch
von uns gefundenen
Größenordnung, und die

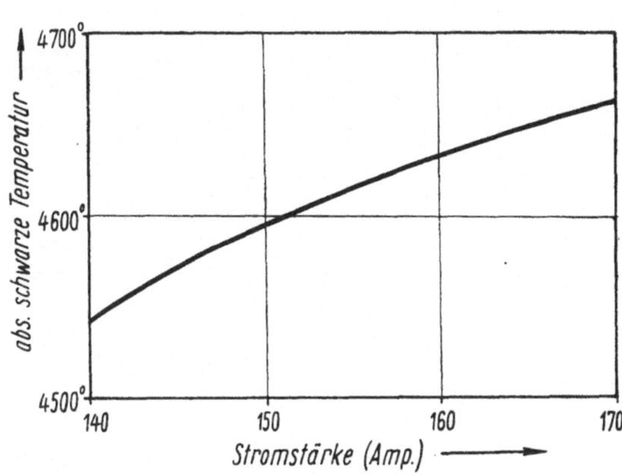

Abb. 75. Stromstärkeabhängigkeit der schwarzen Temperatur
des schwach belasteten 16 mm-Beckkraters nach pyrometrischen
Messungen von Gehlhoff (33).

T_s-Kurve Abb. 76 stimmt sogar innerhalb der Meßgenauigkeit mit der
von Hannappel und der Verfasser (24) an einer ähnlichen Kohle (ND 65)
gemessenen Kurve Abb. 78 überein, auf die wir gleich zu sprechen
kommen.

In Vereinfachung der Messungen von Gehlhoff haben ferner Frl.
Reubold und der Verfasser (30) mit einem Glühfaden-Pyrometer von
Hartmann und Braun schwarze Bogentemperaturen gemessen, wobei sie
zur Schwächung der Bogenstrahlung Schottsche Neutralglasfilter ver-
wendeten, deren Schwächungsfaktor mittels einer auf T_s geeichten
Wolframbandlampe gemessen wurde. Die aus äußeren Gründen abgebro-

chenen Messungen, die
bei λ 6500 Å ausgeführt
wurden, stimmen aus-
gezeichnet mit den von
Hannappel (24) aus Ge-
samtstrahlungsmessun-
gen nach S. 58 berech-
neten T_s-Werten der
gleichen Kohle überein.
Diese Übereinstimmung
der Ergebnisse völlig
verschiedener Meßme-
thoden darf als Beleg
für die Richtigkeit un-
serer Temperaturwerte
angesehen werden.

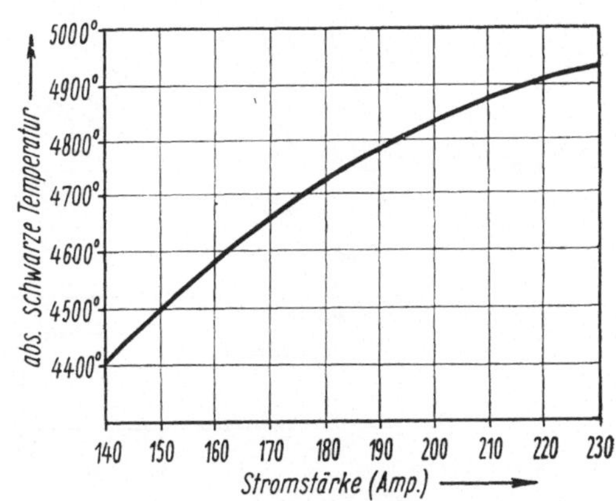

Abb. 76. Stromstärkeabhängigkeit der schwarzen Temperatur
des hoch belasteten 16 mm-Beckkraters nach pyrometrischen
Messungen von Gehlhoff (33).

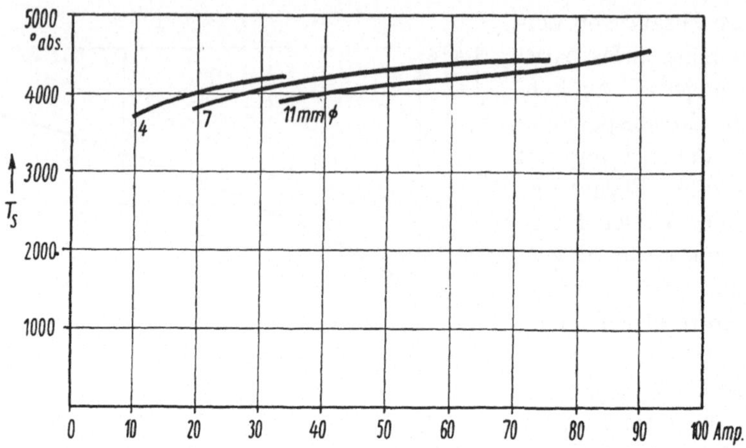

Abb. 77. Stromstärkeabhängigkeit der mittleren schwarzen Temperatur des Homogen-kohle-Hochstrombogenkraters (RW Gamma S von verschiedenem Durchmesser) nach Gesamtstrahlungsmessungen des Verfassers (14).

b) Die schwarze Temperatur des Hochstrombogenkraters nach Gesamtstrahlungsmessungen.

Nach der Definition der mittleren schwarzen Temperatur T_s ist diese gleich der Temperatur des schwarzen Strahlers, der nach dem Stefan-Boltzmannschen Gesetz insgesamt ebensoviel Strahlung je cm² Oberfläche emittiert wie der wirkliche Strahler. Bezeichnen wir also die

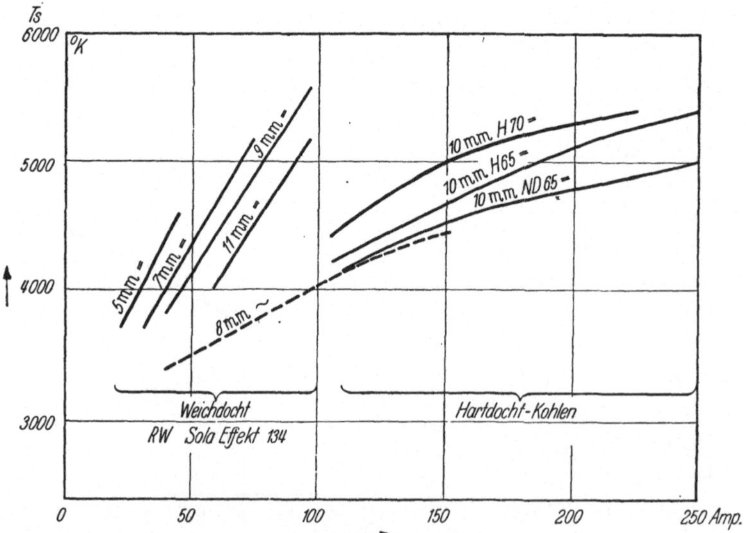

Abb. 78. Stromstärkeabhängigkeit der mittleren schwarzen Temperatur der Beck-bogenkrater von verschiedenen Weichdocht- und Hartdocht-Beckkohlen der Rings-dorff-Werke bei Gleich- und Wechselstrombetrieb nach Gesamtstrahlungsmessungen von Hannappel, Haury und dem Verfasser (14, 24, 25).

gemäß S. 57 gemessene Gesamtstrahlungsdichte des Bogenkraters mit S, so gilt nach dem Stefan-Boltzmannschen Gesetz:

$$S = \sigma \cdot T_s^4 \text{ mit } \sigma = 5{,}75 \cdot 10^{-12} \text{ Watt/Grad}^4 \text{ cm}^2.$$

Berechnet man nach dieser Gleichung die zu den gemessenen Gesamtstrahlungsdichten Abb. 37 und 38 von S. 57/58 gehörigen schwarzen Temperaturen T_s, so gelangt man zu den Abb. 77 und 78 (linker Teil), die die schwarzen Kratertemperaturen für die verschiedenen gleichstrombetriebenen Homogenkohle- und Beckbögen in Abhängigkeit vom Kohledurchmesser und der Belastung zeigen. Abb. 78 zeigt weiter rechts nach Messungen von Hannappel und dem Verfasser die gleiche Abhängigkeit für hochbelastete Beckbögen mit Hartdochtkohlen verschiedener Zusammensetzung mit und ohne Mantel, sowie die Zunahme der schwarzen Temperatur eines Wechselstrom-Beckbogens mit der Belastung nach Haury (25).

Wir finden also bei allen Gleichstrom-Beckbögen T_s-Werte, die mit maximal 5500—5800°K nahezu die schwarze Temperatur der Sonnenoberfläche erreichen. Aus der Definition der schwarzen Temperatur folgt, daß die wahre Temperatur der strahlenden Dämpfe noch wesentlich höher sein muß. Es sei schließlich erwähnt, daß die Kurven für moderne hochwertige Beckkohlen (Abb. 78) ganz wesentlich höhere T_s-Werte ergeben als sie Gehlhoff (Abb. 76) an den damals besten Beckkohlen um 1920 gemessen hat.

Beim Homogenkohlebogen steigen die T_s-Werte nach Abb. 77 zwar nur bis maximal 4700°K; doch ist nach Abb. 70 die spektrale Energieverteilung der Homogenkohlebestrahlung von der des schwarzen Strahlers so sehr verschieden, daß die wahre Temperatur des strahlenden Kohlenstoffdampfes sehr beträchtlich über der schwarzen Temperatur liegen muß.

c) Die schwarze Temperatur des Beckbogenkraters nach der Energieverteilungskurve der Strahlung.

Auf einem experimentell von dem bisher besprochenen völlig verschiedenen Wege können wir Werte der schwarzen Temperatur des Beckbogenkraters bestimmen und dadurch die Werte der Abb. 78 prüfen, wenn wir die spektrale Energieverteilung des Beckbogens Abb. 68 auswerten. Ermitteln wir nämlich durch graphische Integration über die beiden Energieverteilungskurven die vom Beckbogenkrater bei den beiden Belastungen in dem Wellenlängenbereich 3500—12 000 Å emittierte Strahlung und vergleichen sie mit der von einem schwarzen Strahler im gleichen Spektralbereich emittierten (32), so können wir daraus nach der obigen Gleichung ebenfalls T_s-Werte ermitteln und erhalten so die Werte 4450 bzw. 5060°K für den normal bzw. hoch belasteten

Weichdocht-Beckbogenkrater. Die Übereinstimmung mit den Werten der Abb. 78 ist recht befriedigend und wir dürfen sie als Bestätigung der der Abb. 78 zugrunde liegenden Messungen ansehen.

d) Die Ermittlung der schwarzen Temperatur aus der Leuchtdichte.

Wir können schließlich die schwarze Temperatur, und zwar speziell bezogen auf das Spektralgebiet um 5500 Å, aus der gemessenen Leuchtdichte berechnen. Die Leuchtdichte einer Strahlung der Wellenlänge λ und der Intensität $E(\lambda)$ ist ja definiert als das Produkt dieser in absoluten Einheiten gemessenen Strahlungsintensität mit der Augenempfindlichkeit $A(\lambda)$ für die betreffende Wellenlänge. Die Leuchtdichte einer Strahlung aller Wellenlängen emittierenden Lichtquelle ist folglich gegeben durch das Integral

$$ B = \int_0^\infty E(\lambda) \cdot A(\lambda)\, d\lambda, $$

wobei $E(\lambda)$ die Energieverteilungskurve der betreffenden Strahlung und $A(\lambda)$ die international festgelegte Kurve der mittleren Augenempfindlichkeit (vgl. etwa Hdb. d. Lichttechnik Bd. II S. 1009) ist. Um den Zusammenhang zwischen schwarzer Temperatur und Leuchtdichte zu erhalten, muß man nur für $E(\lambda)$ die durch die Plancksche Formel gegebene Energieverteilung der schwarzen Strahlung in das Integral einsetzen und dieses für eine Anzahl von T-Werten graphisch ermitteln. Auf diese Weise haben Heinzmann und Frl. Spack die in Abb. 79 dargestellten Kurven erhalten, von denen die obere zu den rechts und oben angegebenen Skalen, die untere zu den Skalen links und unten gehört. Da nun die Kurve der Augenempfindlichkeit $A(\lambda)$ bei etwa 5500 Å ein recht steiles Maximum besitzt, ist dieses Gebiet der Energieverteilungskurve für die durch die Integration berechnete Leuchtdichte von entscheidender Bedeutung. Entnimmt man umgekehrt der Abb. 79 den zu einer gemessenen Leuchtdichte gehörenden Wert der schwarzen Temperatur T_s, so bezieht sich dieser (ähnlich wie die Gelhoffschen Werte) auf das sicht-

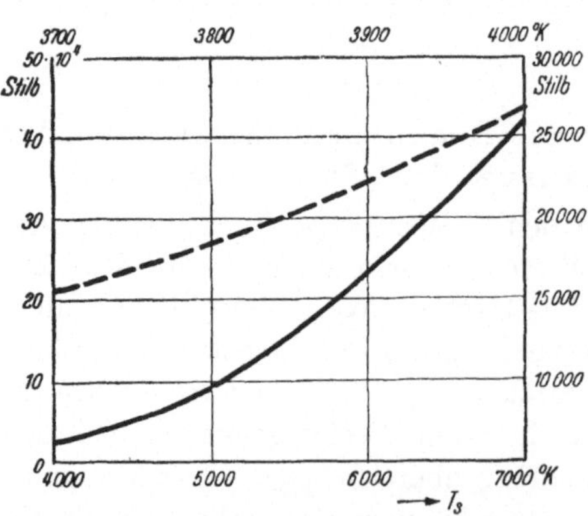

Abb. 79. Theoretische Abhängigkeit der Leuchtdichte von der mittleren schwarzen Temperatur nach unveröff. Rechnungen von Heinzmann, Spack und dem Verfasser. Die obere Kurve gehört zu den oben und rechts angegebenen, die untere zu den links und unten angeschriebenen Skalen.

bare Spektralgebiet und speziell auf das Gebiet um 5500 Å. Da gemäß unsern Energieverteilungskurven Abb. 68 die Backkraterstrahlung gerade in dieser Gegend ihr Maximum besitzt, müssen die aus der Leuchtdichte berechneten T_s-Werte *größer* sein als die aus der von uns gemessenen Gesamtstrahlungsdichte berechneten T_s-Werte.

Zum Vergleich der theoretischen Kurve Abb. 79 mit dem Experiment entnehmen wir aus der von uns gemessenen Stromstärkeabhängigkeit unserer mittleren schwarzen Temperatur der gleichen Beckkohlen (Abb. 78) die Abhängigkeit der mittleren schwarzen Temperatur von der Leuchtdichte und erhalten so Abb. 80. Dabei sind von unseren alten Messungen Abb. 78 nur die am besten gesicherten, mehrfach wiederholten für die 7 mm-Kohle, ferner die Wechselstrommessungen von Haury und die neuen Messungen an hochbelasteten Gleichstrom-Beckbögen von Hannappel benutzt worden. Die Ergebnisse dieser drei völlig unabhängigen Meßgruppen stimmen, wenn man von den niedrigsten Wechselstromwerten absieht, sehr befriedigend mit der theoretischen Kurve überein. Unter Bezugnehme auf S. 60 und S. 64 schließen wir daraus, daß unsere Leuchtdichtewerte wohl etwas zu niedrig liegen, da die nach Abb. 79 aus der Leuchtdichte berechneten $T_s\,(\lambda\,5500)$-Werte ja etwas höher sein sollten als die mittleren T_s-Werte, mit deren Hilfe Abb. 80 konstruiert wurde. Immerhin ist die Übereinstimmung von Abb. 80 und 79 so gut, daß wir nun zu jedem gemessenen Wert der Leuchtdichte aus Abb. 79 die auf das sichtbare Spektralgebiet sich beziehende mittlere schwarze Temperatur entnehmen können.

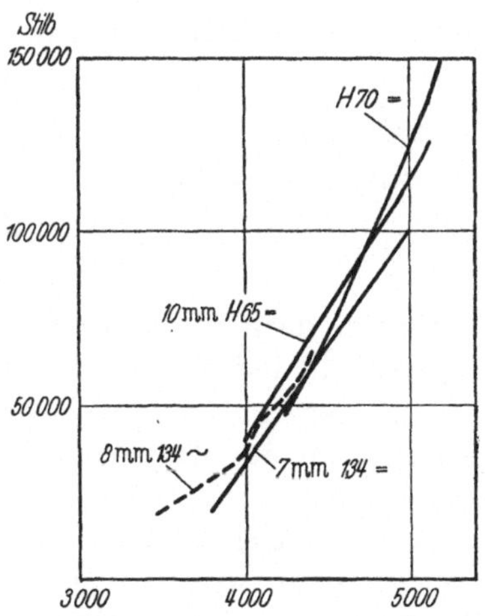

Abb. 80. Abhängigkeit der Kraterleuchtdichte verschiedener Gleichstrom-Beckbögen sowie eines Wechselstrom-Beckbogens von der mittleren schwarzen Kratertemperatur. Berechnet nach Gesamtstrahlungsmessungen von Hannappel, Haury und dem Verfasser (14, 24, 25).

Aus dem in Abb. 79 dargestellten Zusammenhang von Leuchtdichte und schwarzer Temperatur läßt sich noch eine für das Verständnis besonders der älteren Literatur wichtige Gesetzmäßigkeit ermitteln, nämlich die Potenz der Zunahme der sichtbaren Lichtstrahlung (Leuchtdichte bzw. Lichtstärke) mit der schwarzen Temperatur:

$$B \sim T_s{}^n.$$

In der Literatur findet man durchweg die auf Lummer zurückgehende Angabe, daß n im Bereich der Bogentemperaturen konstant gleich 8,5 sei. Tatsächlich aber folgt aus Abb. 79, daß n mit zunehmender Tempera-

8*

tur abnimmt, und zwar gilt im Bereich der Reinkohle-Kraterstrahlung ($T_s = 3700$—4000^0K) n = 6,6 , im Bereich der Beckbogentemperaturen ($T_s = 4000$—6000^0K) etwa n = 5,4. Im Bereich der Beckbogentemperaturen steigt also die Leuchtdichte nur mit der 5,4-ten Potenz der schwarzen Temperatur. Wir werden S. 136 sehen, daß auf der falschen Annahme des konstanten Exponenten 8,5 die Diskrepanzen zwischen den seinerzeit 1914 Aufsehen erregenden Lummerschen Angaben über die Zunahme der Lichtstärke mit dem Druck, und den neueren Messungen, die diese Ergebnisse nie bestätigen konnten, zu beruhen scheinen.

3. Die wahre Temperatur des Beckkraters.

a) Wiensches Gesetz und Wiensche Temperatur des Beckkraters.

Falls wir auf die Strahlung des Beckbogenkraters ebenso wie auf die des schwarzen Strahlers das Wiensche Verschiebungsgesetz

$$T_W = \frac{0{,}288 \cdot 10^8}{\lambda_{max}} \quad (\lambda \text{ in ÅE})$$

anwenden dürften, wäre die Wiensche Temperatur gleich der wahren Temperatur und wir könnten diese aus den Wellenlängen der Energiemaxima der Abb. 68 sofort entnehmen. Für die Wiensche Temperatur T_W erhalten wir aus Abb. 68 für die beiden Belastungen die Werte 5600^0 und 6100^0K.

Nun ist die erste Eigenschaft des schwarzen Strahlers, das thermische Gleichgewicht, jedenfalls lokal im Beckbogenkrater erfüllt. Die zweite Bedingung, die Ausstrahlung eines kontinuierlichen Spektrums, erfüllt der Beckkrater zwar nicht; aber die ungeheure Zahl der von ihm emittierten Spektrallinien liegt nach Abb. 72 so dicht und gleichmäßig verteilt, daß wir den Beckkrater in erster Näherung als ,,quasi-kontinuierlichen'' Strahler ansehen dürfen, dessen spektrale Energieverteilung daher auch (vgl. Abb. 68) mit den Planckkurven des schwarzen Strahlers eine deutliche Ähnlichkeit besitzt. Die dritte für die Anwendbarkeit des Wienschen Verschiebungsgesetzes zu fordernde Voraussetzung, nämlich ein von der Wellenlänge und der Temperatur unabhängiges Absorptionsvermögen a, kann beim Beckbogen bisher nicht geprüft werden. Daß aber das Verschiebungsgesetz wenigstens qualitativ erfüllt ist, zeigt in Abb. 68 die mit wachsender Belastung deutliche Violettverschiebung des Energiemaximums sowie ganz allgemein gemäß Abb. 74 die Zunahme des Farbindex mit der Belastung, d. h. mit der Kratertemperatur.

Aus allen diesen Gründen halten wir den Schluß für berechtigt, daß das Wiensche Verschiebungsgesetz auch quantitativ in erster Näherung für den Beckkrater als gültig anzusehen ist. Wir betrachten daher bis auf weiteres die Werte der Wienschen Temperatur von 5600^0K für den normal belasteten und von 6100° K für den hoch belasteten Weich-docht-Beckkrater als die wahren mittleren Temperaturen des strahlenden Kraterdampfes, speziell des stromdurchflossenen, dem Krater vorgelagerten Teils der Dämpfe, d. h. der turbulenten Säule.

b) Die Abschätzung der wahren Temperatur aus der schwarzen Temperatur.

Zur Kontrolle der Annahme, daß die Wiensche Temperatur des Beckbogenkraters in erster Näherung dessen wahrer Temperatur gleichgesetzt werden darf, benutzen wir eine Abschätzung der wahren mittleren Kratertemperatur (worunter stets die der hauptsächlich strahlenden Gebiete im Krater verstanden werden soll!) aus der gemessenen schwarzen Temperatur. Wir müssen also das Absorptionsvermögen a abschätzen. Dazu nehmen wir an, daß der Bogenkrater schwarz strahlen würde, wenn er statt der vielen einzelnen Linien ein kontinuierliches Spektrum emittieren würde. Anhaltspunkte dafür, daß der Bogen in den Wellenlängen wenigstens der intensiven Linien wie ein schwarzer Strahler strahlt, hatten wir S. 33 aus der Gültigkeit des Ähnlichkeitsgesetzes entnommen. Unter dieser Voraussetzung ist dann das mittlere Absorptionsvermögen des strahlenden Beckkraters gleich dem „Ausfüllungsgrad" des Spektrums, das als kontinuierliches Spektrum zu 100 % ausgefüllt wäre, als tatsächliches Linienspektrum (Abb. 72) aber nur zu schätzungsweise 30 % ausgefüllt ist, wie eine Übersicht über das Spektrum zeigt. Nach dieser *äußerst groben* Schätzung wäre also das Absorptionsvermögen a etwa 0,3 und die wahre Temperatur damit nach der Gleichung S. 109 aus den gemessenen schwarzen Temperaturen berechenbar. Für den normal belasteten Beckbogen erhalten wir daraus eine wahre Temperatur von 5700° K, für den hoch belasteten 6500° K. Der erste Wert stimmt praktisch mit dem T_W-Wert (5600°) überein, während der zweite (unter der Voraussetzung des *gleichen* Wertes für das Absorptionsvermögen a berechnete) etwa 400° oder 7 % höher liegt als der entsprechende T_W-Wert 6100° K. Die Übereinstimmung ist unter Berücksichtigung der Unsicherheit im Gebiet hoher Temperaturen immerhin so befriedigend, daß wir in ihr rückwärts eine Stütze für unsere Annahme $T_W = T$ sehen dürfen. Wesentliche systematische Fehler scheinen jedenfalls nicht vorhanden zu sein.

Dann aber können wir unsere beiden T_W-Werte für den normal und den hoch belasteten Beckkrater dazu benutzen, um aus ihnen und den durch Integration der Energieverteilungskurven gewonnenen T_s-Werten rückwärts das Absorptionsvermögen a für die beiden verschiedenen Stromstärkewerte zu berechnen. Aus der Beziehung

$$a = T_s{}^4/T_W{}^4$$

erhalten wir für den 7 mm-Weichdochtkrater

$$a \, (50 \text{ Amp.}) = 0{,}35$$
$$a \, (75 \text{ Amp.}) = 0{,}42.$$

Diese Werte liegen nicht nur in der richtigen Größenordnung in Übereinstimmung mit den Abschätzungen; sondern auch die theoretische Erwartung einer Zunahme des Absorptionsvermögens mit der Belastung infolge größerer „Schwärze" der Strahlung findet sich bestätigt.

Überschauen wir die Ergebnisse dieser letzten Abschnitte und berücksichtigen wir dabei die außerordentliche Unsicherheit aller Temperaturbestimmungen im Gebiet oberhalb 4000°, so dürfen wir die erzielte Übereinstimmung doch als recht befriedigend bezeichnen. Während wir die schwarzen Temperaturen des Beckkraters durch direkte Strahlungsmessung nach drei verschiedenen Methoden (Pyrometrie, Gesamtstrahlung, Leuchtdichte) recht genau kennen, können wir aussagen, daß die wahre mittlere Temperatur des strahlenden Kraterdampfes von etwa 5600°K bei sehr mäßiger Belastung mit steigender Belastung bis erheblich über 6000°K zunimmt. Da der Wert 6100°K einer schwarzen Temperatur von nur 5000°K entspricht, wir aber T_s-Werte bis 5800°K (nach Abb. 79 entsprechend einer Leuchtdichte von 200000 Stilb) gemessen haben, erwarten wir trotz weiterer Zunahme des Absorptionsvermögens für diese höchsten Leuchtdichten eine wahre mittlere Kraterdampftemperatur von über 7000°K. Diese Werte gelten, wie S. 117 bereits erwähnt, für die bei Aufsicht auf den Krater erfaßten ihm vorgelagerten bzw. aus ihm abströmenden Dämpfe.

Für den Homogenkohlekrater kennen wir zwar die schwarzen Temperaturen und wissen aus dem Spektrum, daß das Absorptionsvermögen sehr klein sein muß. Wir können es aber zur Berechnung der wahren Temperatur nicht abschätzen und können wegen der Nichtanwendbarkeit des Wienschen Verschiebungsgesetzes die wahre Temperatur auch nicht aus der Wienschen Temperatur (die hier nicht definierbar ist!) ermitteln. So können wir lediglich aus der geringen Größe des Absorptionsvermögens, aus der Intensität der emittierten Banden und aus unserer gesamten Kenntnis des Hochstrombogenmechanismus schließen, daß die wahren Temperaturen im Kohlenstoffdampfstrahl vor dem Krater ungefähr die gleiche Größe besitzen werden wie die im Beckbogenkrater.

4. Die Temperatur der Anodenflammen.

a) Die Berechnung der Anodenflammentemperatur aus Messungen der Anodendampfstrahlgeschwindigkeit nach Seeliger-Rohloff.

Eine neue Möglichkeit der Ermittlung der Anodenflammentemperatur und ihres Verlaufs längs der Flamme hat E. Rohloff (78) auf Grund von Anregungen und theoretischen Überlegungen von Seeliger angegeben und durchgeführt. Rohloff bestimmt zunächst mit einer Zeitlupenmethode den Verlauf der Blasgeschwindigkeit längs der Anodenflamme für verschiedene Flammenlängen. Nimmt er nun mit Seeliger an, daß die Anodenflamme ihre Energie nur durch Strahlung abgibt, und daß der Querschnitt der Flamme konstant bleibt (?), so folgt aus der allgemeinen Gasgleichung, daß die Störungsgeschwindigkeit an jedem Punkt der Flamme der an diesem Punkt herrschenden Temperatur proportional ist; und dieser Zusammenhang von Temperatur und Strömungsgeschwindigkeit wird von Rohloff in etwas komplizierter Weise aus seinen Messungen graphisch ermittelt. Durch Schmelzversuche mit dünnen Drähten bestimmte er dann die Temperatur am scheinbaren Flammenende für die Beckflamme zu 3200°, für die Reinkohlehochstromflamme zu 3800°K und kann nach dieser Eichung rückwärts den gesamten Temperaturverlauf in den untersuchten Anodenflammen absolut bestimmen. Abb. 81 zeigt das Ergebnis für einige Anodenflammen verschiedener Länge beim Beckbogen und beim Reinkohlehochstrombogen. In Übereinstimmung mit unserer von Anfang an vertretenen Ansicht nimmt die Kratertemperatur mit wachsender Bogenbelastung, d. h. mit wachsender Flammenlänge zu, und zwar beim Beckbogen stärker als beim Reinkohlehochstrombogen. Bei letzterem liegen die Temperaturen höher als bei ersterem, was mit der höheren Ionisierungsspannung des Kohlenstoffs im Vergleich zu der des Cers zusammenhängen dürfte. Daß die Maximalwerte der Temperatur im Kratergrund auch beim Beckbogen größer sind als nach unseren verschiedenen Messungen, könnte teilweise damit zusammanhängen, daß wir bei allen unseren auf Strahlungs

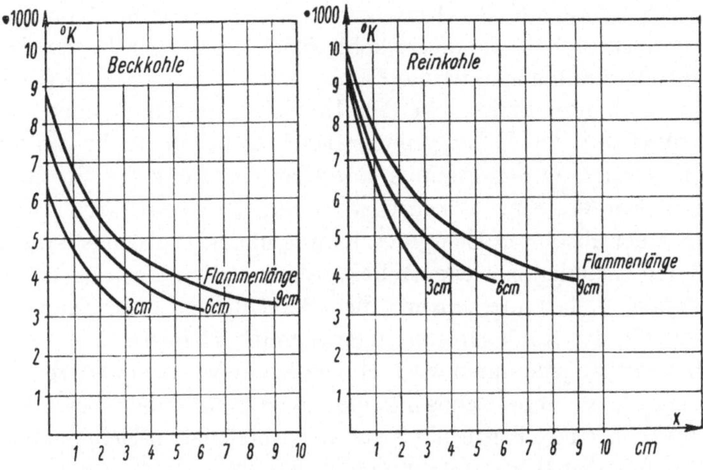

Abb. 81. Verlauf der Anodenflammentemperatur längs verschieden langer Beck- und Reinkohle-Anodenflammen (Kohlen der Siemens-Plania-Werke) nach Messungen von Rohloff (78).

messungen beruhenden Methoden ja stets die *mittlere* Strahlung der vor
dem Kratergrund liegenden Dampfschicht von mindestens 10 mm Dicke
erfaßten und damit trotz der Bevorzugung der höheren Temperaturen
(infolge deren größerer Strahlungsintensität) doch nur eine mittlere
Temperatur dieser Schichten erhalten. Es scheint uns aber wahrscheinlich, daß Rohloffs Werte auch allgemein zu hoch liegen. Denn die
Angabe, daß die Temperatur der Reinkohlehochstromflamme an ihrem
dem optischen Eindruck nach scheinbaren Ende immer noch gleich der
des Reinkohlekraters des Niederstrombogens sein soll (3800^0), erscheint
zum mindesten sehr unwahrscheinlich. Es müßte jedenfalls geprüft
werden, ob nicht bei den zu diesen Werten führenden Schmelzversuchen
chemische Vorgänge wie Karbidierung an der Zerstörung der Drähte
mitgewirkt haben könnten. Nach persönlicher Mitteilung von Dr. Guillery sprechen Versuche von ihm jedenfalls auch gegen diese hohen
Temperaturen am Flammenende. Eine Ermäßigung der gesamten
Temperaturen von Rohloff um weniger als 1000^0 aber würde bereits
eine ausgezeichnete Übereinstimmung zwischen seinen und unseren
Werten ergeben. Es ist andererseits schwer zu übersehen, welche Genauigkeit man für Rohloffs Ergebnisse erwarten kann, zumal die der
Methode zugrunde liegende Voraussetzung des konstant bleibenden
Flammenquerschnitts durch die Beobachtungen jedenfalls nicht voll be-
stätigt wird. Eine Verfeinerung der an sich schönen und wertvollen
Methode scheint deshalb noch erforderlich.

b) Die Temperatur der Anodenflamme des zischenden Homogenkohle-Hochstrombogens.

Einige Schlüsse auf den Temperaturverlauf und seine Abhängigkeit
von der Belastung beim Homogenkohle-Hochstrombogen lassen sich aus
der bereits erwähnten spektroskopischen Untersuchung von Oftring und
dem Verfasser (29) ziehen, in der Intensitätsverschiebungen im C_2-
Bandenspektrum der Homogenkohle-Hochstromflamme bei Änderung
des Emissionsorts in der Flamme sowie bei Änderung der Stromstärke
festgestellt wurden. Eine Absolutbestimmung der Temperatur erforderte
Messungen der absoluten Energieverteilung in den Emissionsbanden, die
aus äußeren Gründen zurückgestellt werden mußten, doch gestatten die
ausgeführten Relativmessungen die Berechnung von Temperatur-
änderungen in der Kohlenstofflamme, wenn die Temperatur *eines* Punktes als bekannt angenommen wird. Hierzu haben wir die mittlere Dampftemperatur der 7 mm-Homogenkohle-Hochstromflamme bei 60 Amp.
Stromstärke in 1 mm Entfernung von der Anodenstirnfläche zu 8000^0 K
angesetzt. Aus den Intensitätsunterschieden zwischen den in 1 mm und
10 mm Entfernung vom Krater aufgenommenen Spektren (Stromstärke
konstant gehalten!) folgt für den 10 mm vom Krater entfernten Flam-

menteil eine Temperatur von rund 6000°K. Dieser Temperaturabfall von rund 2000° auf den ersten cm Flammenlänge stimmt sehr befriedigend mit Rohloffs Ergebnissen an der (physikalisch natürlich andersartigen) Reinkohlehochstromflamme Abb. 81 überein, doch darf die Genauigkeit unserer rohen Messungen nicht überschätzt werden. Unter den gleichen Annahmen (T = 8000°K für 1 mm Entfernung vom Krater und 60 Amp. Stromstärke) errechnet sich für die Stromstärkeänderung von 60 auf 40 Amp. eine Temperaturänderung um rund 1000° von 8000 auf 7000°K, also auch hier ein größenordnungsmäßig vernünftiger Wert. Eine möglichst exakte Fortführung derartiger Messungen scheint also erfolg· versprechend.

c) Spektroskopische Bestimmungen der Dampftemperatur.

Zur Ergänzung der bisher behandelten Temperaturmessungen und zu deren Kontrolle können grundsätzlich noch spektroskopische Bestimmungen der Temperatur herangezogen werden. Hier kommen einmal in Erweiterung der Arbeit von Oftring und dem Verfasser Bestimmungen der Rotations- und Schwingungstemperatur der verschiedenen Moleküle (C_2 und CN) durch Messungen der Intensitätsverteilung in den Banden in Frage. Weiter können beim Homogenkohlebogen wie beim Beckbogen durch Vergleich der Intensität von Linien der neutralen und solchen der ionisierten Atome Bestimmungen des Ionisierungsgrades, d. h. des Anteils der ionisierten Atome, durchgeführt werden. Da der Ionisierungsgrad aber wieder eine Funktion der Temperatur ist, führen auch diese Messungen auf Temperaturbestimmungen (Ionisierungstemperatur) des Bogendampfes.

Einige Messungen dieser Art hat Kizel (61) veröffentlicht, ohne sie allerdings auszuwerten. Er hat für verschiedene Gebiete der Beckbogen, z. T. auch für verschiedene Kraterbelastungen, das Intensitätsverhältnis einer geeigneten Spektrallinie des Mg^+ und des Mg sowie zur Ergänzung das einer La^+-Linie zu einer nahe gelegenen La-Linie gemessen. Diese Intensitätsverhältnisse wurden nun von Kizel einfach als Maß des Ionisierungsgrades angesehen. Wir haben eine Auswertung in folgender Weise versucht: Wir setzen für den voll belasteten Beckkrater die wahre Dampftemperatur zu 6000° an und berechnen nach der Saha-Gleichung den Ionisierungsgrad. Diesem muß dann das von Kizel für Mg^+/Mg und La^+/La gemessene Intensitätsverhältnis entsprechen. Für die anderen Bogengebiete bzw. anderen Belastungen entsprechenden Intensitätsverhältnisse von Kizel lassen sich dann nach dieser „Eichung" die Ionisierungsgrade und daraus nach der Saha-Gleichung die Temperaturen berechnen. Bei dieser Auswertung ergab sich, daß erstens die aus den Magnesiumlinien berechneten Temperaturen für den Bogenkrater sehr genau übereinstimmen mit den aus den Lanthanlinien sich ergebenden. Zweitens nimmt nach dieser Rechnung die Kratertemperatur von mäßiger bis zu hoher Belastung von 5400^0 bis 6000^0 zu, in überraschend guter Übereinstimmung mit unsern schon besprochenen Temperaturbestimmungen von S. 118.

Kizel hat schließlich den Versuch gemacht, auch für die kontrahierte Säule ein Intensitätsverhältnis zu messen. Die entsprechende Auswertung führt aber auf eine Temperatur von nur wenig über 6500^0 K. Nach unserer Kenntnis der spektralen Emission (S. 102) werden aber die von Kizel benutzten Magnesiumlinien gar nicht in der kontrahierten Säule selbst, sondern in deren Hülle geringerer Temperatur emittiert. Die Temperatur der Säule selbst kann auf diese Weise also *nicht* ermittelt werden. Dagegen zeigt das Ergebnis, daß schon in der viel kühleren Umgebung der kontrahierten Säule die Temperatur des Kerns der Niederstromsäule erreicht wird, der Kern der Hochstromsäule also noch eine wesentlich höhere Temperatur besitzen muß.

Wir erwähnen schließlich noch die Möglichkeit der Messung der Anregungstemperatur, die nach einer Arbeit von Kruithof[1]) in der Niederstromsäule befriedigend genau gleich deren wahrer Temperatur ist. Bei thermischem Gleichgewicht ist ja auch die relative Zahl der Atome, die sich in den verschiedenen möglichen angeregten Zuständen befinden, eindeutig durch die Temperatur bestimmt. Diese Anregungsverteilung läßt sich nun ermitteln und daraus die Temperatur berechnen, wenn die Intensität einer Anzahl von diesen Anregungszuständen ausgehender Spektrallinien gemessen und die Atomkonstanten darstellenden Übergangswahrscheinlichkeiten für diese Spektrallinien bekannt sind. Kruithof hat für eine Anzahl von Linien besonders des im Bogen in Spuren stets vorhandenen Calciums diese Übergangswahrscheinlichkeiten auf experimentellem Wege ermittelt, so daß diese Werte nun bekannt sind und zur Berechnung der Anregungstemperatur nur noch Intensitätsmessungen der Claciumlinien erforderlich sind.

d) Die Temperatur der normalen nicht kontrahierten Niederstrombogensäule.

Die Temperatur der normalen, nicht kontrahierten Bogensäule ($J < 80$ Amp.) in Luft ist auf verschiedenen Wegen experimentell bestimmt worden, am sichersten wohl von Mannkopff und Hörmann. Ihre Mittelpunktstemperatur liegt danach bei 6800^0 K oder etwas darüber, anscheinend ziemlich unabhängig von der Stärke des Bogenstroms. Auf die von Höcker entwickelte Theorie der Säule, die namentlich auch diesen letzten, zunächst überraschenden Befund erklärt, sowie auf die wesentlichen Vernachlässigungen der bisherigen Bogentheorien gehen wir S. 190 im einzelnen ein.

---

[1]) Physica **10**, 1943, 493.

e) Die Temperatur der kontrahierten Hochstromsäule ($J > 130$ Amp.).

Auf experimentellem Wege ist von der kontrahierten Hochstromsäule bisher nur der Verlauf der schwarzen Temperatur T_s über den Querschnitt der 200 Amp.-Säule von Schluge (87) aus Gesamtstrahlungsmessungen ermittelt worden; er ist in Abb. 82 dargestellt. Die schwarze Temperatur der Säulenachse liegt danach bei nur 2000°K. Schon dieser Wert zeigt, daß das Absorptionsvermögen des Säulenplasmas sehr klein sein muß, und daß die Säulenstrahlung von der eines schwarzen Strahlers gleicher absoluter Temperatur so verschieden ist, daß die zur Bestimmung der Kratertemperatur aus der schwarzen Temperatur benutzten Methoden auf die kontrahierte Säule nicht angewandt werden können. Zur Temperaturermittlung kommen also nur rein spektroskopische Methoden in

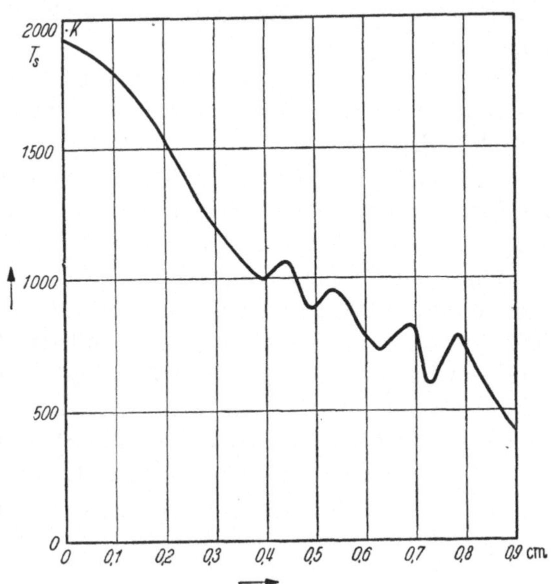

Abb. 82. Der radiale Verlauf der schwarzen Temperatur der kontrahierten 200 Amp.-Hochstromsäule in Luft nach Messungen von Schluge (87).

Frage. Hier hat der Verfasser zunächst aus der Tatsache, daß im Kern der Hochstromsäule keinerlei Molekülbanden mehr emittiert werden, daß die Moleküle also praktisch vollständig dissoziiert sind, auf eine wahre Temperatur von mindestens 10000°K geschlossen (16), weil erst bei dieser Temperatur auch die Dissoziation der N_2-Moleküle abgeschlossen sein sollte. Mit dieser Abschätzung der Temperatur stimmt auch der übrige spektroskopische Befund überein: das sehr intensive kontinuierliche Spektrum und die starke Verbreiterung der im Kern emittierten Linien der Atome C, N und O.

Das kontinuierliche Spektrum gibt uns aber eine Möglichkeit zur genauen Temperaturbestimmung. Dieses Spektrum ist nämlich nach unserer Überzeugung (16) als Brems- und Rekombinationsspektrum der Elektronen[1]) zu deuten. Für ein solches Kontinuum hat Unsöld[2]) die

---

[1]) Vgl. W. Finkelnburg, „Kontinuierliche Spektren", Springer, Berlin 1938.
[2]) Ann. d. Phys. **33**, 1938, 607.

spektrale Energiestrahlung als Funktion der Temperatur berechnet. Es muß also zunächst durch Messung der spektralen Energieverteilung sichergestellt werden, daß es sich tatsächlich um ein Elektronenbremskontinuum handelt, indem die für solche Kontinua gültige Bedingung konstanter Energiestrahlung je Wellenzahlgebiet geprüft wird. Die nicht ganz einfache Messung der absoluten Energiestrahlung je cm^3 des Säulenplasmas gestattet dann bei Kenntnis der mittleren effektiven Ionisierungsspannung des Dampfgemisches direkt die wahre Temperatur zu berechnen.

Es besteht aber grundsätzlich auch die Möglichkeit, die Temperatur der kontrahierten Hochstromsäule auf rein theoretischem Wege zu ermitteln. Nach der von Elenbaas für den Fall der abgeschlossenen Quecksilberbogensäule aufgestellten Theorie muß nämlich die je cm Säulenlänge umgesetzte elektrische Leistung zum Teil ausgestrahlt und zum anderen Teil durch Wärmeleitung radial nach außen abgeführt werden. Diese Bedingung ist aber nur bei einer ganz bestimmten radialen Temperaturverteilung in der Säule erfüllt, die sich daraus berechnen läßt. Für die kontrahierte Hochstromsäule ist diese Theorie von Höcker und dem Verfasser (46) durchgeführt worden und hat, wie S. 191 im einzelnen gezeigt werden wird, einerseits die Berechnung der Achsentemperatur der kontrahierten 200 Amp.-Säule zu rund 11000° K ermöglicht, zum andern die grundlegenden Unterschiede zwischen der Niederstromsäule und der kontrahierten Hochstromsäule in einleuchtender Weise erklärt.

D. Sonstige Eigenschaften des Hochstromkohlebogens.

1. Kohlenabbau und Materialtransport im Hochstrombogen.

a) Bedeutung für Theorie und Praxis.

Der „Abbrand" der Bogenkohlen und seine Abhängigkeit von der Belastung ist für den Lichtbogentechniker von Bedeutung, weil er nach ihm den Vorschub der Kohlen bemessen muß. Für die Theorie des Bogens hielt man den Abbrand beider Kohlen bis vor kurzem für unwesentlich, besonders nachdem Steinle[1]) bei gründlichen Untersuchungen am Niederstromkohlebogen zu dem Ergebnis gelangt war, daß der Abbrand auch der Positivkohle praktisch ausschließlich durch Verbrennung, d. h. auf chemischem Wege zustande komme. Beim Hochstromkohlebogen behauptete zwar Podszus (75, 76) das gleiche, doch sprachen unsere S. 79 erwähnten Beobachtungen (16) über den Zusammenhang von Leuchtdichte, Anodenfall und Abbrand der Positivkohle ganz eindeutig dafür, daß der „Abbrand" der Positivkohle beim Hochstromkohlebogen

---

[1]) ZS. f. angew. Mineral. **2**, 1939, 28.

ein für den ganzen Bogenmechanismus entscheidender physikalischer Vorgang ist, und daß diesem gegenüber der chemische Abbau durch Verbrennung eine ganz untergeordnete Rolle spielt. Inzwischen ist auf Grund unserer Messungen wohl allgemein anerkannt, daß der Anodenabbau beim Hochstromkohlebogen ganz überwiegend durch Verdampfung erfolgt, und daß der so entstehende Dampfstrahl gerade *die* Eigenschaften des Hochstrombogens bestimmt, in denen dieser sich vom Niederstrombogen unterscheidet. Beim Abbrand der Negativkohle dagegen handelt es sich nach unseren Beobachtungen (15) bis zu recht hohen Stromdichten an der negativen Kohlenspitze fast ausschließlich um einen chemischen Abbau, d. h. um echte Verbrennung (auch Zundern genannt). Erst oberhalb einer Stromstärke von etwa 400 Amp. beginnt nach Guillery (37) auch an der negativen Spitze die Verdampfung wesentlich zu werden. Im Gegensatz zum Niederstrombogen ist also beim Hochstromkohlebogen zum mindesten der Anodenabbau nicht nur von technischem, sondern auch von erheblichem theoretisch-physikalischem Interesse und verdient daher genaueste Untersuchung. Das gleiche gilt für den Materialtransport im Bogen. Wir hatten S. 53 bereits die Frage erörtert, ob der verdampfte Kohlenstoff in der Regel vollständig verbrannt wird und seine Verbrennungswärme daher bei der Energiebilanz des Bogens voll zu berücksichtigen ist oder nicht. Die gleich zu besprechenden Beobachtungen über den Materialtransport im Bogen zeigen, daß ein wesentlicher Teil des Kohlenstoffdampfes jedenfalls nicht bereits im heißesten Teil des Bogens verbrannt wird und dort zur Strahlung beiträgt, sondern im kühleren Teil der Anodenflamme aufgefangen werden kann. Auch die Einzelheiten des Materialtransports im Bogen sind also von theoretischem Interesse.

b) Die Verdampfung als Hauptursache des Anodenabbaues.

Bevor wir auf die quantitativen Einzelheiten des Abbaues der Positivkohle eingehen, seien die Belege dafür kurz zusammengestellt, daß es sich dabei wirklich im wesentlichen um eine Verdampfung des Materials der Positivkohle handelt.

Erstens emittiert die Anode des Hochstromkohlebogens im Gegensatz zum Niederstrom-Kohlebogen mit ganz außerordentlicher Intensität die Banden des Kohlenstoffmoleküls C_2 sowie die Linien des C-Atoms (S. 101).

Zweitens erhält man auf einer in nicht zu großer Entfernung dem positiven Krater des Homogenkohle-Hochstrombogens gegenübergestellten Elektrode eine starke Ablagerung von reinstem Kohlenstoff in Form eines Graphitpilzes.

Drittens ist der Materialverlust der Positivkohle nach unsern Messungen in Luft, Stickstoff, Kohlendioxyd und sogar in reinem Sauerstoff praktisch gleich groß (31), während er, wenn es sich um wirkliche Verbrennung handeln würde, in reinem Sauerstoff weitaus am größten sein müßte (vgl. S. 135).

Viertens ist der durch die Anodenverdampfung entstehende Dampf-strahl, auf den wir S. 166 genauer eingehen werden, durch unabhängige Untersuchungen von Guillery, von uns (vgl. S. 48) und von Rohloff (78) direkt experimentell festgestellt worden. Seine Geschwindigkeit stimmt mit der unter der Annahme der Anodenverdampfung vom Verfasser (15) früher berechneten gut überein.

Nach allen diesen Belegen ist an der Tatsache nicht mehr zu zweifeln, daß der Anodenabbau beim Hochstromkohlebogen nur zum kleinsten Teil ein wirklicher Abbrand ist (wie beim Niederstrombogen), sondern im wesentlichen durch echte Verdampfung bedingt ist. Wir werden gleich eine Methode zur Trennung beider Anteile, der Verdampfung und der Verbrennung, behandeln.

c) Der Anodenabbau in Luft und die Ermittlung des Verbrennungsanteils.

Zur Ermittlung der quantitativen Zusammenhänge haben wir für eine große Zahl verschieden zusammengesetzter Hochstromkohlen die Ab-hängigkeit des Gewichts- bzw. Längenverlusts der Positivkohle von der Stromstärke gemessen. Abb. 83 zeigt einige solche Kurven. Man erkennt, daß der Materialverlust der Positivkohle erwartungsgemäß mit der Stromstärke sehr stark zunimmt, daß er aber mit abnehmender Strom-stärke nicht gegen Null geht, sondern gegen einen kon-stanten Grenzwert von etwa 0,02 mm Kohlenlänge je Se-kunde. Bei den der Abb. 83 zugrunde liegenden 7 mm-Kohlen entspricht das (bei einem spe-zifischen Kohlen-gewicht von etwa 1,7) einem Ge-wichtsverlust von 1,2 mg/sec. Diesen bei verschwinden-der Stromstärke noch verbleiben-den Grenzwert des

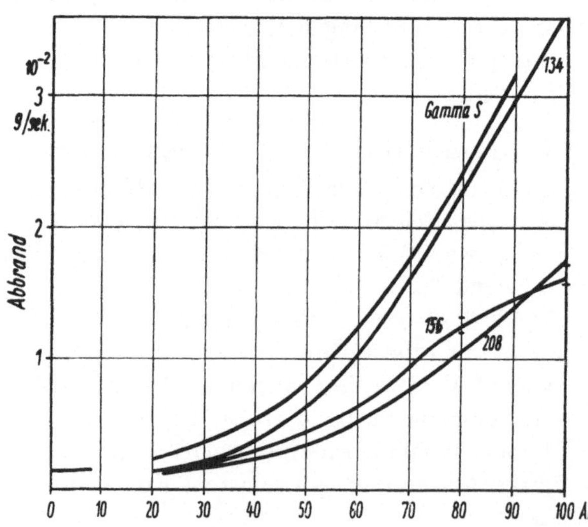

Abb. 83. Stromstärkeabhängigkeit des positiven Abbrands der Beck-kohlen RW Sola Effekt 134, 156 und 208 sowie der Homogenkohle RW Gamma S von je 7 mm Durchmesser. Nach Messungen des Ver-fassers (16).

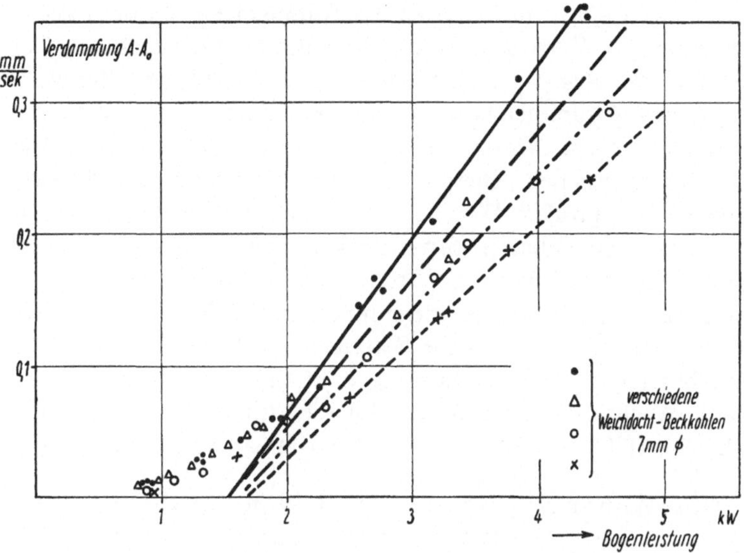

Abb. 84. Abhängigkeit der sekundlichen Anodenverdampfung verschiedener RW-Weich-docht-Beckkohlen von der Bogenleistung nach Messungen des Verfassers.

Anodenverlusts müssen wir als den durch echte Verbrennung entstehenden Anteil ansehen. Wir bezeichnen im folgenden den Gesamtverlust der Positivkohle je Sekunde mit A, den eben ermittelten Verbrennungsanteil mit A_0 und den Verdampfungsanteil folglich mit $A-A_0$. Wir setzen dabei A_0 einfach konstant. Das ist natürlich nicht ganz richtig, weil der Verbrennungsanteil A_0 von der Größe und Temperatur der glühenden Oberfläche der Positivkohle abhängt. Beide ändern sich aber in dem in Abb. 83 dargestellten Fall oberhalb 20 Amp. relativ wenig, so daß wir in erster Näherung A_0 konstant setzen dürfen.

Einen besonders klaren Überblick über die Verhältnisse erhalten wir, wenn wir gemäß

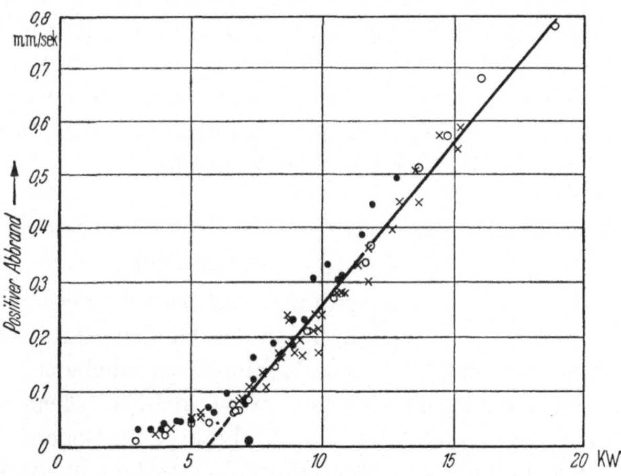

Abb. 85. Abhängigkeit der sekundlichen Anodenverdampfung verschiedener Hartdocht-Beckkohlen der Ringsdorff-Werke von der Bogenleistung nach Messungen von Hannappel und dem Verfasser (24).

Abb. 84 die Größe A nicht gegen die Stromstärke, sondern gegen die Bogenleistung in Watt auftragen. Oberhalb der Bogenleistung, bei der der Siedepunkt des Anodenmaterials erreicht wird, erhalten wir dann einen linearen Zusammenhang zwischen Leistung und Abbrand, der die Ermittlung der zur Verdampfung und Aufheizung von 1 g Anodenmaterial erforderlichen Energie gestattet. Genaue Abbrandmessungen sind daher von großem Wert, müssen aber von den kleinsten bis zu den größten erreichbaren Stromstärken gemessen werden. Für die erwähnte, theoretisch wichtige Größe erhalten wir aus der Neigung der Kurven Abb. 84 für unsere meist untersuchte Positivkohle RW Sola Effekt 134 den Betrag $1,3 \cdot 10^5$ Wattsec/g, und der gleiche Wert folgt aus unabhängigen Abbrandmessungen von Haury (25) an der gleichen Kohle im Wechselstrombogen, und für die ähnliche Hartdochtkohle RW Sola Effekt H 65 nach Messungen von Hannappel ([24] Abb. 85).

d) Die Abhängigkeit des positiven „Abbrands" vom umgebenden Gas

Zur Bestätigung der Annahme, daß der Anodenabbau zum überwiegenden Teil durch Verdampfung zustande kommt, wurden Abbrandmessungen an positiven Homogen- und Dochtkohlen vom Verfasser auch in verschiedenen Gasen sowie bei verschiedenen Drucken ausgeführt. Die Abbrandwerte unterschieden sich (vgl. Tab. 7 S. 135) in Luft, Sauerstoff, Stickstoff und Kohlendioxyd bei Drucken zwischen ½ und 15 Atm. um weniger als 10 %, während man für wahre Verbrennung ein gewaltiges Überwiegen der Abbrandwerte in reinem und besonders in komprimiertem Sauerstoff erwarten müßte. Lediglich in Argon erwies sich der Abbrand als überraschend gering. Da gleichzeitig aber die Bogenspannung einen äußerst niedrigen Wert annahm und die für den Hochstrombogen typischen Erscheinungen der hohen Leuchtdichte und der Anodenflamme völlig ausblieben, übt das Edelgas Argon offenbar einen die Hochstromerscheinungen verhindernden Einfluß auf den Bogenmechanismus aus, auf dessen Deutung wir S. 133 eingehen.

e) Pilzwachstum und Mechanismus des Materialtransports im Bogen.

Es wurde bereits erwähnt, daß bei sehr geringer Bogenlänge, sobald die Spitze der Negativkohle in die Anodenflamme des Hochstrombogens hineinragt, auf dieser ein Kohlepilz zu wachsen beginnt. Bei positiven Beckkohlen lagert sich bevorzugt nicht Kohlenstoff, sondern ein Cerkarbidtropfen ab, der den kathodischen Bogenansatz und damit die Bogenruhe erheblich stört, durch Verspritzen in optischen Geräten Spiegel und Linsen gefährden kann und, da das erkaltete Karbid einen isolierenden Überzug bildet, das Wiederzünden durch Berühren der Kohlen verhindert. Die Spitze der Negativkohle muß daher beim Beckbogen unbedingt aus der Anodenflamme herausgehalten werden.

Die Erscheinung des Pilzwachstums kann besonders schön beim Homogenkohlebogen untersucht werden (15), wenn man bei koaxialer Kohlenstellung die Bogenlänge auf 0,5—2 mm hält und den Bogen dabei möglichst hoch belastet. Abb. 86 zeigt zwei auf diese Weise gezüchtete Kohlepilze, deren Gewicht mehrere Gramm betrug. Sie bestehen nach der für uns von den Ringsdorff-Werken ausgeführten chemischen Analyse aus recht reinem Graphit mit einem Aschengehalt von nur 0,14% und besitzen eine überraschend hohe Festigkeit und Dichte. Durch Wägung des Anodenverlusts und des Kathodenzuwachses stellten wir fest, daß man bis über 40% des an der Anode abgebauten Kohlenstoffs an der Kathode als Pilz wieder auffangen kann (15).

Die naheliegende Annahme, daß es sich hier einfach um eine Kondensation des verdampften Kohlenstoffs auf der kühleren Kathode handelt, trifft nicht zu, da die Kohlenstoffablagerung auch an Stellen höchster Temperatur erfolgt. Abb. 87 stellt den Beweis dafür dar, daß der Kohlenstoffdampf vom positiven Krater als Dampfstrahl großer Geschwindigkeit fortgeblasen wird und vor der Ablagerung auf der Gegenelektrode keine Zeit zu seitlicher Abdiffusion besitzt. Der auf einer 16 mm-Kathode gewachsene Kohlepilz Abb. 87 besitzt nämlich ziemlich genau den Durchmesser der verwendeten 7 mm-Positivkohle, der seinerseits übereinstimmt mit dem Durchmesser des Anodenflammenansatzes.

Die Tatsache, daß man auch mehrere cm vom positiven Krater entfernt noch Kohlenstoffablagerungen (wenn auch geringen Umfanges) erhalten kann, zeigt, daß selbst in dieser Entfernung der Kohlenstoffdampf noch nicht völlig verbrannt ist; offenbar diffundiert der Luftsauerstoff nur langsam von außen in den Anodendampfstrahl hinein.

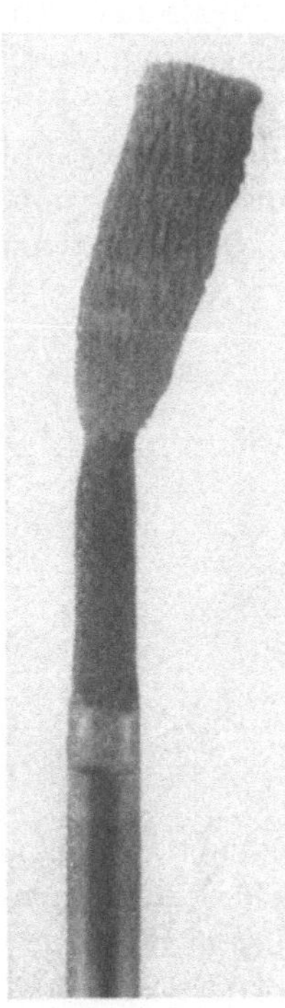

Abb. 86. Aufnahme zweier im Homogenkohle-Hochstrombogen (7 mm RW Gamma S) geringer Länge bei 75 Amp. in wenigen Minuten gewachsener Kohlepilze von 3 - 5 Gramm Masse (15).

Die zur Pilzbildung führende Kohlenstoffablagerung kann nicht nur an der Kathode, sondern auch an einer isolierten, in die Anodenflamme eingeführten Elektrode erfolgen. Um zu untersuchen, ob die Kohlenstoffmoleküle zu einem erheblichen Prozentsatz geladen sind oder nicht, haben wir in die Anodenflamme zwei parallele Kohlen eingeführt, von denen die eine Kathode, die andere dagegen isoliert war. Als Ergebnis fanden wir folgendes (15): etwa $^2/_3$ des transportierten Kohlenstoffs lagerte sich auf der Kathode, $^1/_3$ auf der isolierten Kohleelektrode ab. Es wird also sowohl geladener als auch ungeladener Kohlenstoff in der Anodenflamme transportiert. Schließlich wurde noch ein Versuch

Abb. 87. Kohlepilz von 7 mm Durchmesser, gewachsen auf einer 16 mm-Kathode bei 7 mm-RW Gamma S-Positivkohle (15).

gemäß Abb. 88 ausgeführt, wo A stets Anode, B und C abwechselnd Kathode bzw. stromlos waren. Bei B als Kathode fand hier starke Kohleablagerung statt, während C sauber blieb. War dagegen C Kathode, während B als stromlose isolierte Elektrode in der Anodenflamme stand, so zeigte sich starke Kohleablagerung auf C, schwächere auf B, in Übereinstimmung mit dem vorher beschriebenen Versuch.

Quantitativ ermittelte der Verfasser (15), daß je Amperesekunde an der Kathode maximal $5 \cdot 10^{-4}$ g Kohlenstoff angelagert wurde. Wir können nun berechnen, wieviel Kohlenstoff maximal nach dem Faradayschen Gesetz durch Ionentransport zur Kathode gelangen kann. Danach den Rechnungen von S. 178 in unserm Fall rund 5% des Gesamtstroms durch positive Ionen transportiert wird und jedes Ion höchstens als C_2^+-Molekülion auftreten kann, folgt, daß je Amperesekunde insgesamt im Bogen transportierter

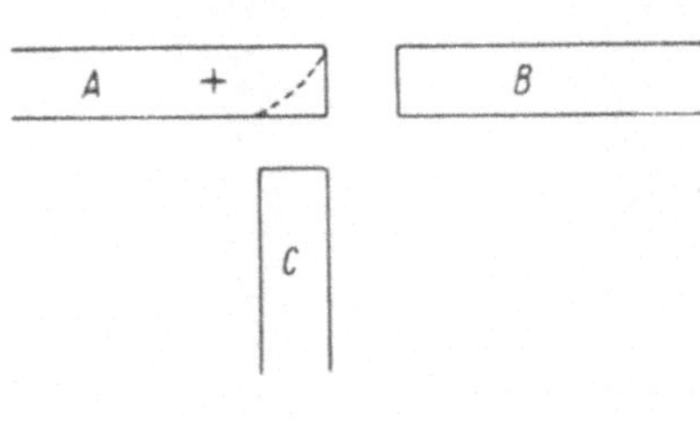

Abb. 88. Kohlenanordnung des Verfassers (15) zum Studium des Mechanismus der Pilzbildung. Gestrichelt ist die bei C = Kathode sich ausbildende Kraterform angedeutet.

Ladung von den Ionen allein höchstens $1,3 \cdot 10^{-5}$ g/sec zur Kathode befördert werden können, also 4% des Gesamttransports. Damit ist aber nicht gesagt, daß der Rest von 96% in ungeladener Form transportiert wird, da ja in der Anodenflamme Ionen und Elektronen gemeinsam abströmen und den Gegenelektrode treffen können.

Wir glauben, daß eine Untersuchung der Struktur des abgelagerten Kohlenstoffs für das Verständnis der Vorgänge von Interesse wäre. Es muß nämlich erwähnt werden, daß nicht der gesamte Materialtransport in atomarer Form erfolgt, sondern daß in geringem, mit der Überlastung aber zunehmendem Maße auch kleinste Kohleteilchen von der Anode abgeschleudert werden. Ihr Anteil könnte durch mikroskopische Untersuchung der Pilze ermittelt werden.

f) Der Kathodenabbau und seine Gesetze.

Dem Materialabbau an der Kathode kommt nach unserer gegenwärtigen Kenntnis gegenüber dem an der Anode nur geringere Bedeutung zu. Lediglich im Gebiet höchster Stromstärken könnte das anders sein, und hier hat Guillery (37) interessante Messungen ausgeführt.

Beim Niederstrombogen ebenso wie beim Hochstromkohlebogen ohne kontrahierte Säule, d. h. bis etwa 100 Amp., erfolgt der Kathodenabbau mit Sicherheit fast ausschließlich durch echte Verbrennung (Zundern). Nach der mit steigender Stromstärke erfolgenden Kontraktion des kathodischen Bogenansatzes zu einem sehr kleinen Kathodenbrennfleck muß aber in diesem die Temperatur so steigen, daß die Verdampfung merklich werden muß. Daß sie aber auch dann meist noch klein bleibt gegenüber der echten Verbrennung, schließen wir aus der Beobachtung, daß der Kathodenbrennfleck, in dem allein eine Verdampfung möglich wäre, zwar einen kleinen flachen Krater (Brennschlüssel) bildet, dieser sich aber während des Betriebes nicht merklich vertieft. Das bedeutet u. E., daß der ausschließlich durch echte Verbrennung erfolgende Abbau der außerhalb der Brennschüssel gelegenen Kathodenteile annähernd ebenso rasch erfolgt wie der Materialabbau in der Brennschüssel.

Guillery (37) hat diese Verhältnisse genauer studiert, indem er, teilweise im Anschluß an unsere anodischen Untersuchungen, die Abhängigkeit des Kathodenabbaues, der kathodischen Stromdichte und der Leuchtdichte des Kathodenbrennflecks von der Stromstärke an einer 8 mm-Negativkohle bei Stromstärken bis zu 600 Amp. gemessen hat. Nach seinen Feststellungen nehmen mit wachsender Stromstärke die Stromdichte und die Leuchtdichte im Kathodenbrennfleck zunächst zu, um sich bei etwa 400 Amp. asymptotisch konstanten Grenzwerten der Stromdichte von rund 5000 Amp./cm² und der Leuchtdichte von etwa 18000 Stilb zu nähern. Der bis zu dieser Stromstärke langsam zunehmende Abbrand der Kathode wächst oberhalb dieser Stromstärke sehr viel schneller, woraus Guillery im Zusammenhang mit der hier beginnenden Konstanz der Stromdichte und Leuchtdichte wohl mit Recht schließt, daß bei etwa 400 Amp. in der Brennschüssel die Siedetemperatur des Kohlenstoffs erreicht ist. Mit dieser Folgerung stimmt überein, daß bei noch höheren Stromstärken Kathodenabbrände bis zu 0,4 mm/sec = 1500 mm/h, d. h. bis zum zwanzigfachen normalen Abbrand gemessen worden sind (Beck [5]), die nicht mehr durch Verbrennung, sondern nur noch durch Verdampfung erklärt werden können. Interessant scheint noch, daß nach neueren, ebenfalls unveröffentlichten Untersuchungen von Guillery die Verhältnisse im kathodischen Krater, ähnlich wie an der Anode des zischenden Homogenkohle-Hochstrombogens, vom Kohlematerial abzuhängen scheinen. Jedenfalls hat Guillery bei Variation des Graphitmaterials seiner Negativkohle deutliche Abweichungen gegenüber seinen ersten Messungen, u. a. eine Zunahme der Leuchtdichte erheblich über 18000 Stilb hinaus, gefunden. Ob hier wie bei der Homogenkohleanode, wie wir annehmen möchten, das Wärmeleitvermögen des Materials von Bedeutung ist, müßte noch untersucht werden.

Die Abbrandverhältnisse an der Kathodenspitze sind technisch von Wichtigkeit, weil die Ausbildung einer zu tiefen Brennschüssel an der Kathodenspitze bei Stromstärken über 300 Amp. fast stets zu der störenden, S. 17 und 194 behandelten Erscheinung des Wendelns der negativen Flamme (kontrahierten Säule) führt. Eine zu tiefe Auskraterung muß also verhindert werden, und dazu kennt man drei Möglichkeiten. Bei nicht zu hohen Stromstärken (300—500 Amp.) kann man die Dichte des Kohlematerials von Kern und Mantel der Negativkohle (deren Bau in diesem Stromstärkebereich überhaupt von großer Bedeutung ist!) so abgleichen, daß beide gleich schnell abgebaut werden. Bei noch höheren Stromstärken, bei denen dieses Mittel nicht mehr ausreicht, kann man entweder nach dem Vorschlag von Heinrich Beck (6) den Hartdocht der Negativkohle im Mantel verschiebbar machen und so schnell vorschieben, daß kein Krater entsteht (sog. Mantel-Kern-Kathode, technisch leider eine Quelle bedenklicher Störungen!), oder man kann nach dem schönen Vorschlag von Guillery und Zill (39) durch magnetische Beeinflussung des Bogens und gleichzeitige Rotation der Negativkohle das Festsetzen des Kathodenbrennflecks an einer bestimmten Stelle verhindern und damit eine Auskraterung überhaupt unmöglich machen. Wir kommen S. 196 auf diese Verhinderung des Wendelns zurück.

2. Der Hochstromkohlebogen in reinen Gasen, bei Über- und Unterdruck.

a) Der Bogen in Sauerstoff, Stickstoff und Kohlendioxyd.

Zur Entscheidung der Frage, wieweit an den besonderen Eigenschaften des Hochstromkohlebogens neben physikalischen auch chemische Vorgänge beteiligt sind, hat der Verfasser (31) Brennversuche, und zwar besonders mit dem Homogenkohlebogen, in den reinen Gasen Stickstoff, Sauerstoff, CO_2 und Argon bei verschiedenen Drucken ausgeführt[1]). Die Erscheinungen bei höheren Drucken behandeln wir weiter unten,

---

[1]) Für die Überlassung der dazu erforderlichen Druckapparatur sei der Körting und Mathiesen A. G. in Leipzig auch an dieser Stelle unser herzlicher Dank gesagt.

desgleichen die Versuche in Argon. Beim Betrieb des Bogens in den drei erstgenannten Gasen von Atmosphärendruck stellte sich heraus, daß die allgemeinen Eigenschaften des Bogens nur sehr unwesentlich gegenüber denen in Luft verändert waren. Dadurch scheint sichergestellt, daß Reaktionen mit dem umgebenden Gas den Bogenmechanismus im allgemeinen nicht entscheidend beeinflussen. Insbesondere erhöhte sich auch in reinem Sauerstoff der Abbau der Positivkohle nicht merklich, was wir schon oben als Beweis dafür anführten, daß dieser nicht durch Verbrennung, sondern überwiegend durch Verdampfung zustande kommt. Wie die Abbrände lagen auch die Leuchtdichten in Sauerstoff und Kohlendioxyd auf praktisch der gleichen Höhe wie in Luft. Lediglich in Stickstoff lagen Abbrand und Leuchtdichte um 20—30% unter den entsprechenden Werten von Luft (vgl. Tab. 7 S. 135).

Daß die Farbe der den Bogen und die Anodenflamme umgebenden Aureolen sich mit der Gasart änderte, ist selbstverständlich. Diese Veränderung wie überhaupt alle feineren Einzelheiten der Bogeneigenschaften in den verschiedenen Gasen bedürfen noch einer systematischen Untersuchung.

Wir erwähnten S. 41 bereits, daß der Homogenkohlebogen erwartungsgemäß in allen Gasen bei genügender Belastung zischte, womit eine alte Behauptung widerlegt ist, nach der das Zischen durch eine besondere Art der Verbrennung bedingt sei.

b) Das Verhalten des Hochstromkohlebogens in Argon und seine Deutung.

Die Erscheinungen beim Betrieb des Hochstrombogens in Argon waren zunächst überraschend: Die typischen Erscheinungen des Hochstrombogens, Spannungsanstieg und Anodenflamme traten zunächst gar nicht und schließlich bei Belastung einer 6 mm-Homogenkohleanode mit über 100 Amp. nur ganz schwach auf. Entsprechend der sehr geringen Bogenspannung, der äußerst geringen Verdampfung und dem durch Sondermessungen nachgewiesenen sehr geringen und nahezu konstanten Anodenfall stieg auch die Kraterleuchtdichte kaum über 20000 Stilb.

Die Ursache für dieses abweichende Verhalten sehen wir in der Existenz der metastabilen Zustände des Argonatoms. Infolge der hohen Temperatur der Bogensäule stellt sich hier eine recht hohe Konzentration an metastabilen Argonatomen ein, die, da elektrisch neutral, auch in das Anodenfallgebiet diffundieren. Hier wirken sie wie Atome der sehr geringen Ionisierungsspannung von etwa 4 Volt, wirken also anodenfallerniedrigend wie etwa der Zusatz eines Alkalimetalls. Infolge dieser sehr erheblichen Anodenfallerniedrigung (Ionisierungsspannung der metastabilen Atome etwa 4 Volt gegenüber etwa 15,7 Volt der normalen Atome!) genügt selbst bei sehr erheblicher Stromdichte die durch die Elektronen

der Anodenstirnfläche zugeführte Energie zunächst nicht, um diese über
den Siedepunkt zu erhitzen: der Bogen verhält sich noch bei einer Stromdichte von 350 Amp./cm² wie ein ausgesprochener Niederstrombogen!
Wir glauben, wenn unsere Deutung richtig ist, in diesem Verhalten des
Argonbogens geradezu eine Bestätigung unserer theoretischen Vorstellungen vom Mechanismus des Hochstromkohlebogens (S. 169) sehen
zu dürfen. Es ist nicht unwahrscheinlich, daß die oben erwähnte Senkung
der Brennspannung, des positiven Abbrands und der Leuchtdichte in
Stickstoff auch auf einer Beteiligung metastabiler N-Atome beruht und
damit physikalische und nicht chemische Ursachen hat.

c) Das Verhalten des Hochstromkohlebogens bei Unterdruck.

Über das Verhalten des Hochstrombogens bei Unterdruck bis herab
zu 20 Torr haben wir nur einige orientierende Versuche bei Stromstärken
unter 100 Amp. ausgeführt (31), deren systematische Fortsetzung noch
aussteht. Die allgemeinen Bogenerscheinungen scheinen bis herab zu dem
angegebenen Druck von rund $^1/_{40}$ Atm. im wesentlichen erhalten zu
bleiben. Infolge der erleichterten Diffusion (größere freie Weglängen!)
dehnen sich aber die Bogensäule wie die Anodenflamme sehr erheblich
aus. Dabei erreicht der anodische Bogenansatz eine außerordentliche
Gleichmäßigkeit, die sich durch höchste Konstanz der Leuchtdichte wie
der gesamten Bogenstrahlung bemerkbar macht. Die Leuchtdichte sinkt
andererseits entsprechend der geringeren räumlichen Dichte der Leuchtzentren erheblich ab.

d) Das Verhalten des Hochstromkohlebogens bei Überdruck.

Bogenuntersuchungen bei Überdruck sind seit Lummer[1]) verschiedentlich, am Niederstrombogen besonders von Mathiesen[2]) und am
Beckbogen sehr kurz von Gehlhoff (24), ausgeführt worden. Ihr Ziel
war stets die Vergrößerung der Leuchtdichte. Der von Lummer beobachtete außerordentliche Anstieg der Kraterleuchtdichte des Niederstrombogens mit wachsendem Druck scheint auf einem gleich noch zu
besprechenden Irrtum zu beruhen, da seine Messungen inzwischen nie
wieder reproduziert werden konnten.
Wir selbst haben (31) auch über das Verhalten des Hochstromkohlebogens bei Überdruck mit der früher von Mathiesen benutzten Apparatur
nur eine geringe Anzahl von Messungen bei Drucken bis zu 12 Atü ausgeführt. Ihr grundsätzliches Ergebnis war, daß der Bogenmechanismus

---

[1]) O. Lummer, Die Verflüssigung der Kohle, Braunschweig 1914.
[2]) W. Mathiesen, Untersuchungen über den elektrischen Lichtbogen, Leipzig
1921.

sich auch bei Druckerhöhung nicht merklich ändert, daß diese aber eine Volumenverringerung der leuchtenden Entladungsteile und damit eineVergrößerung der örtlichen Leuchtdichte bei gleichzeitig zunehmender Lichtunruhe bewirkt. Tab. 7 zeigt den Vergleich

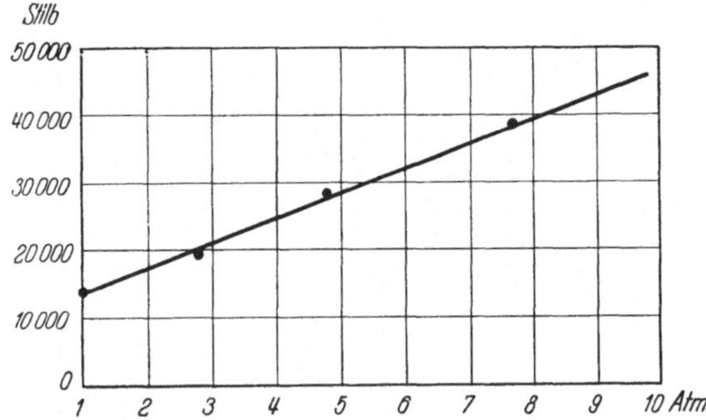

Abb. 89. Abhängigkeit der Kraterleuchtdichte eines 7 mm-Reinkohlebogens bei der konstant gehaltenen Bogenleistung von 1500 Watt vom Außendruck. Nach unveröffentlichten Messungen des Verfassers.

der Abbrand- und Leuchtdichtewerte des Homogenkohlebogens in Luft, Kohlendioxyd, Sauerstoff und Stickstoff bei 1 bzw. 4,5 Atm. Druck. Der Abbrand nimmt erwartungsgemäß nur wenig, die Leuchtdichte wegen der Volumenverminderung merklich stärker zu.

Tabelle 7.

Leuchtdichte- und Abbrandwerte der positiven Homogenkohle RW Gamma S von 6 mm Durchmesser beim Betrieb des Homogenkohle-Hochstrombogens bei 70 Amp. in verschiedenen Gasen und bei verschiedenen Drucken nach Messungen von Schluge und dem Verfasser (31).

Gas	Gasdruck Atm.	Leuchtdichte Stilb	Pos. Abbrand mm/sec
Luft	1	30 000	0,45
O_2 . . . . {	1	27 000	0,43
	4,5	47 000	0,57
N_2 . . . {	1	24 000	0,30
	4,5	33 000	0,49
CO_2 . . . {	1	28 000	0,50
	4,5	46 000	0,53

Die Abb. 89 und 90 zeigen die Zunahme der Kraterleuchtdichte eines 7 mm-Reinkohlebogens der konstant gehaltenen Bogenleistung 1500 Watt sowie eines 7 mm-Gleichstrom-Beckbogens von 2500 Watt Bogenleistung mit dem Druck. Beim Reinkohle-Hochstrombogen wie beim Beckbogen finden wir eine 3,3fache Kraterleuchtdichte bei Verzehnfachung des Druckes. Die Leuchtdichte steigt danach bei konstant gehaltener Bogenleistung ungefähr mit der Wurzel aus dem Gasdruck.

Es sei in diesem Zusammenhang darauf hingewiesen, daß die gelegentlich in der Literatur angeführte wesentlich größere Leuchtdichtesteigerung des Beckbogens mit dem Druck, die Gehlhoff (34) auf Grund

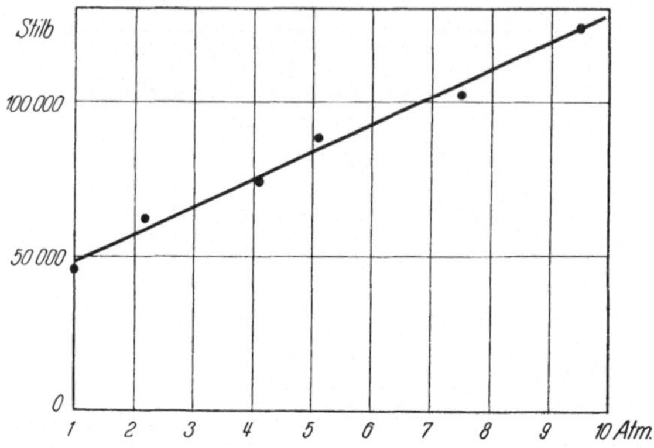

Abb. 90. Abhängigkeit der Kraterleuchtdichte eines 7 mm-Beckbogens (RW Sola Effekt 134) bei der konstant gehaltenen Bogenleistung von 2500 Watt vom Gasdruck. Nach unveröffentlichten Messungen des Verfassers.

wenigerVersuche mitgeteilt hat, nicht direkt gemessen, sondern aus der pyrometrisch gemessenen schwarzen Temperatur (vgl. S. 111) nach der von Lummer angegebenen, nicht richtigen Behauptung von der Zunahme der Leuchtdichte mit der 8,5-ten Potenz der Temperatur berechnet wor-

den war, während nach unseren S. 114 f. behandelten Rechnungen in dem fraglichen Bereich die Beziehung

$$\text{Leuchtdichte } B = \text{const.} \cdot T_s^{5,4}$$

angewendet werden müßte. Die von Lummer und Gehlhoff angegebenen Steigerungen der Leuchtdichte mit dem Druck müssen also um ein mehrfaches zu hoch sein, und wir sind überzeugt, daß die von uns durch direkte Messung ermittelte Druckabhängigkeit der Leuchtdichte deren richtigen Verlauf zeigt. Übrigens ergibt eine vom Verfasser durchgeführte Umrechnung der alten von Lummer am Niederstrombogen durchgeführten Messungen mittels unserer richtigen Beziehung eine recht befriedigende Übereinstimmung mit den direkten Messungen Abb. 89.

Wir können nun umgekehrt mittels der richtigen $T^{5,4}$-Abhängigkeit aus unserer gemessenen Druckabhängigkeit der Leuchtdichte die *Druckabhängigkeit der Kratertemperatur* berechnen. Der Leuchtdichtezunahme um den Faktor 3,3 bei Steigerung des Drucks von 1 auf 10 Atm. entspricht eine Temperatursteigerung um den Faktor $(3,3)^{1/5,4} = 1,25$. Die Temperatur des Reinkohlekraters nimmt demnach bei Drucksteigerung von 1 auf 10 Atm. von 4000 auf 5000° K zu, die unseres gemessenen sehr schwach belasteten Beckbogens von 5600° auf 7000° K!

Wir erwähnten bereits, daß eine systematische Fortführung dieser Versuche nur mit der S. 141 zu besprechenden magnetischen Stabilisierung erfolgversprechend scheint. Auch dann aber stehen einer technischen Anwendung des Überdruck-Beckbogens die sehr dichten, aus Ruß und Ceritverbindungen bestehenden Bogendämpfe im Wege. Wir haben diese bei unsern Versuchen oberhalb des Bogens abgesaugt und den Kesseldruck durch Nachpumpen konstant gehalten. Für technische Anwendungen aber ist dieses Verfahren kaum brauchbar, obwohl an sich die

starke Leuchtdichtezunahme ohne Vergrößerung der elektrischen Bogenleistung und bei kaum vergrößertem Abbrand zur technischen Anwendung reizen muß.

3. Magnetische Eigenschaften und magnetische Beeinflussung des Hochstromkohlebogens.

Die systematische Untersuchung der magnetischen Eigenschaften
und Beeinflussungsmöglichkeiten des Hochstromkohlebogens ist erst in
den letzten Jahren begonnen worden und noch nicht zu einem befrie-
digenden Abschluß gekommen, obwohl durch geschicktes Probieren von
verschiedenen Seiten bereits gute technische Lösungen magnetischer
Bogenbeeinflussung gefunden worden sind. Während diese sich bisher
stets auf Gleichstrombögen bezogen, hat in jüngster Zeit Haury (43) im
Institut des Verfassers die magnetische Beeinflussung des Wechsel- und
Drehstrombogens weitgehend geklärt und seine Ergebnisse auch technisch angewendet.

Die gemeinsame Grundlage aller magnetischen Eigenschaften und
Beeinflussungsmöglichkeiten ist die Tatsache, daß die Bogensäule als
ganzes ebenso wie die einzelnen bewegten Teile (Ladungsträger oder ganze
Gebiete des Bogens wie der Anodendampfstrom) frei bewegliche Konvektionsströme darstellen und folglich durch ihr eigenes wie durch
fremde Magnetfelder abgelenkt und sonst beeinflußt werden können,
wobei die Ablenkung bekanntlich stets senkrecht zur Feldrichtung und
zur Bewegungsrichtung des oder der Ladungsträger erfolgt.

a) Die Wirkung des Eigenmagnetfelds des Bogenstroms.

Wie jeder elektrische Strom sind auch die stromführenden Teile
des elektrischen Lichtbogens von konzentrischen magnetischen Kraft-
linien umgeben, deren Wirkung wir zunächst betrachten. Bei Winkelstellung der Kohlen und dadurch gekrümmter Bogensäule (wir sprechen
zunächst von der unkontrahierten Säule unter 80 Amp.) ist an der
konkaven Seite des Bogens (vgl. Abb. 91) die Feldliniendichte größer als
an der konvexen. Die Folge ist eine von der konkaven zur konvexen
Seite gerichtete resultierende magnetische Kraft, die den Bogen gemäß
Abb. 91 nach oben abzulenken sucht. Diese magnetische Kraft kann mit
zunehmendem Bogenstrom so groß werden, daß z. B. ein Reinkohlebogen von über 40 Amp. ohne magnetische Stabilisierung in 100°-
Winkelstellung nicht mehr ruhig brennt, sondern ,,von seinen eigenen
Magnetfeld ausgeblasen wird". Bei etwas geringerer Stromstärke kann
der Lichtbogen erfahrungsgemäß bei einer bestimmten Krümmung
einigermaßen stabil brennen, und von dieser Form rührt ja überhaupt
die Bezeichnung ,,Bogen" her. Denn der magnetischen Auslenkung des
Bogens, die ja stets mit einer Vergrößerung der tatsächlichen Bogenlänge

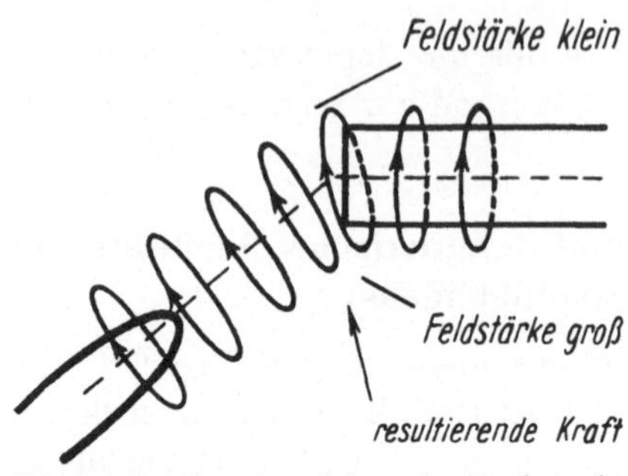

Abb. 91. Zur Veranschaulichung der Abenkung des in Winkelstellung brennenden Bogens durch sein Eigenmagnetfeld. Oben ist die nach hinten gerichtete, eine Kraft nach unten ergebende Feldstärke kleiner als unten die nach vorn gerichtete, so daß eine auf die Bogensäule wirkende, nach oben gerichtete Kraft resultiert.

verbunden ist, wirkt eine elektrische Kraft entgegen, die ihr bei nicht zu großer Stromstärke das Gleichgewicht halten kann. Der Bogen hat nämlich das Bestreben, bei kleinst-möglicher Spannung und damit kürzest-möglicher Länge zu brennen, weil dann die mittlere Temperatur und damit das mittlere Leitvermögen im Bogen am größten ist. Folglich wird an der Innenseite des gekrümmten Bogens die Stromdichte größer

sein als an der einer größeren Bogenlänge entsprechenden Außenseite. Die Folge hiervon ist eine Aufheizung an der Innenseite und eine Abkühlung an der Außenseite des ,,Bogens'', wodurch der Lichtbogen als ganzes nach innen verschoben, der magnetischen Auslenkung also entgegengewirkt wird.

Beim voll entwickelten Hochstrombogen mit kontrahierter Säule äußert sich die ablenkende magnetische Kraft in der eigentümlichen Krümmung beider Bogenflammen, d. h. der Anodenflamme und der kontrahierten Säule. Daß diese typische Form des in Winkelstellung brennenden Hochstrombogens (vgl. Abb. 1) nicht, wie man zunächst meinen könnte, durch den thermischen Auftrieb bedingt ist, folgt daraus, daß der als ,,Invertbogen'' umgekehrt (hängend) brennende Bogen im Großscheinwerfer nicht dem thermischen Auftrieb folgend nach oben, sondern der magnetischen Eigenkraft folgend nach unten durchgekrümmt ist. Der thermische Auftrieb der heißen Bogengase spielt gegenüber der Wirkung des Eigenmagnetfelds beim Hochstrombogen eine ganz untergeordnete Rolle, wie Höcker (45, 46) inzwischen auch theoretisch hat plausibel machen können. Im einzelnen kommt die z. B. aus Abb. 2 ersichtliche Krümmung der beiden Bogenflammen beim Hochstromkohlebogen in folgenderweise zustande: Die den Bogen gemäß Abb. 91 nach oben-außen treibende magnetische Kraft kann zwar im gesamten wirkenden Bereich als konstant angesehen werden. Die S. 154 noch zu behandelnde Steifheit der kontrahierten Säule dagegen nimmt vom negativen Fußpunkt nach dem anodenseitigen Ende der Säule hin ab, und das gleiche gilt für die auf der mechanischen Strömungsgeschwindigkeit (vgl. S. 166 f.) beruhende ,,Steifheit'' der Anodenflamme, die mit der abnehmenden Strömungsgeschwindigkeit zum Flammenende hin nachläßt. Während die Richtungen beider Flammen (der positiven wie der negativen) also anfangs mit den Richtungen der entsprechenden Kohlen übereinstimmen, werden beide Flammen in ihrem weiteren Verlauf durch das Eigenmagnetfeld immer mehr in Richtung der Winkel-halbierenden der Kohlen nach außen fortgedrückt, womit ihre typische Krümmung (vgl. Abb. 1 und 2) erklärt wäre. Höcker und der Verfasser (27) bezeichnen den Hochstrombogen mit aus diesem Grunde als „eigenfeldbestimmten" Bogentyp.

Beim rotationssymmetrischen Bogen mit koaxialer Kohlenstellung besteht an sich keine Unsymmetrie des Eigenmagnetfelds und damit keine Ursache einer Bogenkrümmung. Ist aber einmal eine Anfangs-krümmung vorhanden — und diese wird oft in geringem Maße durch den thermischen Auftrieb hervorgerufen —, so bewirkt das Magnetfeld wieder eine Vergrößerung der Auslenkung der Bogensäule und kann dann bei genügender Stromstärke den Bogen leicht „ausblasen". Es ist einleuch-tend, daß diese „Blaswirkung" des Eigenmagnetfelds um so stärker wirksam wird, je beweglicher die Bogensäule ist, und das heißt unter sonst gleichen Bedingungen: je größer die Bogenlänge ist. Das Eigenfeld ist daher entscheidend für die ganze Entwicklung des durch große Bogen-länge und daher große Bogenbeweglichkeit ausgezeichneten sog. Flam-menlichtbogens. Weiter wächst die „Blaswirkung" des Eigenmagnetfelds natürlich mit der Stromstärke. Bei den stromstärksten heute technisch verwendeten Beckbögen von etwa 1200 Amp. wird durch sie und die echte mechanische Blaswirkung des Anodendampfstrahls besonders bei 90°-Stellung der Kohlen die kontrahierte Säule so stark vom positiven Krater fortgedrückt, daß ein ruhiger Bogenbetrieb ohne stabilisierende Mittel nicht mehr möglich ist. Auf diese kommen wir gleich zu sprechen.

Außer dieser ablenkenden Wirkung hat das Eigenmagnetfeld des Bogens wie das jedes elektrischen Stroms noch eine kontrahierende Wirkung. Denken wir uns nämlich die Bogensäule aus lauter parallelen Stromfäden bestehend, so werden diese alle in der gleichen Richtung vom Strom durchflossen und ziehen sich daher an. Es steht noch nicht sicher fest, wie weit diese Wirkung an der bei etwa 85 Amp. einsetzenden Umbildung der normalen Bogensäule zur kontrahierten Hochstromsäule beteiligt ist (vgl. S. 151). Auch die S. 154 noch zu besprechende eigentüm-liche „Steifheit" der kontrahierten Säule, deren Richtung zunächst stets mit der der Negativkohle übereinstimmt, deutete der Verfasser (16) als Wirkung des Eigenmagnetfelds. Da jede zufällige Anfangskrümmung etwa am kathodischen Fußpunkt der Säule zu einer einseitigen Feld-stärkevergrößerung führt, die sich auszugleichen sucht, sucht die Bogen-säule solche Krümmungen zu vermeiden, und zwar um so mehr, je größer ihre Stromdichte an der betreffenden Stelle ist.

b) Die Wirkung eines unbewickelten „Blasmagneten".

Zur Verhinderung des im letzten Abschnitt beschriebenen „Aus-brechens" des Bogens infolge der Wirkung des Eigenmagnetfelds benutzt

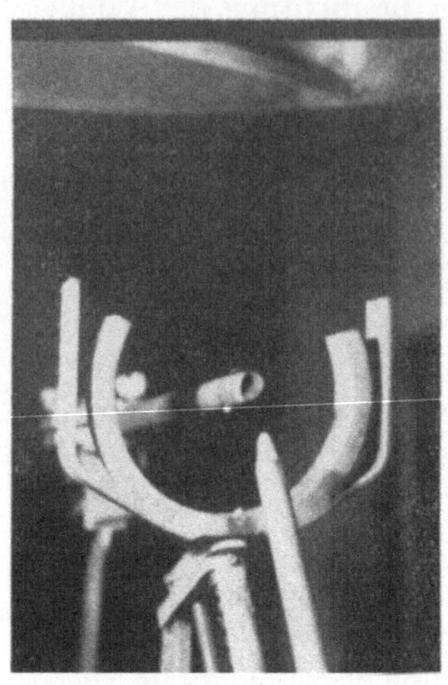

Abb. 92. Blasmagnet an einer einfachen Atelierbeleuchtungsbogenlampe von Körting und Mathiesen, Leipzig.

man in der Praxis (Kinolampen) seit langem sog. „Blasmagnete", die in ihrer meist verwendeten Form etwa gemäß Abb. 92 in einem die Positivkohle in der Nähe des Brennendes umfassenden hufeisenförmigen Stück Bandeisen bestehen. Die Wirkung eines solchen einfachen, unbewickelten Blasmagneten besteht erfahrungsgemäß darin, daß der Bogen, ohne nach oben auszubrechen, ruhig brennt. Beim Hochstrombogen (Beckbogen) wird gleichzeitig die ohne Blasmagneten gemäß Abb. 93a zunächst nach vorn herausschießende Anodenflamme zurückgebogen (vgl. Abb. 93b), bei geeigneter Anordnung und Größe des Hufeisens auch noch verkürzt. Allgemein gilt als Merkregel, *daß die Bogensäule durch den beschriebenen Blasmagneten zum Joch hin abgelenkt wird.*

Die Wirkung des Blasmagneten kann auf zwei verschiedenen Ursachen beruhen. Einerseits wird durch den Bogenstrom das ihn mehr als halbkreisförmig umschlingende Eisenband magnetisiert, so daß zwischen dessen jetzt zu Polen gewordenen Enden ein magnetisches Streufeld

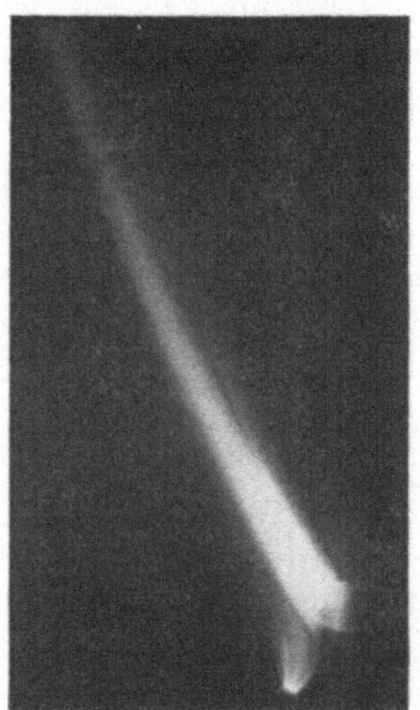

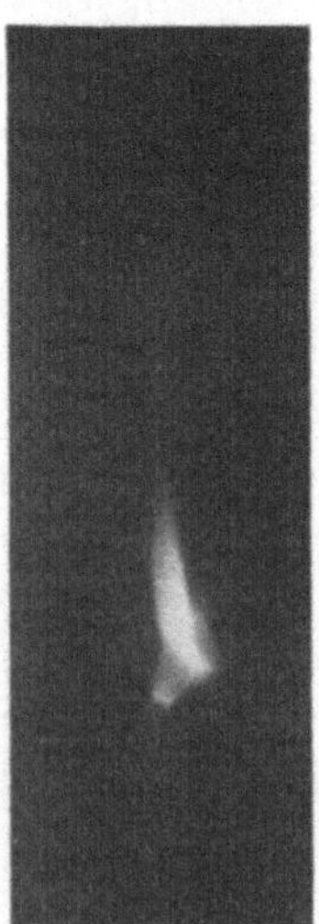

Abb. 93. Zur magnetischen Beeinflussung des 200 Amp.-Beckbogens mit 16 mm-Positivkohle. a: unbeeinflußt, b: mit Blasmagnet nach Abb. 92 beeinflußt, c: mit Elektromagneten gemäß Abb. 59 beeinflußt. Nach Hannappel (42).

entsteht, in dem die Bogensäule nach der Linkehandregel abgelenkt wird. Außerdem aber könnte von Bedeutung noch die damit zusammenhängende Wirkung sein, daß das den Bogen umschlingende Eisenband den Feldlinienverlauf besonders unterhalb des Bogens durch „Anziehen" aller benachbarten Feldlinien verändert und dadurch die zum Ausbrechen des Bogens führende Feldstärkevergrößerung unterhalb des Bogens vermindert. Eine befriedigende Deutung der Anodenflammenverkürzung fehlt bisher.

c) Die Wirkung eines äußeren magnetischen Querfeldes.

Die Wirkung äußerer magnetischer Querfelder (Feldlinien senkrecht zur Bogenachse stehend) ist von Hannappel (42) im Institut des Verfassers und unabhängig von Seeliger und Franzmeyer (91) in Greifswald untersucht worden, nachdem schon seit Jahren in der Technik Elektromagnete verschiedenster Ausführung mit wechselndem Erfolg zur Bogenbeeinflussung angewandt worden sind. Zur Erzeugung des Querfeldes dient ein fremderregter Hufeisenmagnet oder wegen der vielseitigen Regulier- und Einstellmöglichkeiten zwei Elektrostabmagnete, die mit entgegengesetzten Polen gemäß Abb. 95 etwas oberhalb der Horizontalebene der Positivkohle rechts und links seitlich angebracht werden. Übereinstimmend wurde festgestellt, daß der Bogen gegenüber äußeren Magnetfeldern außerordentlich empfindlich ist und schon geringe Veränderungen der Stellung oder der Erregungsstromstärke der Magnete

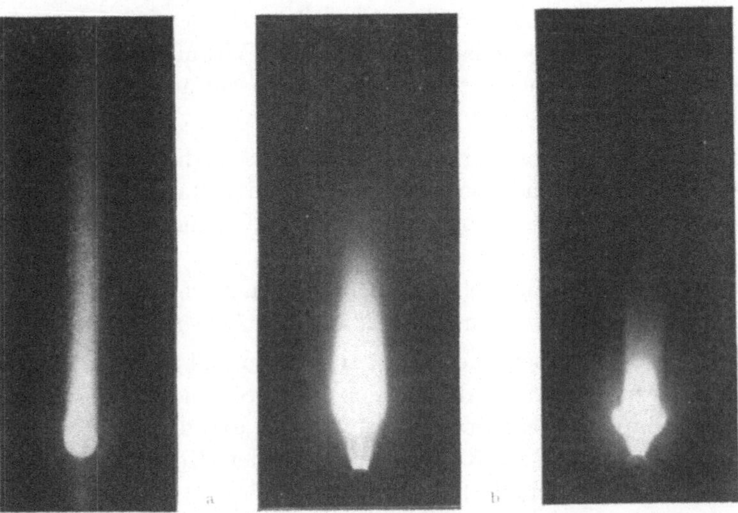

Abb. 94. Zur magnetischen Beeinflussung des 16 mm-200 Amp.-Beckbogens. Aufnahmen von vorn. a: unbeeinflußt, b: mit unbewickeltem Blasmagneten gemäß Abb. 92 beeinflußt, c: mit Elektromagneten gemäß Abb. 95 beeinflußt. Nach Hannappel (42).

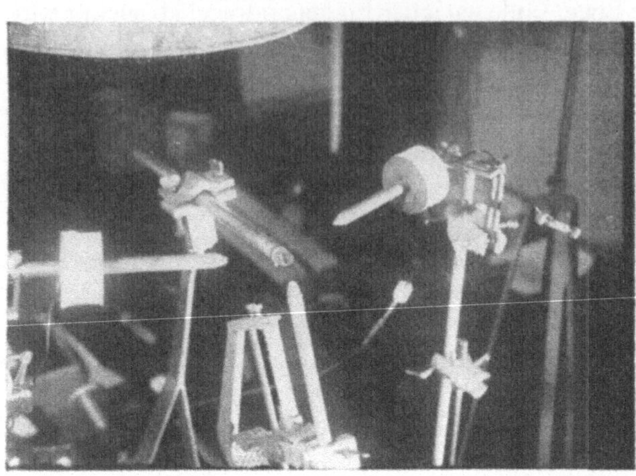

Abb. 95. Versuchsanordnung von Stabmagneten zur magnetischen Beeinflussung des Gleichstrom-Beckbogens nach Hannappel (42).

beträchtliche Veränderungen im Bogenbild hervorrufen. Zur Erzielung technisch reproduzierbarer Verhältnisse muß deshalb die Magnetform, die Magnetstellung und die Magneterregung genauestens festgelegt sein; man arbeitet ferner der besseren Regulierbarkeit wegen nicht mit den technisch bevorzugten Hauptschlußmagneten, sondern mit Nebenschlußmagneten mit Regulierwiderstand.

Die Theorie der Wirkung des Querfeldes ist noch nicht völlig klar, doch lassen sich die wesentlichen Züge schon einigermaßen übersehen. Durch das Eigenmagnetfeld wird der in Winkelstellung brennende Bogen in Richtung der Winkelhalbierenden der beiden Kohlen nach außen gedrückt, und diese Auslenkung wird noch unterstützt durch den mechanischen Impuls des infolge der gleichen Eigenfeldwirkung nach oben abgelenkten Anodendampfstrahls. Vier Wirkungen dieser Bogenauslenkung sind besonders störend und durch ein äußeres Querfeld zu beheben:

a) Bei großer Stromstärke ($J > 200$ Amp.) verhindert die mit der Stromstärke zunehmende Bogenauslenkung jeden stabilen Bogenbetrieb und führt zu einem extrem unruhigen, flackernden und u. U. abreißenden Bogen.

b) Die aus der Anodenrichtung nach oben, d. h. von der Negativkohle fort, abgelenkte Anodenflamme stört bei der Anwendung des Bogens.

c) Die Bogensäule setzt bevorzugt am oberen Teil der Positivkohle an und bewirkt zusammen mit der nach oben abströmenden Anodenflamme eine ungleichmäßige Kraterausleuchtung, bei der der untere und die beiden seitlichen Teile des Kraters gegenüber der Mitte und dem oberen Teil benachteiligt (dunkler) erscheinen.

d) Da der Bogenstrom über die ausgelenkte, gekrümmte Bogensäule und den stromführenden Teil der Anodenflamme auf einem gegenüber der direkten Verbindung der beiden Kohlenspitzen wesentlich verlängerten Weg die Anode erreicht, ist die Bogenspannung und damit die umgesetzte Bogenleistung höher als erforderlich.

Diese unerwünschten Wirkungen der durch das Eigenmagnetfeld und die Anodendampfstrahl-Blaswirkung bedingten Bogenauslenkung können durch ein äußeres magnetisches Querfeld kompensiert werden, dessen Richtung sich aus der Dreifingerregel ergibt, und dessen Stärke vorläufig empirisch ermittelt werden muß.

Es ist ohne weiteres einzusehen, daß ein solches, den Bogen in Richtung der Winkelhalbierenden der Kohlen nach innen drückendes Magnetfeld die Wirkungen (a), (c) und (d) kompensieren muß und einen auch bei höchsten Stromstärken und der technisch günstigen 90⁰-Stellung stabil brennenden Bogen, eine bessere und gleichmäßigere Kraterausleuchtung sowie eine Verminderung der Bogenspannung und damit der Bogenleistung ergeben muß und das, wie Hannappel nachgewiesen hat, auch tut. Schwerer zu verstehen ist die Wirkung des Magnetfeldes auf die Anodenflamme. Da deren anodenseitiger Teil als turbulente Säule an der Stromleitung beteiligt ist, unterliegt er der Beeinflussung durch das äußere Querfeld und wird nach unten abgelenkt, so daß die durch ihn bestimmte Richtung der ganzen Anodenflamme annähernd mit der der Positivkohle übereinstimmen sollte. Erfahrungsgemäß wird aber von der kontrahierten Bogensäule ein theoretisch noch nicht verständlicher Impuls (vgl. S. 154) übertragen, der den nicht stromführenden und daher elektrischen Kräften nicht und magnetischen (infolge der Ladungsträgerkonvektion) nur wenig unterliegenden äußeren Teil der Anodenflamme auf die Anode zurückdrückt, so daß eine starke Verkürzung der Anodenflamme bei gleichzeitiger Konzentration um den positiven Krater gemäß Abb. 94c und Abb. 96 bewirkt wird. Zieht man nun noch die Positivkohle gegenüber der üblichen Kohlenstellung (Bogen unter 100 Amp.!) gemäß Abb. 96 um mehrere mm zurück, so erhält man eine gegenüber dem unbeeinflußten Fall merklich vergrößerteDicke der strah-

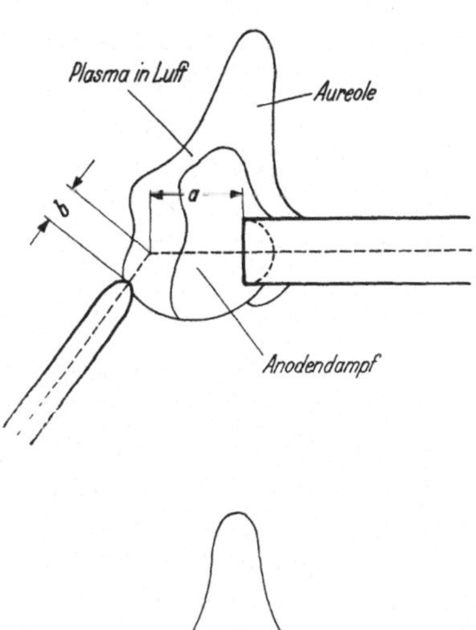

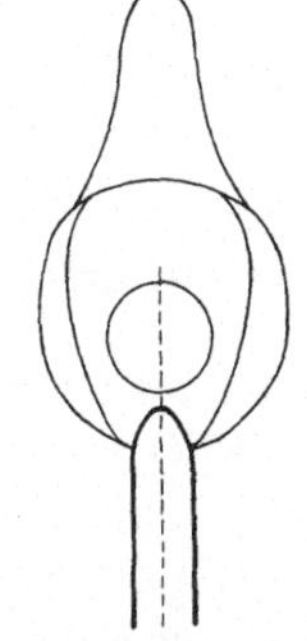

Abb. 96. Kohlenstellung und räumliche Verteilung der Leuchtdampfwolke vor der Anode beim magnetisch stabilisierten Gleichstrom-Beckbogen nach Hannappel (42).

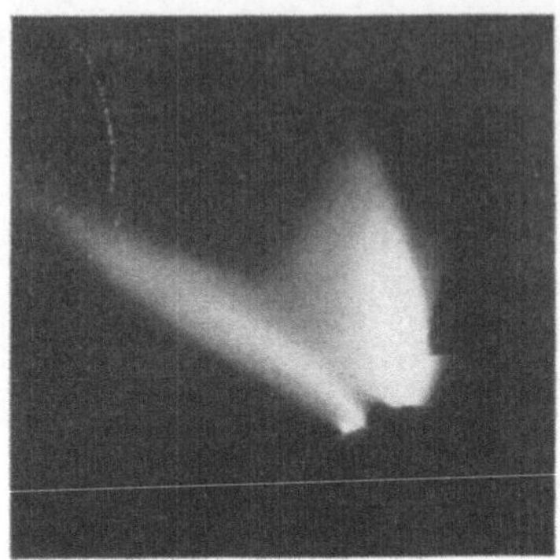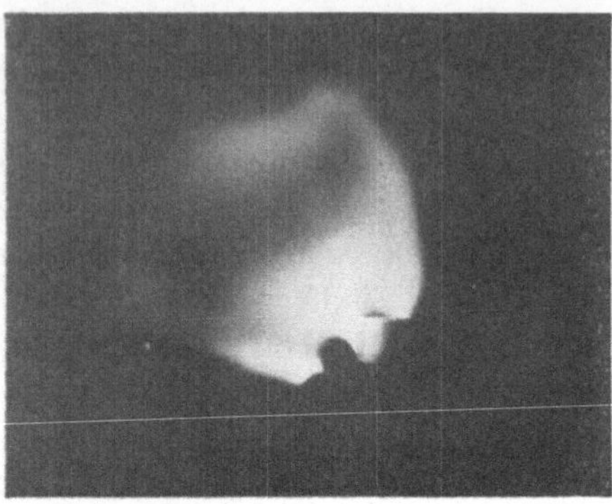

Abb. 97. Trennung der beiden „Flammen" des 11 mm-Beckbogens (120 Amp.) bei „falscher" Polung der Stabmagnete nach Hannappel (42).

lenden Dampfschicht vor dem positiven Krater und damit eine Steigerung der von vorn gemessenen Kraterleuchtdichte um 10—20%. Auch diese indirekten Wirkungen des Magnetfelds scheinen somit einigermaßen ver- · ständlich. Noch nicht so klar ist der letzte von Hannappel empirisch festgestellte Effekt des Querfeldes, nämlich die Verminderung des Abbrands, d. h. der für den Bogenmechanismus entscheidenden sekundlichen Verdampfung der Positivkohle um bis zu 40%. Wir möchten annehmen, daß sie damit zusammenhängt, daß die bei unbeeinflußtem Bogen nach oben abströmende Anodenflamme ja eine Kühlung des Kraters darstellt, die durch die Leuchtdampfkonzentration vor dem Krater (d. h. die geringere Abströmgeschwindigkeit) merklich vermindert wird, so daß der zur Kompensation der Abkühlung sich einstellende höhere Anodenfall und mit ihm die Anodenverdampfung entsprechend kleiner werden. Alle diese Fragen harren aber noch der sauberen theoretischen Untersuchung.

Wir erwähnen noch, daß man nach Hannappel bei „falscher", d.h. umgekehrter Polung des äußeren Querfeldes erwartungsgemäß Bogenbilder gemäß Abb. 97 erhält. Dieser Effekt kann wegen der weitgehenden Trennung der beiden Bogenflammen für die Untersuchung des Stromübergangs zwischen diesen und damit für das Verständnis des Flammenbogens Bedeutung gewinnen.

d) Die Wirkung eines magnetischen Längsfeldes.

Bei den bisher ausgeführten orientierenden Versuchen (42) war eine Wirkung eines magnetischen Längsfeldes auf die Bogensäule nicht mit Sicherheit feststellbar. Auch theoretisch ist bei homogenen Feldern üblicher Größe ein Einfluß nicht zu erwarten. Das Längsfeld wurde durch Anbringung eines Solenoids um die Negativkohle erzeugt, so daß die Säule sich in einem nach der Positivkohle zu inhomogener werdenden Längsfeld befand. Versuche mit einem die ganze Säule umgebenden

Solenoid ergaben ebenfalls kein auffallendes Ergebnis. Legte man das Solenoid um die Positivkohle, so ließ sich mit ihr eine Formung der Anodenflamme (sog. „Wagenradeffekt") erzielen.

Das Längsfeld des die Negativkohle umschließenden Solenoids hat aber nach Hannappels Versuchen eine gewisse stabilisierende und beruhigende Wirkung auf die kontrahierte Säule bzw. deren Einmündung in die Anodenflamme. Während hier ohne Magnetfeld der bereits erwähnte „Kampf der positiven und negativen Flamme tobt" und diese Bewegungen der Säule gegenüber dem Krater zu einer erheblichen Lichtunruhe, besonders bei hoch belasteter, stark verdampfender Positivkohle Anlaß geben, beobachtete Hannappel als Folge des achsialen Magnetfeldes eine räumlich festere, stabilere kontrahierte Säule und als deren Folge eine geringere Lichtunruhe. Nach Guillery (39) dagegen begünstigt bei höheren Stromstärken in theoretisch verständlicher Weise ein achsiales Magnetfeld das Einsetzen des störenden Wendelns der kontrahierten Säule (vgl. S. 17 und 194).

e) Die theoretischen Grundlagen der Stabilisierung des Drehstrombogens durch ein magnetisches Drehfeld.

Die Theorie und Praxis der Stabilisierung des Drehstrom- wie des Wechselstrom-Beckbogens wurde im Institut des Verfassers von Haury (43) geklärt.

In Abb. 98 sollen die Punkte A, B, C die Spitzen dreier Kohlen darstellen, an die die drei Phasen der Spannungsquelle angeschlossen sind. A, B und C sind dann unter sich durch Bogensäulen leitend verbunden, wobei der Strom in diesen drei Zweigen seiner Richtung und Stärke nach sich mit der Periode der Spannungsquelle ändert, und die drei Ströme gegeneinander je 120^0 Phasendifferenz besitzen.

Zum Verständnis der magnetischen Beeinflussung diesesDrehstrombogens ist es am einfachsten, die magnetische Wirkung der drei Einzelströme in AB, BC und CA auf den zentralen Punkt S zu betrachten und durch einen resultierenden magnetischen Vektor $\mathfrak{H}_s$ darzustellen. Konstruiert man diesen nach dem Biot-Savartschen Gesetz für die auf einander folgenden Zeitpunkte einer Drehstromperiode, so erkennt man geometrisch oder rechnerisch leicht, daß dieser vom Drehstrom selbst

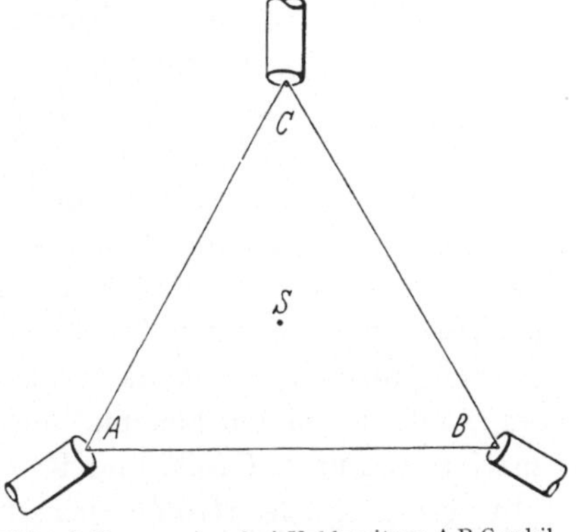

Abb. 98. Das von den drei Kohlespitzen A B C gebildete Dreieck des Drehstrombogens, zur Berechnung der magnetischen Wirkung der drei Bogenströme auf den Mittelpunkt S.

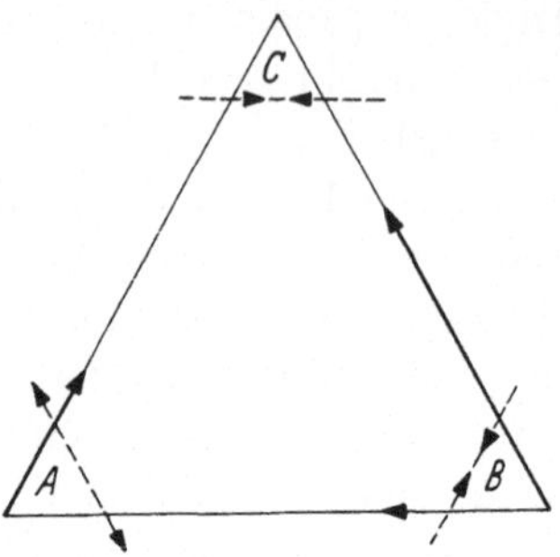

Abb. 99. Zur Theorie der „Flatterschwingung"des Drehstrombogens nach Haury (43).

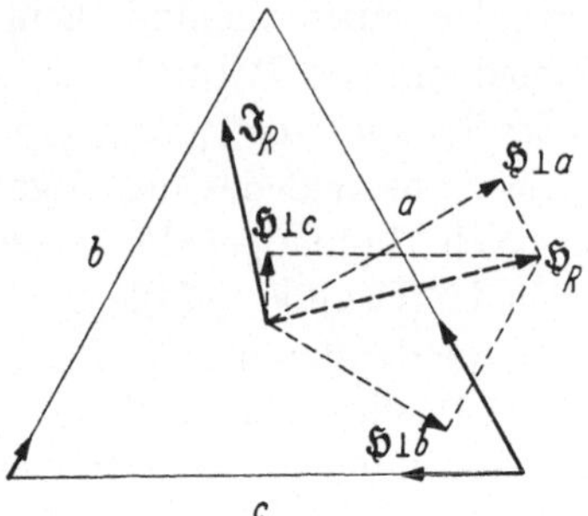

Abb. 100. Zur Theorie der magnetischen Stabilisierung des Drehstrombogens nach ʾHaury (43).

erzeugte resultierende Vektor $\mathfrak{H}_s$ seinem Betrag nach während der ganzen Periode konstant bleibt, seine Richtung aber dauernd ändert, d. h. sich mit der Frequenz der Spannungsquelle um S dreht. Diesen resultierenden Eigendrehfeldvektor können wir uns nun durch einen ebenfalls auf den Punkt S bezogenen resultierenden Stromvektor $\mathfrak{J}_R$ verursacht denken, der stets auf $\mathfrak{H}_s$ senkrecht steht und damit wie $\mathfrak{H}_s$ mit der Frequenz der Spannungsquelle rotiert. Für die Betrachtung der magnetischen Wirkung des Drehstroms ersetzt dieser resultierende Stromvektor $\mathfrak{J}_R$ also die schwer zu übersehende Wirkung der drei nach Richtung und Stärke sich dauernd ändernden Ströme in AB, BC und CA. Diese Konstruktion von $\mathfrak{J}_R$ und $\mathfrak{H}_s$ ist, wie hier nicht ausdrücklich bewiesen werden soll, unabhängig davon, ob die drei Kohlen in einer Ebene liegen, einen Winkel miteinander bilden, oder parallel stehen.

Die störende Wirkung des Eigenmagnetfelds beim Drehstrombogen besteht nun darin, daß bei gegeneinander geneigten Kohlen die zwischen A und B, B und C sowie C und A entstehenden Lichtbögen sich wie der in Winkelstellung brennende Gleichstrombogen aufzublähen suchen. Diese Wirkung des Eigenmagnetfelds auf jeden einzelnen der drei Bögen ist um so größer, je kleiner der Kohlewinkel ist, weil mit abnehmendem Kohlewinkel die Krümmung der Strombahn wachsen muß. Die Auslenkung ist ferner natürlich wieder der Stromstärke proportional.

Neben dieser grundsätzlich schon vom Gleichstrombogen her bekannten Eigenfeldwirkung muß nach Haury beim Drehstrombogen theoretisch noch eine nur für diesen typische gegenseitige Beeinflussung der drei Einzelbögen hinzukommen, die aus Abb. 99 verständlich wird. Hier sind für einen beliebig herausgegriffenen Augenblick die drei Einzelströme nach Größe und Richtung durch ihre Vektorpfeile dargestellt. Da parallele Ströme sich anziehen, antiparallele sich abstoßen, erkennt man, daß in dem dargestellten Augenblick die bei B und C sich treffenden beiden Ströme sich anziehen, die bei A dagegen wegen ihrer entgegengesetzten Richtung sich abstoßen. Verfolgt man diesen Effekt des Eigenmagnetfelds von Zeitpunkt zu Zeitpunkt, über eine Drehstromperiode, so erkennt man nach Haury, daß die Einzelbögen infolge abwechselnder gegenseitiger Anziehung und Abstoßung eine seitliche Flatterschwingung ausführen müssen, und zwar mit der doppelten Frequenz der Spannungsquelle. Die experimentelle Bestätigung dieser Theorie durch Zeitlupenaufnahmen ist durch die Zeitereignisse vereitelt worden.

Zur Kompensation des oben erwähnten Aufblasens der drei Einzelbögen durch das Eigenmagnetfeld (und die Blaswirkung der Anodendampfstrahlen) müssen die Bögen durch ein äußeres Magnetfeld in die Ebene der drei Krater zurückgedrückt werden. Dieses Zurückdrücken kann erreicht werden durch ein äußeres magnetisches Drehfeld, dessen resultierender Vektor $\mathfrak{H}_R$ in der Tangentialebene der drei gekrümmten Einzelbögen stets auf dem resultierenden Stromvektor $\mathfrak{J}_R$ senkrecht steht. Abb. 100 zeigt an einem wieder für einen beliebigen Zeitpunkt dargestellten Beispiel, daß durch ein zu $\mathfrak{J}_R$ senkrechtes $\mathfrak{H}_R$ tatsächlich nach der Dreifingerregel jeder der drei Einzelbögen zurückgedrückt wird, und daß die dieses bewirkende Komponente von $\mathfrak{H}_R$ stets dem Momentanwert des betreffenden Einzelstroms proportional ist. Hierzu ist in Abb. 100 der resultierende Stromvektor (beliebig angenommener Größe!) aus den drei Einzelströmen konstruiert und ein zu ihm senkrechter resultierender Magnetvektor $\mathfrak{H}_R$ gezeichnet worden. Die Komponenten von $\mathfrak{H}_R$ senkrecht zu den drei Einzelbögen AB, BC und CA haben nun gerade die Richtung, daß sie nach der Dreifingerregel den betreffenden Einzelbogen zurückdrücken, und gleichzeitig eine dem betreffenden Einzelstrom proportionale Größe. Durch Zeichnung ähnlicher Abbildungen für die verschiedenen Zeitpunkte einer Periode überzeugt man sich, daß diese gewünschte Wirkung in jedem Augenblick vorhanden ist, wenn der resultierende Vektor $\mathfrak{H}_R$ des äußeren Magnetfelds stets senkrecht steht zu dem resultierenden Drehstromvektor $\mathfrak{J}_R$.

f) Ausführung und Ergebnis der Stabilisierung des Drehstrombogens.

Zur experimentellen Verwirklichung des zur Stabilisierung erforderlichen magnetischen Drehfeldes $\mathfrak{H}_R$ verwendet Haury einen ringförmigen Eisenkern, auf den drei Spulen gewickelt sind, deren jede 120^0 des Ringumfangs einnimmt. Werden diese drei Spulen im Stern oder Dreieck zusammengeschaltet und vom Drehstrom durchflossen, so entsteht im Mittelpunkt S des Ringes das gewünschte magnetische Drehfeld $\mathfrak{H}_R$. Abb. 101 zeigt die verwendete Anordnung. Der Ringmagnet ist so um die parallel stehenden drei 14 mm-Nurdocht-Beckkohlen angeordnet, daß diese senkrecht zur Ebene des Rings stehen. Die erforderliche Senkrechtstellung des magnetischen Vektors $\mathfrak{H}_R$ zum resultierenden Stromvektor

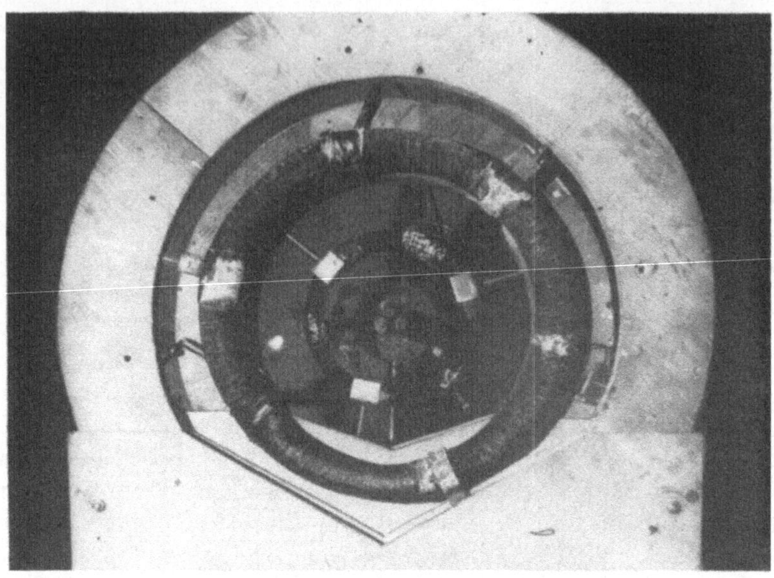

Abb. 101. Versuchsanordnung von Haury (43) mit Ringmagneten zur magnetischen Stabilisierung des Drehstrombogens. In der Mitte die Stirnflächen der drei parallelen Beckkohlen, außen zwei Ringmagnete in Holz-Halterung.

$\mathfrak{I}_R$ konnte wegen der schwer mit Sicherheit vorauszubestimmenden Phasenlage zwischen Bogenstrom und Magnetisierungsstrom (Phasenverschiebung z. B. durch die Induktivität des Ringmagneten) nur empirisch vorgenommen werden, wozu der Ring drehbar montiert war. Bei richtig stehendem Ringmagneten ($\mathfrak{H}_R \perp \mathfrak{I}_R$) wird der gesamte Drehstrombogen erwartungsgemäß an die Kohlen herangedrückt und brennt sehr ruhig und ohne auffallendes Flackern. Abb. 102 zeigt den Bogen ohne magnetische Beeinflussung bei einer Stromstärke von 50 Amp. und einer Bogenbrennspannung von 80 Volt. Nach Einschalten des Magneten ergibt sich das Bild Abb. 103; dabei steigt die Stromstärke auf 75 Amp. bei gleichzeitigem Absinken der Bogenspannung von 80 auf 35 Volt! Dieser Größenänderung der elektrischen Werte entspricht die bedeutende sichtbare Änderung der Brennform des Bogens. Die gewaltige Leuchtdichtesteigerung konnte nicht mehr gemessen werden, da die Versuche aus äußeren Gründen abgebrochen werden mußten.

Durch ein zu starkes Magnetfeld kann der Bogen leicht so stark zurückgedrückt werden, daß er nicht knapp vor, sondern innen zwischen den Kohlen brennt. Dieses „innere Brennen" kann auch durch einen Tropfen der abschmelzenden Verkupferung der Kohlen über einen momentanen Kurzschluß eingeleitet werden. Zur Vermeidung dieser Störung wurde hinter dem großen Ringmagneten ein zweiter kleinerer,

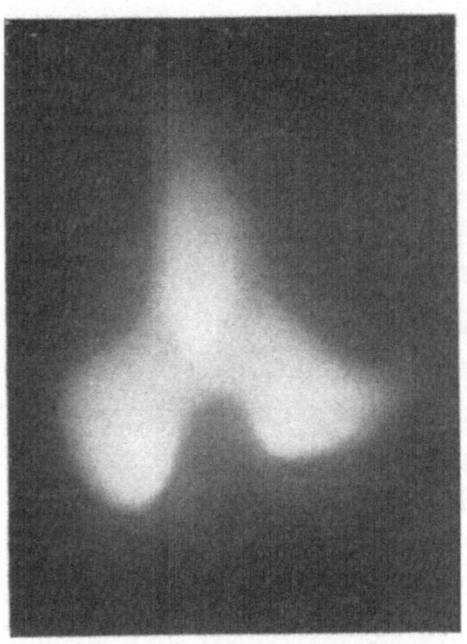

Abb. 102. Drehstrombeckbogen ohne magnetische Stabilisierung bei 50 Amp. und 80 Volt nach Haury (43).

Abb. 103. Der in Abb. 102 aufgenommene Drehstrom-Beckbogen nach Einschalten der magnetischen Stabilisierung(Brenndaten dadurch verändert auf 35 Volt, 75 Amp bei erheblich vergrößerter Leuchtdichte) nach Haury (43).

ebenfalls auf Abb. 101 erkennbarer angebracht, der so gepolt war, daß er die entgegengesetzte Wirkung hatte wie der große. Der Bogen war dann durch die beiden Magnetfelder richtig eingegrenzt und voll stabilisiert. Ließ man den Bogen dagegen nur mit dem kleinen Ringmagneten brennen, oder drehte man den Ring des Hauptmagneten so, daß dieser dieselbe „falsche" Wirkung hatte, so konnte man den Bogen momentan ausblasen. Abb. 104 zeigt den Augenblick gleich nach dem Einschalten dieser Beeinflussung. Die Stromstärke ist auf 35 Amp. gesunken, die Bogenspannung auf 90—100 Volt gestiegen. Gleich darauf erlischt der Bogen.

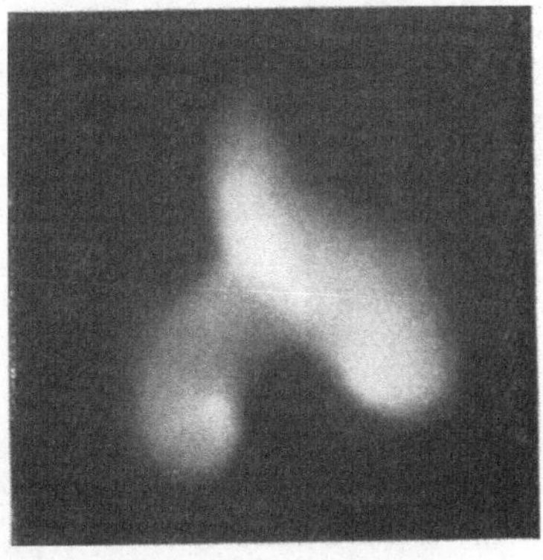

Abb. 104. Aufnahme kurz vor dem „Ausblasen" des Drehstrom-Beckbogens durch „falsche" Magneteinstellung, nach Haury (43).

g) Die magnetische Stabilisierung des Wechselstrombogens.

Das gleiche magnetische Drehfeld kann nach Haury (43) auch zur Stabilisierung des Wechselstrombogens dienen. Bei stroboskopischer Beobachtung erkennt man nämlich sehr schön, daß der Wechselstrombogen während einer Periode gemäß Abb. 105 zwischen den Formen a und b hin und her pendelt, da er zur Zeit des Strommaximums infolge der Ab-

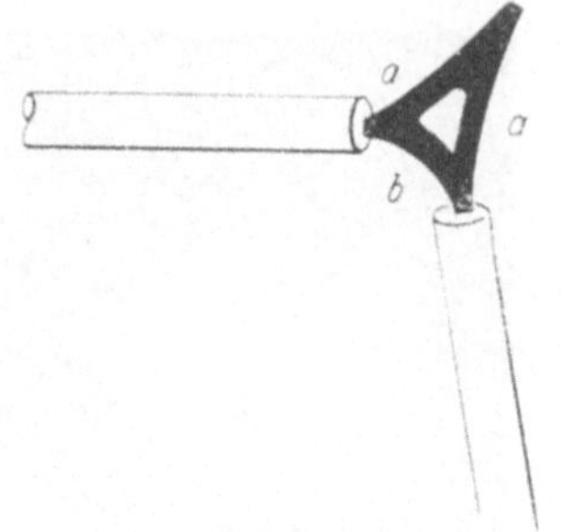

Abb. 105. Schematische Darstellung der beiden extremen Formen (a und b), zwischen denen ein Wechselstrombogen infolge der Wirkung seines Eigenmagnetfelds während jeder Periode hin und her pendelt. Nach Haury (43).

lenkung durch das starke Eigenfeld viel weiter von den Kohlen fortgeblasen wird als zur Zeit des Stromminimums. Eine Verhinderung dieser auch energetisch ungünstigen Bogenbewegungen erfordert eine fremdmagnetische Kraft, deren Größe der jeweiligen Stromstärke proportional ist, d. h. groß im Fall a und klein im Fall b. Diese Bedingung erfüllt nach Haury der erwähnte Ringmagnet, wenn er so montiert wird, daß seine Ebene senkrecht zur Winkelhalbierenden der beiden Koh-

len steht und der Bogen aus dem Mittelpunkt des Ringes herausbrennt. Bei einer ganz bestimmten Ringstellung ergibt sich dann die ideale Bogenbeeinflussung. Abb. 106 zeigt den unbeeinflußten Bogen von der Seite, Abb. 107 die günstigste Bogenstabilisierung. Bei zu großer Erregerstromstärke wird der Bogen nach hinten durchgeblasen.

Die Erklärung dieser Stabilisierung folgt, wie beim Drehstrombogen aus der Betrachtung von Stromvektor und Magnetfeldvektor. Bei richtiger Ringstellung steht nach Abb. 108 der Vektor des magnetischen Drehfeldes $\mathfrak{H}_R$ im Zeitpunkt des Bogenstrommaximums so auf dem Stromvektor senkrecht, daß der Bogen in der gewünschten Weise abgelenkt wird. Jeweils $1/_{12}$ Periode später ist die Bogenstromstärke auf die in Abb. 108 angegebenen Werte gesunken; gleichzeitig aber hat sich der

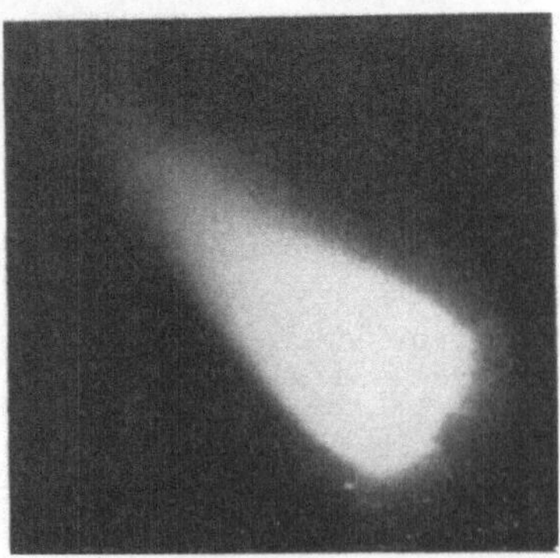

Abb. 106. Magnetisch unbeeinflußter Wechselstrom-Beckbogen (RW Sola Effekt 134,8 mm , ... Amp. ... Volt) nach Haury (43).

Abb. 107. Stabilisierung des in Abb. 106 aufgenommenen Wechselstrom-Beckbogens mit einem Ringmagneten nach Haury (43).

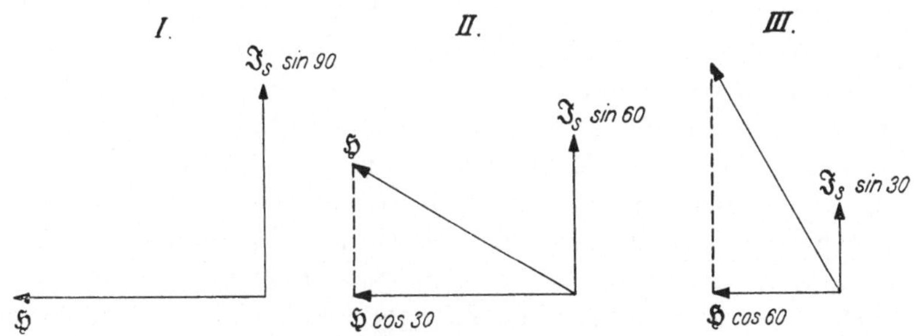

Abb. 108. Zur Theorie der magnetischen Stabilisierung des Wechselstrombogens mit dem Ringmagneten (vgl. Abb. 101) nach Haury (43).

Vektor des magnetischen Drehfeldes so weit gedreht, daß seine ablenkende, d. h. auf dem Bogenstrom senkrecht stehende Komponente
um den gleichen Prozentsatz abgenommen hat wie die Bogenstromstärke. Es wird also in jeder Stromphase eine ideale Stabilisierung erreicht. Diese Stabilisierung wird, wie Haury zeigte, noch weiter dadurch
verbessert, daß das stabilisierende Drehfeld bei richtiger Ringstellung
auch eine *seitliche* Ablenkung des Bogens zu verhindern sucht. In Übereinstimmung mit Haurys Theorie tritt dagegen bei falscher Ringstellung
(magnetischer Vektor im Strommaximum nicht senkrecht auf dem
Stromvektor stehend) eine seitliche Ablenkung der Bogenflammen aus
der Ebene der Kohlen heraus auf. Die bei dieser Stabilisierung des
Wechselstrom-Beckbogens mit dem Auge wahrnehmbare starke Leucht-
dichtevergrößerung konnte wegen des Abbruchs der Versuche ebenfalls
nicht mehr gemessen werden.

4. Die Eigenschaften der kontrahierten Hochstromsäule.

a) Säulenumbildung und Säulensteifheit.

Wir wissen bereits, daß die bei Stromstärken unter 80 Amp. räumlich
weit ausgedehnte Niederstromsäule, die die Verbindung von der negativen Spitze zum positiven Krater hin bildet, sich bei höheren Stromstärken zu einem engen Entladungsschlauch mit ausgedehnter Aureole
umzubilden beginnt. Zunächst deutet sich oberhalb 80 Amp. gemäß
Abb. 5 ein photographisch dunkler erscheinender Kern an, bis bei Stromstärken über 130 Amp. die Bogensäule gemäß Abb. 1 und 2 aus einem
weißlich-rosa gefärbten Kern und einer je nach dem umgebenden Gas
verschieden gefärbten schlauchartigen Hülle besteht. Zwischen Kern
und Hülle liegt ein deutlicher Dunkelraum. Diese kontrahierte Säule,
die ihres Aussehens wegen von den Lichtbogentechnikern allgemein
„negative Flamme" genannt wird, setzt an der Spitze der Negativkohle
mit dem S. 18 und 131 bereits behandelten Kathodenbrennfleck äußerst

konzentriert an; sie mündet bei richtiger Kohlenstellung dicht vor dem positiven Krater in die Anodenflamme des Hochstrombogens ein. Die Einzelheiten dieses Einmündens wurden S. 16 besprochen. Es scheint uns nach neueren Beobachtungen nicht unmöglich, daß die Umbildung nicht in einer eigentlichen Zusammenziehung der Säule besteht, sondern daß diese sich oberhalb 80 Amp. mit zunehmender Stromstärke nur *nicht* mehr ausdehnt, sondern statt dessen ihre Temperatur und damit Farbe ändert. In der Gegend oberhalb 900—1000 Amp. scheint nach Beobachtungen von Guillery und Zill (39) eine nochmalige Umbildung der Säule stattzufinden, bei der in der Achse der kontrahierten Säule ein feiner hellerer bläulich-weißer Faden sichtbar wird. Abb. 122 zeigt diese „überkontrahierte" Säule nach einer Aufnahme der Brüder Beck (5).

Es sei nochmals betont, daß die Umbildung der Säule oberhalb 100 Amp. unabhängig von den Vorgängen an der Anode stets erfolgt und daher gemäß Abb. 8 besonders gut zu beobachten ist, wenn man eine Positivkohle von so großem Durchmesser verwendet, daß an ihr noch keine Verdampfungserscheinungen zu beobachten sind. Auch beim Schweißlichtbogen hoher Stromstärke, bei dem das Werkstück wie üblich positiv gepolt ist, kann man diese Säulenkontraktion gut beobachten. Während an der Kathode dabei, wie S. 131 erwähnt, Stromdichten zwischen 500 und 5000 Amp./cm^2 auftreten, liegt die Stromdichte der kontrahierten Säule bei 2000—3000 Amp./cm^2, wenn man annimmt, daß der gesamte Strom im Säulenkern fließt. Das ist aber, wie wir gleich sehen werden, praktisch sicher.

Eine weitere, dem Schweißtechniker wie dem Starkstromtechniker von den Lichtbögen an Hochspannungsisolatoren her bekannte Erscheinung ist die auffällige „Steifheit" der kontrahierten Säule, die bewirkt, daß diese unabhängig von der Stellung der Positivkohle sich stets in Richtung der Verlängerung der Negativkohle einzustellen sucht. Diese Steifheit ist am größten am Kathodenansatz, wo auch die Stromdichte am größten ist; sie ist relativ klein im Gebiet der geringsten Stromdichte nahe der Einmündung in den positiven Krater bzw. in die Anodenflamme.

b) Potentialverlauf, Spektrum und Temperatur der Hochstromsäule.

Der Potentialverlauf zwischen Kathode und Anodenflamme ist bisher nur sehr roh bekannt, da Sondenmessungen der üblichen Art sehr starke Eingriffe in die Entladung darstellen, bei denen diese stets erlischt. Diese Unsicherheit betrifft auch den Kathodenfall, von dem man nur weiß, daß er zwischen 10 und 14 Volt liegen muß. Der Gradient der kontrahierten Säule kann aber grob durch Brennspannungsmessungen

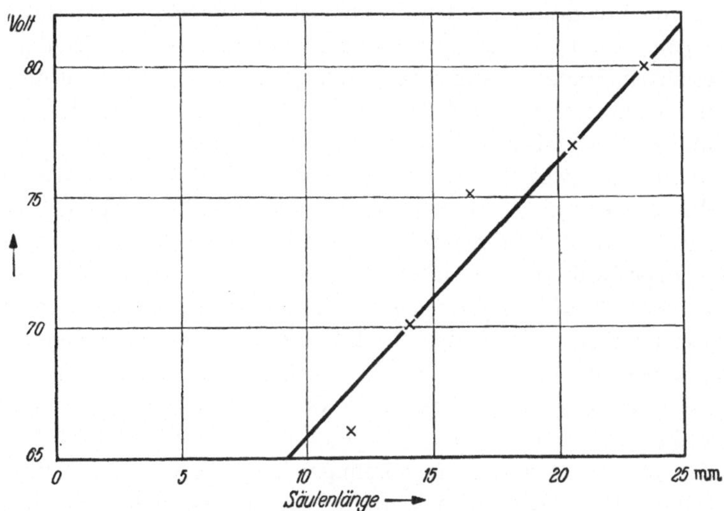

Abb. 109. Abhängigkeit der Bogenbrennspannung von der Länge der kontrahierten Bogensäule, gemessen am 200 Amp.-Beckbogen. Aus der Neigung der Geraden folgt eine mittl ere Säulenfeldstärke v on 10 Volt/cm. Unveröffentlichte Messung des Verfassers.

bei Variation der Säulenlänge ermittelt werden und liegt nach Messungen des Verfassers (vgl. Abb. 109) im Mittel über die ganze Säulenlänge genommen bei 10 Volt/cm. Im älteren Schrifttum wird gelegentlich behauptet, daß an der Berührungsstelle zwischen kontrahierter Säule und Anodenflamme auch ein Potentialsprung läge, doch sind Messungen nicht bekannt geworden. Eine exakte Untersuchung der Potentialverhältnisse der Bogensäule einschließlich des Kathodenfalls wäre sehr wünschenswert.

Genaueren Aufschluß über die physikalischen Verhältnisse im Kern wie im Mantel der kontrahierten Säule gibt die Untersuchung der Verteilung der spektralen Emission über den Querschnitt der Säule (vgl. Abb. 73 und S. 102) sowie die von Schluge (87) gemessene Verteilung der schwarzen Temperatur T_s über den Säulenradius, die Abb. 82 zeigt. Hier prägen sich die auch dem Auge bemerkbaren, verschiedenen, durch Dunkelräume getrennten Hüllen der Säule als Maxima und Minima der schwarzen Temperatur sehr deutlich aus. Die wahre Temperatur der kontrahierten Säule kann vorläufig nur theoretisch berechnet werden, worauf wir S. 192 eingehen. Die Achsentemperatur einer 200 Amp.-Hochstromsäule liegt danach bei 11 000° K[1]). Der Schluß, daß praktisch

---

[1]) Frühere von uns berechnete, wesentlich höhere Werte folgten aus einer Theorie von Mannkopff (ZS. Physik **120**, 1943, 228), die wegen Vernachlässigung der Wärmeleitung der freien Elektronen für die Hochstromsäule nicht mehr gültig ist.

der gesamte Stromfluß in dem hoch ionisierten Säulenkern höchster Temperatur erfolgt, ist auch mit neueren Experimenten von Rohloff (79) in Übereinstimmung. Dieser hat gezeigt, daß jede Verhinderung des Stromflusses in der Säulenachse unweigerlich zum Abreißen des Bogens führt, und schließt daraus auf die Richtigkeit unserer obigen Behauptung, die auch durch die weiter unten behandelte Säulentheorie bestätigt wird. Rohloff hat weiter die theoretisch noch unverständliche, von der Hochstromsäule in Richtung des positiven Kraters ausgeübte Kraft mit zwei verschiedenen Methoden zu einigen hundert Dyn gemessen. Der daraus gezogene Schluß auf eine *gerichtete* Elektronengeschwindigkeit von rund 10^8 cm/sec ist aber, worauf auch Rohloff selbst hinweist, mit den aus der Gasdichte berechneten freien Weglängen der Elektronen völlig unvereinbar. Alle derartigen Versuche über die kontrahierte Säule besitzen aber größtes Interesse, gerade weil hier in der Hochstromsäule noch grundsätzlich ungeklärte Erscheinungen vorliegen. Wir erwähnen schließlich noch als Grundlage späterer Rechnungen, daß nach Schluges Messungen die gesamte Ausstrahlung der 200 Amp.-Säule je cm Säulenlänge in dem von einer Quarzlinse erfaßten Gebiet nur 60 Watt, d. h. 3 % der umgesetzten elektrischen Leistung beträgt.

Leider beziehen sich alle bisher vorliegenden eingehenderen Untersuchungen nur auf Hochstromsäulen bis zu etwa 250 Amp., und selbst oberflächliche Untersuchungen enden bei 500 Amp., während die Säule im Bereich der höchsten uns heute zugänglichen Stromstärken von etwa 2000 Amp. noch kaum studiert worden ist. Mit Rücksicht auf die schon erwähnte Beobachtung, daß oberhalb 900 Amp. im Kern der Säule jedenfalls gelegentlich der auf Abb. 122 erkennbare hellere bläulich-weiße Kern erscheint, verdienten Untersuchungen bei höchsten Stromstärken ein besonderes Interesse.

c) Die Deutung der kontrahierten Säule und ihrer Steifheit.

Auf die Theorie der kontrahierten Hochstromsäule, die auch deren allgemeine von der Niederstromsäule abweichende Eigenschaften verständlich machen wird, können wir erst S. 191 eingehen. Die auffallende Erscheinung der Steifheit der Bogensäule bei höheren Stromstärken dagegen wurde 1940 vom Verfasser (16) und unabhängig zwei Jahre später für den Fall der Lichtbogenüberschläge an Starkstromisolatoren von Obenaus[1] auf die Wirkung des Eigenmagnetfelds des Bogenstroms zurückgeführt. Sie ist S. 16 und 138 bereits behandelt worden. Da jede Krümmung der Säule an der Innenseite eine Verdichtung der Feldlinien und damit eine Vergrößerung der Feldstärke bewirkt, suchen die der Feldstärkedifferenz an der Innen- und Außenseite der Krümmung ent-

---

[1] ETZ **63**, 1942, 467.

sprechenden Kräfte die sie verursachende Krümmung wieder zu beseitigen. Daß die dadurch bewirkte Steifheit der Bogensäule am Kathodenansatz besonders groß ist, liegt an der dort besonders großen Stromdichte, die an dieser Stelle auch ein Maximum der magnetischen Eigenfeldstärke ergibt.

Der Verfasser glaubte ursprünglich auch die Säulenumbildung auf eine magnetische Wirkung, die S. 139 bereits erwähnte magnetische Anziehung zwischen den parallelen Stromfäden der Säule, zurückführen zu können, doch hat die inzwischen von Höcker und dem Verfasser (46) durchgeführte Theorie der Hochstromsäule ergeben, daß der magnetische Beitrag zur Umbildung der Niederstromsäule in die kontrahierte Hochstromsäule offenbar weniger bedeutend ist, als wir zunächst glaubten. S. 191 kommen wir auf die Theorie der Säule zurück.

5. Chemische Eigenschaften des Hochstromkohlebogens.

Zum vollständigen Verständnis und zur Beherrschung der Vorgänge des Hochstromkohlebogens ist auch die Kenntnis der in seinen verschiedenen Gebieten und in den Kohlen ablaufenden chemischen Prozesse erforderlich. Leider ist über diese noch recht wenig bekannt, obwohl schon die Tatsache des verschiedenen Einflusses verschiedener Verbindungen des gleichen Metalls im Docht auf die Strahlung etwa des Beckbogens zeigt, daß die chemischen Vorgänge direkt oder indirekt (letzteres ist wahrscheinlicher!) auch für die Bogentechnik nicht unwichtig sind.

a) Chemische Vorgänge im Homogenkohle-Hochstrombogen.
Relativ einfach liegen die Verhältnisse noch beim Homogenkohle-Hochstrombogen, weil bei diesem im wesentlichen Kohlenstoff verdampft. Erfahrungsgemäß wird dieser innerhalb der Anodenflamme nicht, oder nach Ausweis der Pilzbildungsversuche (S. 129) jedenfalls nicht vollständig verbrannt, was wohl daran liegt, daß die genügende Menge Sauerstoff nicht von außen in den Anodendampfstrahl hineindiffundieren kann. Die Verbrennung findet also normalerweise an der Außenfläche der Anodenflamme statt, und sie *muß* dort stattfinden, weil der normal belastete Hochstromkohlebogen ja nicht rußt. Einsatzpunkt und Ausmaß des Rußens des Homogenkohle-Hochstrombogens sind noch nicht im einzelnen untersucht worden, obwohl die Tatsache interessant scheint, daß der Bogen immer sehr plötzlich zu rußen beginnt. Bei der Besprechung des Homogenkohlebogens muß aber der nur teilweise der Chemie zuzurechnende merkwürdige Effekt erwähnt werden, daß nach Abb. 71 die Anodenflamme mit größter Intensität die C_2-Spektren emittiert,

obwohl bei der Temperatur von mindestens 6000°K Kohlenstoffmoleküle nicht mehr existieren dürften, sondern quantitativ in C-Atome zerfallen sein sollten. Die Ursache für diesen Effekt ist noch nicht bekannt.

b) Die chemischen Vorgänge im Beckbogen.

Beim Beckbogen liegen die chemischen Verhältnisse recht kompliziert. Daß das verdampfende CeF_3 thermisch dissoziiert, zum Teil aber auch mit dem Kohlenstoff Cerkarbid CeC_2 bildet, ist wohl sicher. Jedenfalls haben wir in der Anodenflamme dicht vor dem positiven Krater eine sehr weitgehende Dissoziation aller Moleküle. Daß dabei Fluor frei wird und auch in den Abdämpfen des Beckbogens noch (wenn auch in geringer Konzentration) vorhanden ist, ist experimentell sichergestellt und beweist die Notwendigkeit guter Entlüftung der Brennstände oder der Absaugung direkt über dem Bogen. Nach der noch zu behandelnden Theorie von Steenbeck (S. 175) könnten die freien Fluoratome eine recht wichtige Rolle im Anodenfallgebiet spielen.

Über die angeblich im bzw. vor dem positiven Krater des Beckbogens verlaufenden chemischen Umsetzungen hat Bassett (4) schon vor über 20 Jahren Angaben gemacht. Insbesondere soll sich bei ,,normalem" Abströmen des Anodendampfstrahls unter langsamer Abkühlung und gleichzeitiger Reaktion mit dem Luftsauerstoff wieder CeF_3 und außerdem CO_2 bilden, und ersteres kann tatsächlich als weißer Rauch in den Abdämpfen des Bogens nachgewiesen werden. Es soll nach Bassett aber auch die Reaktion

$$Ce\,C_2 + O_2 = CeO_2 + C_2$$

möglich und für das Rußen verantwortlich sein, das erfahrungsgemäß entsteht, sobald infolge falscher Kohlenstellung, zu geringer Bogenlänge oder zu starker Strombelastung der Anodenmaterialdampf nicht normal abströmen kann, sondern seitlich abgedrängt und unter intensiver Durchmischung mit der kalten Luft plötzlich abgekühlt, besser abgeschreckt wird. Es ist sehr möglich, aber noch keineswegs erwiesen, daß diese Reaktionen tatsächlich in der von Bassett angenommenen Weise ablaufen. Erst quantitative Berechnungen der Gleichgewichte unter Zugrundelegung der jetzt einigermaßen gut bekannten Temperaturen, sowie gasanalytische Untersuchungen, nicht zuletzt auch der Betrieb des Bogens in verschiedenen Gasen (vgl. S. 132), können den wünschenswerten sicheren Aufschluß geben.

Daß sich im Beckbogen Cerkarbid CeC_2 bildet, ist experimentell dadurch gesichert, daß bei geringer Bogenbelastung und zu geringer Bogenlänge sich auf der Spitze der Negativkohle ein bräunlicher Niederschlag (im Glühzustand in Form eines Tropfens) bildet, der sich bei der Untersuchung als Cerkarbid erweist und besonders stark bei CeO_2-Zusatz zum Docht auftritt. Im praktischen Betrieb stört diese Karbidbildung, wie S. 128 bereits im einzelnen dargelegt, erheblich. Mit wachsender Bogenbelastung nimmt die Karbidbildung an der Negativkohle rasch ab; im Kinoprojektionsbetrieb sucht man sie ferner dadurch zu vermeiden, daß man dem Docht der Negativkohle gewisse Salze zusetzt, die die Karbidbildung unterdrücken. Fluoride haben sich hier bewährt. Im positiven Krater schwach belasteter Ceroxydkohlen kann die Karbidbildung so stark werden, daß siedende Karbidtropfen sichtbar sind, die den Kraterrand u. U. sogar seitlich durchfressen.

Es muß schließlich noch mit Nachdruck darauf hingewiesen werden, daß die bis in die neueste Zeit gelegentlich im Schrifttum auftretenden Behauptungen, wonach die Siedetemperatur des Cerkarbids mit der Kratertemperatur des Beckbogens identisch und die maximale Kraterleuchtdichte durch die Strahlung glühender Cerkarbidtröpfchen bestimmt sei, jedenfalls in dieser ausschließlichen Form nicht richtig sein kann, weil nach unseren Messungen S. 122 f. die Dampftemperatur mit der Belastung erheblich zunimmt. Die von Schmidt (90) behauptete Emission eines Anodenflammenkontinuums CeC_2-Tröpfchen ist nach der S. 100 erwähnten neuen Untersuchung von Michel ja auch zum

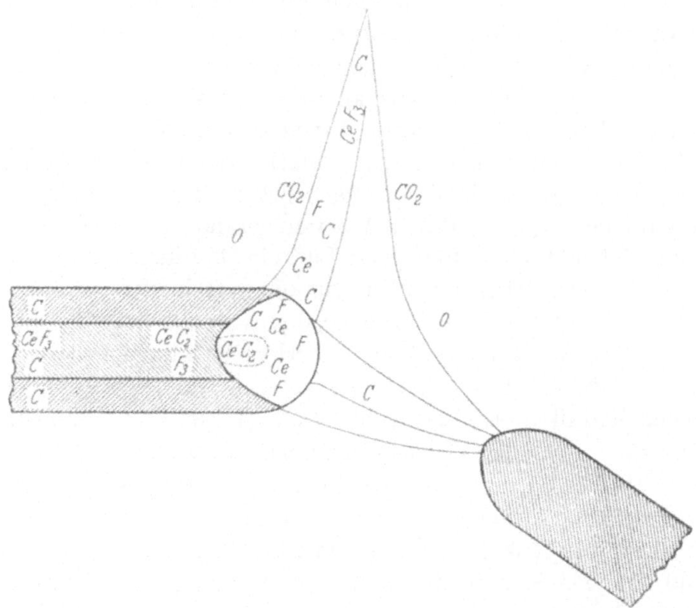

Abb. 110. Angebliche Verteilung von Molekülen und Atomen im Beck-Docht und den verschiedenen Gebieten des Beckbogens nach Bassett (4). Die auch in moderneren Darstellungen immer wieder abgedruckte Zeichnung beruht weitgehend auf freier Vorstellung und entspricht keineswegs der heutigen spektroskopisch gesicherten Kenntnis.

mindesten sehr zweifelhaft geworden. Bei dieser Gelegenheit sei schließlich betont, daß das äußerst anschauliche und wohl deshalb immer wieder (z. B. auch im Handbuch der Lichttechnik) abgedruckte Schema Abb. 110 von Bassett (4), das die Verteilung der verschiedenen Moleküle, Radikale und Atome in den verschiedenen Gebieten des Beckbogens zeigt, zwar eine sehr anschauliche Vorstellung vermittelt, was man vor über 20 Jahren von diesen Dingen wußte, heute aber keineswegs mehr als richtig angesehen werden kann.

c) Chemische Vorgänge in den Hochstromkohlen.

Wir haben bisher von den chemischen Vorgängen im eigentlichen Hochstrombogen gesprochen. Für das physikalische wie technische Verhalten des Beckbogens sind aber, soweit wir wissen, auch die chemischen Vorgänge von Bedeutung, die sich beim Glühen im Docht der Beckkohlen abspielen. Hierbei ist zu unterscheiden zwischen dem mit der Fabrikation verbundenen Glühvorgang, dessen Temperatur bei Hartdochtkohlen wesentlich höher liegt als bei Weichdochtkohlen, und dem Glühen des Brennendes der Positivkohle, das ohne Zweifel Veränderungen *der* Dochtschichten bewirken muß, die wenig später den Kratergrund bilden. Daß diese Glühvorgänge den Bogenmechanismus beeinflussen, geht daraus hervor, daß gleichartig zusammengesetzte Kohlen nach verschiedener Glühbehandlung die schon mehrfach erwähnten verschiedenen Eigenschaften bezüglich Bogenspannung, Belastbarkeit, Leuchtdichte und Anodenflammenlänge zeigen. Einen ersten Versuch zur Klärung dieser Vorgänge hat Stintzing (93) gemacht, der verschiedene und verschieden behandelte Ceritsalze röntgenspektroskopisch untersucht hat. Als wesentliches Ergebnis dieser Arbeiten soll hier nur erwähnt werden, daß beim Glühen des Ceritfluorids in Luft ein Oxyfluorid der Zusammensetzung MeOF entsteht, indem Me für die verschieden seltenen Erden Ce, La usw. steht. Auch Änderungen der Kristallkorngröße durch das Glühen hat Stintzing festgestellt. Zur Hochstromkohlenchemie gehört schließlich noch die Frage nach der verschiedenen Wirkung der verschiedenen Modifikationen des Kohlenstoffs (Koks, Ruß, Graphit), die so auffällig zuerst bei den Zischerscheinungen S. 41ff. und dann bei der Leuchtdichte des Niederstrombogenkraters (S. 62) von uns festgestellt wurde, obwohl bei den hohen Temperaturen des positiven Kraters eigentlich nur die Graphitmodifikation stabil sein sollte. Wir vermuten, daß die Zeit, während der jede Kohleschicht vor ihrer Verdampfung sich auf Glühtemperatur befindet, zur vollständigen Graphitierung nicht ausreicht. Allgemein also können wir feststellen, daß zur Ergänzung der phsyikalischen Bogenuntersuchungen eine genauere Untersuchung der Bogenchemie sehr erwünscht wäre.

V. Bogenmechanismus und Theorie des Hochstromkohlebogens.

1. Die empirischen Grundlagen der Theorie.

Wir haben in den vorstehenden Kapiteln die bis jetzt bekannten Eigenschaften und Gesetzmäßigkeiten des Hochstromkohlebogens und seiner Strahlung ausführlich dargestellt und mußten dabei zum besseren Verständnis vieler Einzelheiten bereits verschiedentlich vorgreifend von den theoretischen Vorstellungen über den Mechanismus, besonders der anodischen Vorgänge des Hochstrombogens, Gebrauch machen, die in Wirklichkeit von uns erst aus den Experimenten und Messungen nachträglich erschlossen wurden. Diese Vorstellungen vom Bogenmechanismus und die bisher vorliegenden Ansätze zu einer Theorie des Hochstromkohlebogens sollen nun im folgenden so systematisch dargestellt werden, wie das beim gegenwärtigen Stand der Forschung möglich ist.

a) Der grundsätzliche Gegensatz zum Niederstrombogen.

Eine Theorie des Hochstromkohlebogens wird wesentliche Bestandteile aus der allgemeinen Bogentheorie des Niederstrombogens übernehmen bzw. an diese anknüpfen können. Das gilt für die kathodischen Entladungsteile und auch für die Theorie der Bogensäule, obwohl sich hier gezeigt hat, daß die Verhältnisse bei der Niederstromsäule in Luft wesentlich komplizierter liegen als bei der Hochstromsäule, die wir S. 191 behandeln.

Ein grundsätzlicher Gegensatz aber besteht zwischen Hochstrombogen und Niederstrombogen bezüglich der Vorgänge an und vor der Anodenstirnfläche beziehungsweise dem positiven Krater, und hier liegt der Schlüssel zum Verständnis der so auffallenden Hochstrombogenerscheinungen. Zunächst steht experimentell fest, daß und in welcher Weise quantitativ der Anodenfall bei den verschiedenen Hochstrombogenformen mit der Stromdichte wächst und damit die zunächst so unverständliche steigende Charakteristik ergibt (S. 30 f). Zweitens steht experimentell fest, daß, wieder im Gegensatz zum Niederstrombogen, der Anodenabbau im wesentlichen durch Verdampfung erfolgt, und daß der Betrag der sekundlichen Verdampfung eine durch Messung bekannte Funktion der Stromdichte ist, daß er insbesondere im Bereich hoher Strombelastung linear von der im Anodenfall umgesetzten elektrischen Leistung abhängt (S. 127). Drittens ist experimentell bekannt, daß zwischen der Kraterstrahlung jedes Hochstromkohlebogens und dem Anodenfall sowie dem Betrag der Anodenverdampfung ein ursächlicher Zusammenhang besteht in dem Sinne, daß unter sonst gleichen Bedingungen die Strahlungsdichte des Kraters mit wachsendem Anodenfall sowie mit zunehmender Anodenverdampfung wächst (S. 79).

b) Das empirische Hochstrombogengesetz.

Der Verfasser (16) hat nun schon 1940 aus seinen zahlreichen Messungen der Kraterleuchtdichte (die hier als Maß der gesamten Strahlungsdichte des Kraters dient), des Anodenfalls in Volt bzw. der Anoden-

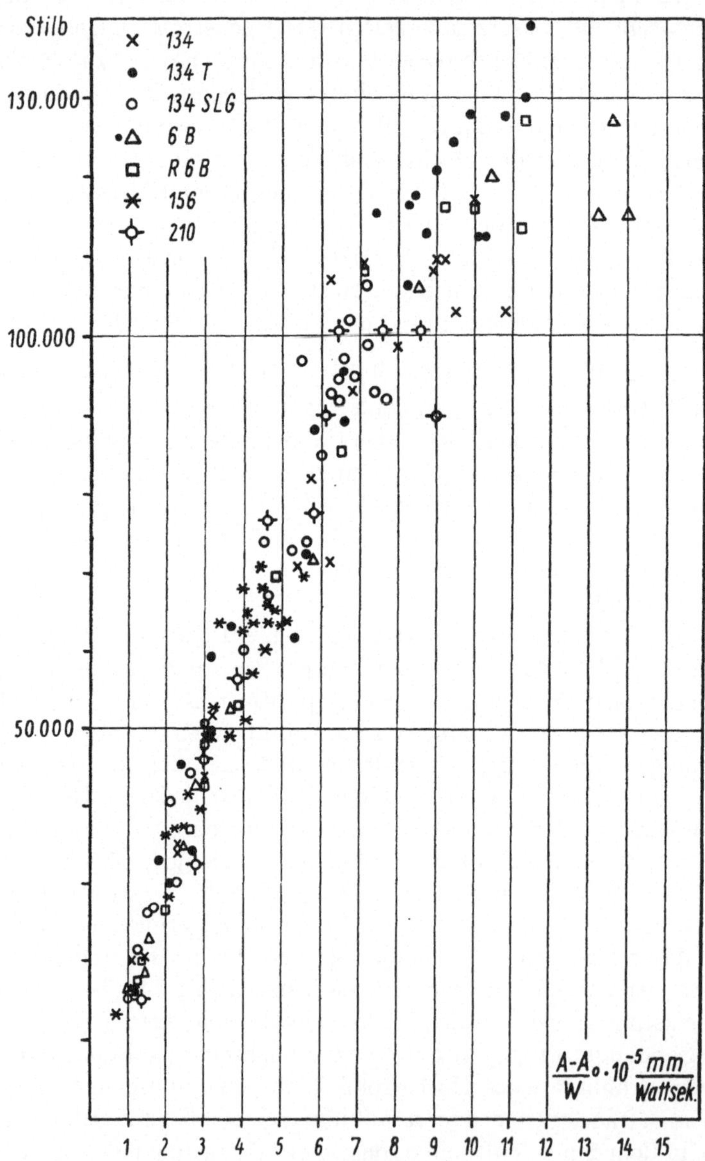

Abb. 111. Abhängigkeit der Kraterleuchtdichte verschiedener RW Sola Effekt-Weichdocht-Beckkohlen von der Verdampfung je Watt bei Gleichstrombetrieb. Nach Messungen des Verfassers (16).

falleistung in Watt, sowie der Anodenverdampfung A—A$_0$ in g/sec oder mm/sec eine die gegenseitige Abhängigkeit dieser drei Größen darstellende empirische Formel abgeleitet, die bisher zwar noch nicht ganz theoretisch verständlich erscheint, die aber wohl als empirische Grundlage jeder künftigen Theorie der anodischen Vorgänge des Hochstromkohlebogens dienen muß. Sie gilt nämlich nicht nur nach unsern inzwischen wesentlich erweiterten Messungen für alle untersuchten Beckbögen und sonstigen Metallsalz-Dochtbögen in dem gesamten uns zugänglichen Bereich, sondern nach ergänzenden Messungen von Guillery und Zill (38) sowie Hannappel und dem Verfasser (24) auch für Beckbögen allerhöchster Belastung. Geprüft ist unsere Beziehung bisher in dem sehr weiten Bereich zwischen 15000 und 200000 Stilb, für Anodenfalleistungen zwischen 1000 und mindestens 40000 Watt und für Abbrände zwischen 100 und 4200 mm/h.

Dieses Hochstrombogengesetz ist in Abb. 111 für sieben verschiedene Fertigungen von Weichdocht-Beckkohlen (7 mm Durchmesser) nach eigenen Messungen dargestellt, während Abb. 112 den guten Anschluß der Messungen von Guillery und Zill im Bereich höchster Leuchtdichten an unsere zuerst veröffentlichten Messungen zeigt. Beide Figuren vermitteln gleichzeitig eine Vorstellung von der Streuung der Meßpunkte und damit vom Grad der Sicherheit unseres rein empirischen Bogengesetzes. For-

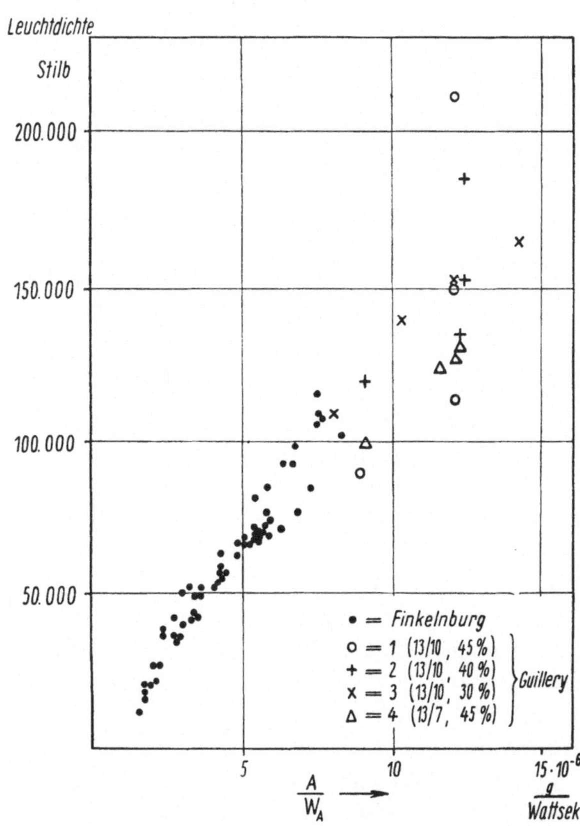

Abb. 112. Erweiterung des in Abb. 111 dargestellten Hochstrombogen-Gesetzes des Verfassers (16) auf den Bereich sehr hoher Belastungen nach Messungen von Guillery und Zill (38) an hoch belasteten Hartdocht-Kohlen der Siemens-Plania-Werke, ausgeführt im Sche nwerfer-Laboratorium des Siemens-Schuckert-Werks in Nürnberg.

melmäßig dargestellt lautet es in seinem ersten, nahezu linearen Teil, wenn wir die gesamte Bogenleistung W in Watt und die Anodenverdampfung $A—A_0$ in mm/sec messen, für Beckbögen von 7 mm Durchmesser

$$B \text{ (Stilb)} = 1{,}4 \cdot 10^9 \frac{A—A_0}{W} \text{ (mm/Wattsec.)}.$$

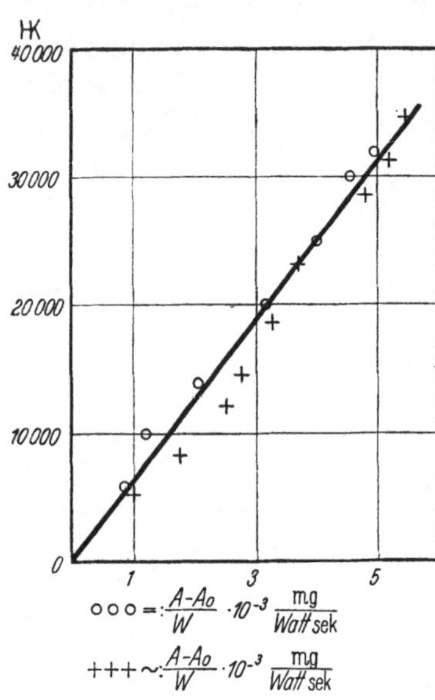

Abb. 113. Prüfung des Hochstrombogen-Gesetzes durch Haury (25); Abhängigkeit der Frontallichtstärke von Gleich- und Wechselstrom-Beckbögen von der Anodenverdampfung je Watt.

Die Kraterleuchtdichte ist in diesem Bereich also proportional der je Wattsekunde erzeugten Leuchtdampfmenge.

Haury (25) hat dieses Hochstrombogengesetz am Wechselstrom-Beckbogen geprüft und in interessanter Weise erweitert. Er fand zunächst, daß seine Wechselstromwerte mit den Gleichstromwerten von Abb. 111 zusammenfallen, wenn er bei der Berechnung von $A—A_0$ nur den Abbrand der *einen* der beiden Wechselstrom-Beckkohlen berücksichtigt. Unter Benutzung von Messungen von Schluge und dem Verfasser am Gleichstrombogen und eigenen Wechselstrommessungen stellte er weiter fest, daß man als Ordinate statt der Leuchtdichte auch irgendeine andere Strahlungsgröße, die Frontallichtstärke, den gesamten Lichtstrom oder auch die Frontalstrahlungsstärke

(S. 53) wählen kann. Um hierbei Übereinstimmung der Kurven für den Gleich- und Wechselstrom-Beckbogen zu erhalten, muß man *nun* aber bei den Wechselstromwerten für $A—A_0$ den addierten Abbrand *beider* Kohlen einsetzen (vgl. Abb. 113 bis 115). Das ist theoretisch vernünftig, weil zur Frontallichtstärke, dem Gesamtlichtstrom und der Frontalstrahlungsstärke alle Bogenteile, d. h. der Leuchtdampf *beider* Kohlen

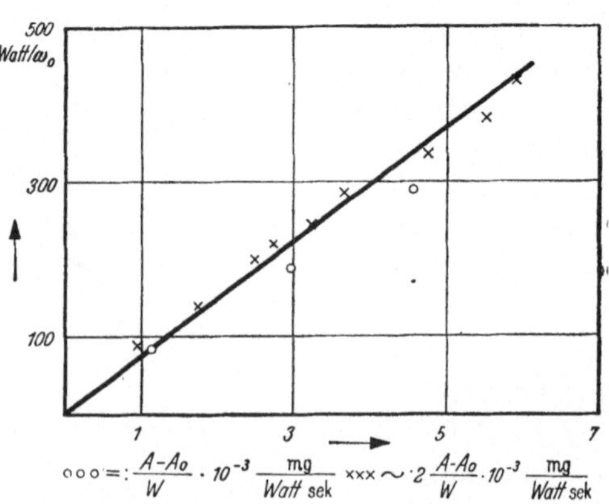

Abb. 114. Abhängigkeit der Gesamtstrahlungsstärke (je Raumwinkeleinheit) von der Anodenverdampfung je Watt. Gleichheit von Gleich- und Wechselstrom-Werten besteht nur, wenn beim Wechselstrombogen der Abbrand *beider* Kohlen (Faktor 2 auf der Abszisse!) berücksichtigt wird! Nach Haury (25).

beiträgt, während für die Leuchtdichte jedes der beiden Wechsel-
stromkrater natürlich nur der aus
diesem *einen* Krater abströmende
Dampf eine Rolle spielt. Die ausgezeichnete, von Haury festgestellte
Übereinstimmung der Gleichstrom-
und Wechselstromkurven in allen diesen Fällen darf wohl als Beleg für die
Allgemeingültigkeit unseres Gesetzes
angesehen werden. Auf der anderen
Seite müßte noch durch sehr exakte
Messungen an *einer* Kohlensorte festgestellt werden, ob die Leuchtdichte
oder die Frontallichtstärke bzw. der
Gesamtlichtstrom, die ja in verschiedener Weise von der Bogenleistung abhängen, das lineare Gesetz am besten erfüllen.

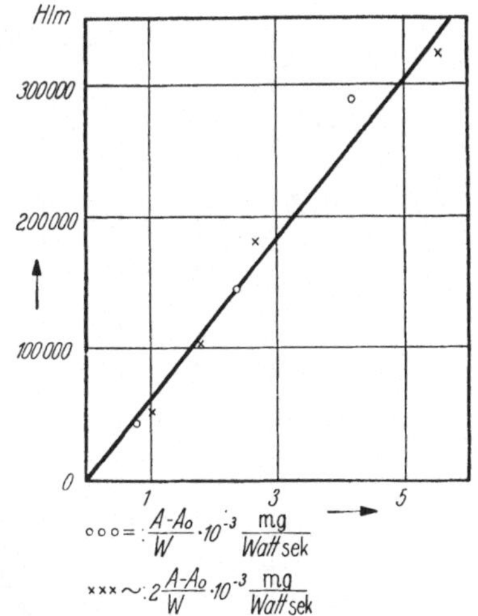

Abb. 115. Abhängigkeit des Lichtstroms von Gleich- und Wechselstrom-Beckbögen von der Anodenverdampfung je Watt. Beim Wechselstrombogen muß wieder die Verdampfung *beider* Kohlen berücksichtigt werden. Nach Haury (25).

Es kann nämlich kein Zweifel daran bestehen, daß die einfache Form des Gesetzes (Proportionalität der Strahlung zu $A—A_0/W$) nicht exakt und allgemein gilt. So zeigt Abb. 116, daß die aus den Meßpunkten für die verschiedenen Salzdochtkohlen gemittelten Kurven nicht genau zusammenfallen, daß vielmehr die Art des Leuchtsalzes eine wesentliche Rolle spielt. So fallen die verschiedenen Kurven der Ceritkohlen mit der reines Cerfluorid enthaltenden RW Sola Effekt 210 gut zusammen, während die Ceritoxydkohle 208 bereits eine deutliche Abweichung zeigt. Die Lanthanfluoridkohle 211, die Fe-Ca-Kohle 356, und ganz besonders die Calciumfluoridkohle 209 dagegen fallen besonders weit aus dem Bereich der übrigen Kohlen.

Nach dem ersten, recht genau linearen Teil biegen die Kurven ferner alle nach rechts ab, und zwar je nach der Dochtzusammensetzung früher oder später. Dieses Abbiegen haben Hannappel und der Verfasser (24) an drei höchstbelastbaren Hartdocht-Beckkohlen genauer untersucht und die Kurven Abb. 117 erhalten. Aus ihnen folgt, daß es sich bei dem Abbiegen teilweise um einen recht deutlichen Knick handelt, der bei den drei verschiedenen Kohlen (H 65 und H 70 verschiedener Docht, H 65 und ND 65 verschiedener Dochtdurchmesser) bei ungefähr der gleichen Leuchtdichte von 65000 Stilb liegt, und dem wieder ein längerer annähernd linearer Teil der Kurve zu folgen scheint. Eine Deutung des Knicks fehlt noch.

Guillery hat ferner darauf hingewiesen, daß in seinen Messungen Abb. 112 die zu verschiedenen Belastungen gehörenden Meßpunkte nicht

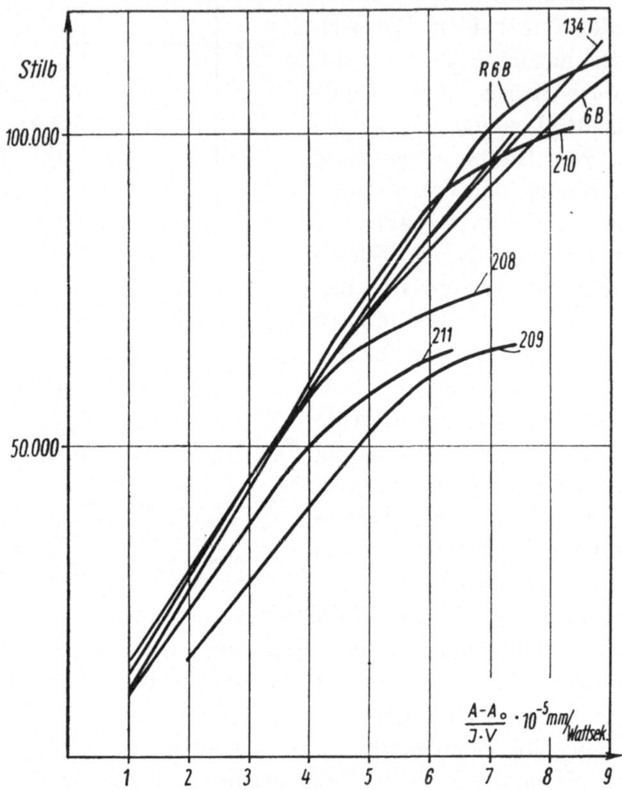

Abb. 116. Gemittelte Kurven der einzelnen Beckkohlen für die in Abb. 111 dargestellte empirische Gesetzmäßigkeit nach unveröffentlichten Messungen des Verfassers.

innerhalb der Meßgenauigkeit zusammenfallen, sondern daß die zu den höchsten Belastungen gehörenden Punkte noch etwas höher liegen als die übrigen.

Es sei noch bemerkt, daß unser Gesetz zunächst auf die reine Anodenfalleistung bezogen wurde, daß man aber, wie wir das in Abb. 111 und 113—117 bereits getan haben, zur Vermeidung der umständlichen Anodenfallmessungen mit Sonden einfach mit der gesamten Bogenleistung rechnen kann, dann allerdings die Bogenlänge konstant halten muß. Diese Vereinfachung ist möglich, weil der Spannungsabfall in der Säule ebenso wie der Kathodenfall von der Stromstärke weitgehend unabhängig sind und die gesamte Bogenleistung folglich gleich der Anodenfalleistung zuzüglich eines mit der Stromstärke multiplizierten konstanten Spannungsbetrages ist.

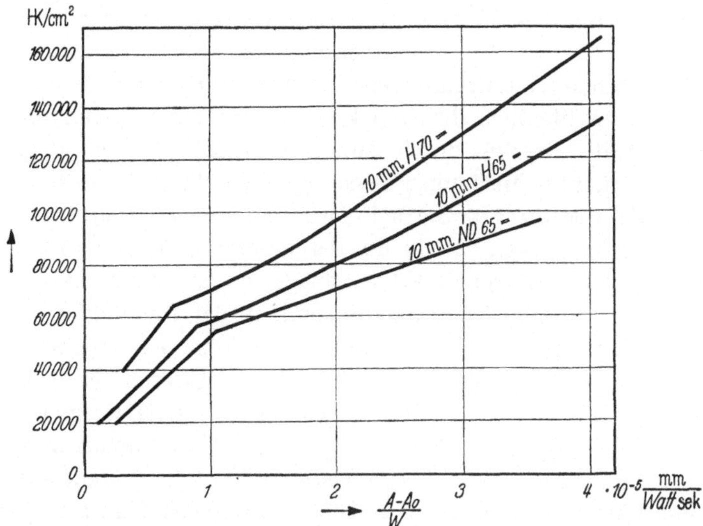

Abb. 117. Prüfung des Hochstrombogengesetzes des Verfassers (lineare Abhängigkeit der Kraterleuchtdichte von der Verdampfung je Watt Anodenfalleistung) bei Gleichstrombögen höchster Belastung nach Messungen von Hannappel (24).

Zur Deutung des Bogengesetzes läßt sich noch nicht viel sagen. Die Proportionalität der Kraterleuchtdichte zur Anodenverdampfung $A-A_0$ erscheint vernünftig, weil, wie gleich im einzelnen gezeigt werden wird, die Länge wie die Temperatur der Anodenflamme, von denen die Kraterleuchtdichte abhängt, im wesentlichen durch den Betrag der Anodenverdampfung bestimmt sind. Unverständlich dagegen erscheint zunächst, daß die Anodenfalleistung im *Nenner* steht, da die Dampfaufheizung im Anodenfallgebiet von der Anodenfalleistung abhängen muß, und da ferner die sekundliche Anodenverdampfung nach S. 127 *ebenfalls* von der Anodenfalleistung abhängt. Die Abhängigkeit der Strahlung von 1/W ist aber nur eine *scheinbare*, weil $A-A_0$ und W ja nicht unabhängige Variable sind, sondern $A-A_0$ eben selbst von W abhängt, und zwar nach Abb. 84 mehr als proportional zu W ist. Würde man also für $A-A_0$ die empirische Abhängigkeit f (W) von der Bogenleistung einsetzen, so würde eine *positive Potenz von W im Zähler* stehen, und wir hätten in Abb. 111 ff. eine Abhängigkeit der Strahlung von einer (noch nicht genau bekannten) Funktion von W. Das aber erscheint vernünftig.

2. Die Deutung der Anodenflamme.

Nächst der Übersicht über das empirische Material benötigen wir als Grundlage einer Bogentheorie ein qualitatives Verständnis der allgemeinen Bogenerscheinungen, deren wichtigste beim Hochstrombogen die intensiv strahlende Anodenflamme ist.

a) Die Deutung des Leuchtens und der Länge der Anodenflamme.

In elektrischen Gasentladungen kommen intensive Leuchterscheinungen fast ausschließlich durch elektrische Anregung zustande, indem die ausgestrahlte Energie durch Zufuhr elektrischer Energie gedeckt wird. Dieser bekannte Mechanismus kommt zur Erklärung des Leuchtens der Anodenflamme *nicht* in Betracht, weil nach unseren Messungen der Potentialverteilung (vgl. S. 38) in der gesamten Anodenflamme mit Ausnahme des dem Krater direkt vorgelagerten Stücks der turbulenten Säule gleiches Potential herrscht. Da somit in der Anodenflamme kein elektrisches Feld vorhanden ist, kann ihr auch keine elektrische Energie zugeführt werden. Wie ist ihr Leuchten also zu erklären? Nach unserer Deutung (15) einfach als Strahlung eines auf sehr hohe Temperatur erhitzten Dampfes. Nach den S. 127 behandelten Abbrandmessungen verdampft ja je Sekunde beim hochbelasteten Hochstromkohlebogen bis über 1 mm Länge der Positivkohle. Dieser Dampf wird nach S. 117 auf eine Temperatur von über 6000^0 K erhitzt. Bei dieser Verdampfung und Erhitzung vergrößert sich aber das Volumen des vorher festen Kohlenstoffs um den Faktor 10^5. Einer sekundlichen Verdampfung von 0,5 mm Kohlenlänge entspricht damit ein von der Anodenstirnfläche senkrecht zu ihr abströmender Kohlenstoffdampfstrahl von 5.10^3 cm/sec Anfangsgeschwindigkeit. Die Energiezufuhr und damit die Aufheizung dieses Dampfstrahls auf seine hohe Anfangstemperatur erfolgt wesentlich in dem sehr eng begrenzten Anodenfallgebiet.

Nach Durchströmen des Anodenfallgebiets wird der hoch erhitzte Dampf durch die dauernde Neuverdampfung immer weiter von der Anode fortgeschoben (vgl. hierzu die sehr instruktiven Zeitlupenaufnahmen von Rohloff [78]!), ohne daß ihm dabei weiter Energie zugeführt wird. Der abströmende Dampf kühlt sich folglich unter Ausstrahlung allmählich ab, wobei er sich zusammenzieht und seine Strömungsgeschwindigkeit entsprechend immer kleiner wird. Die Leuchtdichte des Dampfstrahls nimmt entsprechend der Abkühlung bei gleichzeitiger Zusammenziehung von der Anode zur Flammenspitze hin ab. Das scheinbare Flammenende ist erreicht, wenn die Temperatur des Dampfes so niedrig geworden ist, daß er nicht mehr merklich strahlt. Die Flammenlänge ist nach dieser Deutung gleich der mittleren Dampfgeschwindigkeit multipliziert mit der Zeit, die der hoch erhitzte Dampf benötigt, um sich bis zu *der* Temperatur abzukühlen, bei der seine Strahlung neben dem hell leuchtenden Krater nicht mehr erkennbar ist.

Der Verfasser (15) hat in seiner ersten Arbeit über diese Frage die „Leuchtdauer" auf etwa 10^{-3} sec geschätzt und kam so bei einer berechneten mittleren Strömungsgeschwindigkeit von $2 \cdot 10^3$ cm/sec auf eine Flammenlänge von 2 cm. Die in diesem Ergebnis sich ausdrückende größenordnungsmäßige Übereinstimmung mit der Beobachtung genügte damals.

Heute wird an dieser Deutung der Anodenflamme nicht mehr gezweifelt. Da außerdem die Richtigkeit unserer Berechnung der Dampfstrahlgeschwindigkeit inzwischen durch direkte Messung nach verschiedenen Methoden mit der Zeitlupe von Schluge und dem Verfasser (89), von Guillery (39) sowie durch die gleich zu besprechende Untersuchung von Rohloff (78) bestätigt worden ist, können wir heute umgekehrt aus der Dampfstrahlgeschwindigkeit und der Flammenlänge die „Abklingdauer" berechnen. Damit wird eine für die Thermodynamik der Anodenflamme wie für die Kenntnis hoch erhitzter Plasmen sehr interessierende Größe der direkten Bestimmung zugänglich. So folgt z. B. aus einer gemessenen Flammenlänge von 10 cm und einer mittleren Dampfstrahlgeschwindigkeit u von $2 \cdot 10^3$ cm/sec eine Abklingdauer von $5 \cdot 10^{-3}$ sec. Dieser Wert erscheint vom theoretischen Standpunkt aus überraschend hoch, muß aber als experimentell gesichert gelten. Zu seiner Erklärung nimmt Th. Schmidt (90) in seiner S. 100 schon erwähnten Arbeitshypothese an, daß das Anodenflammenleuchten zum Teil, und besonders in den von der Anode entfernteren Teilen, von der Strahlung fester oder flüssiger Partikel (CeC_2?) herrühre, wodurch die große Abklingdauer in der Tat sofort verständlich würde. Auf der anderen Seite wurden auch die Schwierigkeiten dieser Hypothese oben bereits erwähnt. Erst eine exakte spektroskopische Untersuchung der Anodenflamme kann diese Frage klären.

Unsere Deutung der Anodenflamme findet in einer sehr gründlichen Untersuchung der Anodenflamme durch Seeligers Mitarbeiter E. Rohloff (78) eine sehr schöne experimentelle Bestätigung und Erweiterung, auf die wir z. T. schon bei der Temperaturbestimmung S. 119 eingegangen sind. Mittels einer eleganten Zeitlupenmethode untersucht Rohloff einmal das Verhalten der Anodenflamme nach dem Abschalten des Bogens und weiter das zeitliche Fortschreiten einer kleinen Störung in der Anodenflamme. Er kann so nicht nur den von uns behaupteten thermischen Charakter des Leuchtens bestätigen, die Schrumpfung der abströmenden Flammendämpfe messend erfassen und die Abklingdauer des Flammenleuchtens zu $1—5 \cdot 10^{-3}$ sec je nach Flammenlänge (bei Rohloff bis zu 9 cm) ermitteln, sondern mittels einer Flammenstörung auch die Strömungsgeschwindigkeit längs der ganzen Flamme direkt messen. Die Abb. 118 dargestellten Ergebnisse zeigen die von uns berechnete Größe der Strömungsgeschwindigkeit, ferner den erwarteten Abfall der Geschwindigkeit längs der Flamme und schließlich die nach unserer Vorstellung erforderliche Zunahme der Strömungsgeschwindigkeiten mit der Flammenlänge, die beide vom Betrag der sekundlichen Anodenverdampfung abhängen. Auf die Mög-

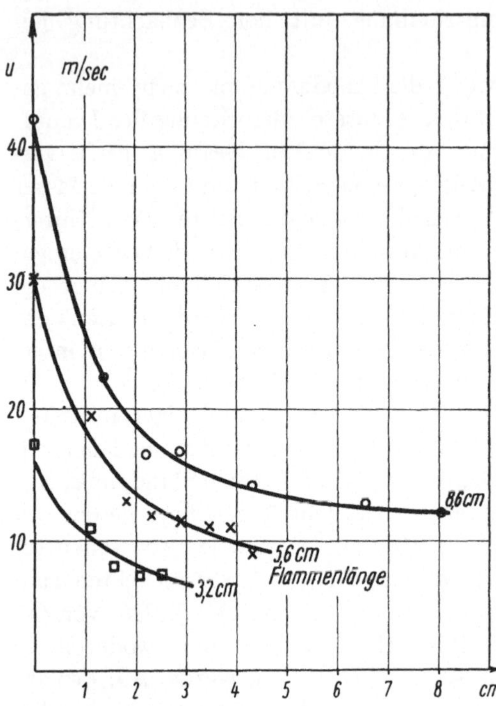

Abb. 118. Verlauf der Strömungsgeschwindigkeit in verschieden langen Anodenflammen des Beckbogens nach Messungen von Rohloff (78).

lichkeit der Temperaturbestimmung aus diesen Messungen sind wir oben schon eingegangen. Von Interesse scheint noch, daß bei gleicher Flammenlänge in der Reinkohleflamme die Strömungsgeschwindigkeiten um bis zu 50% größer sind als in der Beckflamme, und daß die am Flammenende bestimmten Geschwindigkeiten von Franzmeyer (91) durch Staurohrmessungen dirckt bestätigt worden sind. Auf den linearen Zusammenhang zwischen Anfangsgeschwindigkeit und Flammenlänge (Abb. 7) haben wir vorn schon hingewiesen. Daß auch die Anfangstemperatur (dicht vor dem positiven Krater) mit der Strömungsgeschwindig-keit und damit mit der Flammenlänge, d. h. letzten Endes mit der Strombelastung zunimmt, stimmt ebenfalls mit unseren Messungen überein und wurde bereits erwähnt.

b) Die Abhängigkeit der Anodenflamme von den Versuchsbedingungen.

Aus der besprochenen Deutung der Anodenflamme folgen zwanglos die wichtigsten experimentell festgestellten Eigenschaften und Abhängigkeiten. Der schon in (15) mitgeteilte und inzwischen von Rohloff durch Messungen als linear festgestellte Zusammenhang zwischen Dampfgeschwindigkeit und Anodenflammenlänge ist nach unserer Deutung eine Notwendigkeit, ja muß geradezu als experimentelle Voraussetzung der Deutung angesehen werden.

Auch daß man mit niedrig gesalzenen Kohlen eine lange, aber schwach leuchtende, mit hoch gesalzenen Kohlen eine kurze und intensiv strahlende Anodenflamme bei gleichem Abbrand der Positivkohle und damit gleicher Dampfstrahlgeschwindigkeit erhält, scheint uns nach unserer Deutung verständlich und wurde oben S. 74 bereits erklärt.

c) Anodenflammensäume und Anodenflammenchemismus.

Die Anodenflamme ist wie der ganze Bogen im allgemeinen von leuchtenden Säumen, der sog. *Aureole*, umgeben, wenn diese auch ihrer relativ geringen Leuchtdichte wegen besonders auf der Photographie wenig auffällt. Sie kann aber wegen der hier ablaufenden chemischen Vorgänge noch besonderes Interesse gewinnen. Zunächst findet an der äußeren Begrenzung des Anodendampfstrahls die Verbrennung des verdampften Kohlenstoffs statt, da der Luftsauerstoff anscheinend nicht schnell genug in den Dampfstrahl hineindiffundieren kann, um sich im Volumen mit dem Kohlenstoffdampf zu vereinigen. An der äußeren Begrenzung der Flamme wird dieser daher doch noch Energie zugeführt, nämlich die Verbrennungswärme des Kohlenstoffs. An der äußeren Begrenzung der Anodenflamme und deren Spitze können außer der Verbrennung des Kohlenstoffs auch alle übrigen mit den Gasen der Luft möglichen Reaktionen stattfinden, z. B. die durch ihre Bandenemission (S. 99 f.) bekannte CN-Bildung, aber auch Reaktionen mit Sauerstoff und dem Fluor der Beckflamme, wie die Banden des CaF, LaO und CeO zeigen. Über die Einzelheiten aller dieser Vorgänge ist noch fast nichts bekannt.

3. Der Mechanismus der anodischen Vorgänge.

Nach der Zusammenstellung der jeder Theorie zugrunde liegenden experimentellen Ergebnisse und nach der Deutung der Anodenflamme als der wichtigsten Hochstrombogenerscheinung machen wir jetzt den Versuch, die für den Bogen entscheidenden anodischen Erscheinungen anschaulich zu erklären, deren Theorie nach der Behandlung der Energiebilanz S. 174 f. besprochen werden soll.

Um den Hochstrombogen verstehen zu können, müssen wir mit dem Anodenfall des Homogenkohle-Niederstrombogens beginnen. Da bei diesem die Anode keine positiven Ionen emittieren kann, ist direkt vor der Anode der gesamte Bogenstrom ein reiner Elektronenstrom, und diese negative Raumladung stellt einen Spannungsabfall dicht vor der Anoden-Stirnfläche dar, den Anodenfall. In ihm werden die Elektronen beschleunigt und erzeugen durch Stoßionisation die zur Raumladungskompensation in der positiven Säule erforderlichen positiven Ionen. Aber auch wenn die Anode Ionen zu emittieren vermag, wie das bei Salzdochtkohlen in gewissen Maß sicher der Fall ist, ist ein wenn auch geringerer Anodenfall erforderlich und vorhanden, wie man am leichtesten erkennt, wenn man die Vorgänge thermisch auffaßt. Dicht vor der Anode mit ihrer Temperatur von höchstens 4000° K herrscht nach der Saha-Gleichung eine viel geringere Dichte der Elektronen und Ionen als in der Säule mit ihrer Temperatur von über 6000° K. Die im wesentlichen durch die Elektronendichte bestimmte elektrische Leitfähigkeit ist daher vor der Anode viel geringer als in der Säule. Da aber die durch Stromstärke und Entladungsquerschnitt gegebene Stromdichte zwischen Säule und Anode konstant und stets gleich dem Produkt von elektrischer Leitfähigkeit und Feldstärke ist, folgt, daß vor der Anode wegen der geringeren elektrischen Leitfähigkeit eine gegenüber der Säule wesentlich erhöhte elektrische Feldstärke herrschen muß. Diese ergibt, über das ganze Anodenfallgebiet integriert, den Anodenfall bei beliebig Ionen emittierender Anode.

Den entscheidenden Unterschied zwischen Nieder- und Hochstromkohlebogen sehen wir nun in der Blaswirkung des Anodendampfstrahls. Rein energetisch folgt, wie wir im nächsten Abschnitt zeigen werden, aus der Existenz des Dampfstrahls, daß zur Deckung der Verdampfung und Dampfaufheizung auf die gemessene Dampftemperatur im Anodenfallgebiet des Hochstrombogens eine größere Leistung umgesetzt werden muß als der Stromstärkeerhöhung entspricht, und daß diese daher nur durch Vergrößerung der Anodenfalls gedeckt werden kann, dessen Zusammenhang mit der Anodenverdampfung und der Dampfstrahlung damit verständlich wird. Der Anodenfall *muß* also beim Hochstrombogen mit zunehmender Strombelastung der Anode wachsen, in Übereinstimmung mit dem experimentellen Befund.

Weit schwieriger ist die Frage zu beantworten, *wie* diese Anodenfallvergrößerung durch den Dampfstrahl bewirkt wird, weil bei der Einstellung des der jeweiligen Belastung entsprechenden Gleichgewichtszustandes in etwas undurchsichtiger Weise verschiedene miteinander gekoppelte Vorgänge (Erzeugung und Nachlieferung von Ladungsträgern in einem mit der Belastung sich selbst ändernden Feld) zusammenwirken. Wir müssen zunächst unterscheiden zwischen der Blaswirkung des Dampfstrahls auf die turbulente Säule und auf das eigentliche Anodenfallgebiet. Die Säule ist ja durch annähernd gleiche räumliche Dichte der Elektronen und Ionen ausgezeichnet. In ihr bewirkt das Blasen daher nur eine Vergrößerung der Ionenstromdichte bei entsprechender Verkleinerung der Elektronenstromdichte, aber keine zu einem Potentialgefälle Anlaß gebende Überschußraumladung. Im Anodenfallgebiet dagegen haben wir stets eine negative Überschußraumladung sowie eine Unsymmetrie der Ladungsträgernachlieferung, da Elektronen beliebig aus der Säule nachströmen können, die abströmenden Ionen aber durch Ionisation erst im Anodenfallgebiet erzeugt werden müssen. Auch hier bewirkt zwar der Dampfstrahl nicht, wie wir früher glaubten, *direkt* durch Fortblasen der positiven Ionen eine Vergrößerung der negativen Überschußraumladung und damit des Anodenfalls, weil mit den positiven Ionen die gleiche Anzahl Elektronen fortgeblasen wird. Dagegen kommt die empirisch festgestellte Anodenfallvergrößerung doch *indirekt* durch das Blasen zustande. Nach Heinzmann (26) ist nämlich zu bedenken, daß

der Dampfstrahl direkt vor der Anode zunächst nur Anodentemperatur
(d. h. rund 4000°) besitzen kann, also „kalt" ist im Vergleich zu der
anschließenden turbulenten Säule mit über 6000°K. Der Dampfstrahl
bläst daher von der Säulengrenze mit den Ionen und Elektronen des
Plasmas *Energie* nach rechts fort. Da in dem so entstehenden „kühleren"
Gebiet aber weniger Elektronen nachgebildet werden als vorher, kommt
hier durch die Abwanderung der positiven Ionen in Feldrichtung nach
rechts (Abb.119) eine Vergrößerung der negativen Überschußraumladung
im Anodenfallgebiet, d. h. eine Anodenfallvergrößerung zustande. Diese
findet erst ihr Ende, wenn die in dem vergrößerten Anodenfall beschleunigten Elektronen durch Ionisation die zur Erhaltung des neuen stationären Zustands erforderliche sekundliche Ionenmenge erzeugen.

Wir glauben somit, daß das Fortblasen der Ionen von der Anodenstirn-
fläche durch den Anodendampfstrahl und die dadurch bewirkte Raum-
ladungs- und Anodenfallvergrößerung der entscheidende anodische Vorgang
ist, der den Hochstromkohlebogen vom Niederstromkohlebogen unterscheidet.

Man kann die hier kinetisch dargestellten Vorgänge aber, da beim
Bogen bis weit in das Anodenfallgebiet hinein noch thermisches Gleichgewicht herrscht, auch thermisch deuten. Dann bewirkt der mit zunehmender Blasgeschwindigkeit wachsende Anodenfall über die Stöße
der Elektronen und Ionen mit den Dampfpartikeln eine Temperatur-
erhöhung im Ionisationsgebiet vor der Anode, und dieser höheren Temperatur entspricht eine höhere Anodenflammen- und Kraterdampf-
strahlung. Auch hier findet sich also die aus der Bogenphysik bekannte
scheinbare Paradoxie wieder, daß die *Kühlung* des Anodenfallgebiets
durch den Dampfstrahl wegen des durch ihn bewirkten Ionisierungs-
ausgleichs im Endergebnis zu einer *Temperatursteigerung* im Anodenfallgebiet führt. Dampftemperatur und Dampfstrahlung müssen somit mit
wachsender Belastung zunehmen, in Übereinstimmung mit den Meß-
ergebnissen. *Da die Ionisierung von der effektiven Ionisierungsspannung,*
die Strahlung aber von der mittleren Anregungsspannung der Dampfatome
abhängt, ist auch der experimentell festgestellte Einfluß dieser atomaren
Größen auf die Hochstrombogenvorgänge verständlich. Ganz eindeutig geht
damit aus diesen Überlegungen hervor, daß Dampftemperatur wie Dampf-
strahlung (und damit auch die technisch interessierende Leuchtdichte!)
physikalisch und nicht, wie oft behauptet wurde, chemisch bestimmte
Größen sind. Im übernächsten Abschnitt werden wir die Versuche besprechen, den vorstehend dargestellten Mechanismus der anodischen
Vorgänge zu einer geschlossenen Theorie auszubauen.

4. Die Energiebilanz des Anodenfallgebiets.

Zur Verschärfung unserer Einsicht in die Hochstrombogenvorgänge
ist die Aufstellung einer Energiebilanz von Wert. Die gesamte im Bogen

umgesetzte Leistung zerlegen wir in die im Kathodenfallgebiet umgesetzte Leistung W_k, die Leistung der Bogensäule W_s und die des Anodenfallgebiets W_a. Die gesamte Bogenleistung W ist experimentell bekannt als das Produkt von Stromstärke und Bogenbrennspannung $J \cdot U$. Aus den S. 40 behandelten Anodenfallmessungen ist ferner der Spannungsabfall zwischen der negativen Kohle und dem säulenseitigen Ende des Anodenfalls U_{ks} bekannt, und damit ist

$$W_k + W_s = J \cdot U_{ks}.$$

Die Anodenfalleistung besteht demgegenüber nicht nur aus dem Anodenfall U_a multipliziert mit der Stromstärke, sondern dazu kommt noch die beim Eintritt der Elektronen in die Anode frei werdende Austrittsarbeit U_{au} hinzu, deren Wert sich je Elektron zu 4,2 Volt mit einer Unsicherheit von höchstens 10 % abschätzen läßt. Die im Anodenfallgebiet umgesetzte und durch die auf die Anodenstirnfläche aufprallenden Elektronen im wesentlichen auf diese übertragene Leistung beträgt also

$$W_a = J \, (U_a + U_{au}).$$

Ein Teil dieser Leistung wird wie beim Niederstrombogen dazu aufgewandt, um die Anodenstirnfläche und die hinter ihr liegenden Schichten der Positivkohle auf Glühtemperatur zu erhitzen und deren Energieverlust durch Abstrahlung der festen Kohle zu decken. Dieser Anteil dürfte seinem Betrag nach etwa mit dem des Niederstrombogens übereinstimmen und sei deshalb W_N genannt. Der Rest der zugeführten Energie $W_a - W_N$, soll nach unseren Vorstellungen zur Verdampfung des Anodenmaterials und Erhitzung des Dampfes unter Expansion auf das 10^5-fache auf die Temperatur von über $6000^0\,\mathrm{K}$ aufgewandt werden, dient also zur Erzeugung der Anodenflamme. Bezeichnen wir mit $Q\,(T)$ die zur Verdampfung und Erhitzung von 1 g Anodenmaterial auf die Temperatur T erforderliche Energie, so lautet die Energiebilanz für das Anodenfallgebiet

$$J \, (U_a + U_{au}) = W_N + (A - A_0) \, Q\,(T).$$

In Arbeit (16) haben wir die Größe W_N abgeschätzt und dann für eine Anzahl verschiedener Beckbögen und einen Homogenkohle-Hochstrombogen für jeweils acht verschiedene Belastungen nach obiger Gleichung die Größe Q berechnet. Dabei ergab sich, daß ihr Wert für jede einzelne Kohlensorte innerhalb 8 % konstant war, während sein Betrag für die bestuntersuchte Beckkohle RW Sola Effekt 134 gleich $1{,}0 \cdot 10^5$ Wattsekunden je Gramm Anodenmaterial war. Auf S. 128 hatten wir für die gleiche Größe Q auf der Abbrand-Leistungskurve Abb. 84 einen Wert von $1{,}3 \cdot 10^5$ Wattsec/g ermittelt. Aus der angenäherten Konstanz der Q-Werte schlossen wir in Arbeit (16) auf die grundsätzliche Richtigkeit unserer Vorstellungen vom Anodenfallmechanismus, da der zu erwartende Anstieg von $Q\,(T)$ mit der Belastung innerhalb der Fehlergrenzen der rohen Bilanzrechnung liegen mußte.

Bei dieser Rechnung war aber vernachlässigt worden, daß die Anode nicht nur durch Elektronenenergie, sondern auch durch Rückstrahlung der ihr vorgelagerten erhitzten Dämpfe aufgeheizt wird. Aus der Annahme, daß diese nach rückwärts ebensoviel strahlen wie nach vorwärts, und daß entsprechend dem mittleren Absorptionsvermögen der Kohle etwa 70% dieser Strahlung absorbiert und zur Aufheizung verwandt werden, entnimmt man unseren Gesamtstrahlungsmessungen S. 58, daß zu der elektrischen Anodenfallenergie noch ein Strahlungsanteil von etwa 30% hinzukommt, wodurch der Wert von Q für die Beckkohle RW Sola Effekt 134, für die allein Gesamtstrahlungsmessungen vorliegen, in Übereinstimmung mit unserm Q-Wert von S. 128 auf $1{,}3 \cdot 10^5$ Wattsec/g steigt.

Angesichts der Unsicherheit, die die ungenaue Kenntnis der Rückstrahlung zur Anode in unsere Anodenfallenergiebilanz hineinbringt, scheint es verfrüht, sich über Verfeinerungen wie die Beteiligung der Verdampfungswärme des Kohlenstoffs, die Inkonstanz von A_0 usw. schon jetzt Gedanken zu machen. Auch eine rein theoretische Berechnung von Q-Werten aus atomaren Daten zum Vergleich mit den aus der Bilanz folgenden Werten scheint bisher nicht möglich zu sein.

Trotzdem scheint uns nach dem Ergebnis der rohen Bilanzrechnung unsere Vorstellung, daß die im Anodenfallgebiet umgesetzte Energie teils zur Aufheizung der festen Anode und teils über Verdampfung und Erhitzung von Anodenmaterial zur Bildung der Anodenflamme aufgewandt wird, experimentell wie theoretisch hinreichend gesichert, um als Grundlage einer späteren Theorie dienen zu können. Zur Vermeidung von Mißverständnissen sei dabei bemerkt, daß abgesehen von der von der Anode absorbierten Strahlung die sehr erhebliche Strahlung der Anodenflammendämpfe in unserer Rechnung nicht aufzutreten braucht, da für die bisher angestellte Bilanzrechnung gar nicht interessiert, in welcher Weise die dem Anodenfallgebiet zugeführte Energie schließlich insgesamt wieder abgeführt wird. Tatsächlich geschieht das in Form von Strahlung und Wärmeleitung des glühenden Anodenendes, in Form von Strahlung der Anodenflamme und in Form der verwickelten strahlungslosen Wärmetransportvorgänge in den Grenzzonen der Anodenflamme, die unter dem Begriff der erweiterten Wärmeleitung zusammengefaßt werden. Diese gesamten Wärmeleitungsverluste sind bisher einzeln quantitativ nicht erfaßbar, und daher ist auch diese zweite mögliche Form der Energiebilanz der anodischen Vorgänge nicht quantitativ durchgeführt.

5. Die Theorie des Anodenfalls beim Hochstromkohlebogen.

Unsere in den vorhergehenden Kapiteln dargestellten Untersuchungen haben immer wieder auf die entscheidende Bedeutung der Vorgänge im

Anodenfallgebiet hingeführt, über das wir auf rein experimentellem Wege nur wenig Aufschluß gewinnen können. Erst ein theoretisch klares, quantitatives Verständnis der Verhältnisse und Vorgänge im Anodenfallgebiet kann also auch die Voraussetzung der Beherrschung des Hochstromkohlebogens bilden. Als Grundlage einer Anodenfalltheorie müssen dabei die experimentellen Ergebnisse sowie unsere Betrachtungen von S. 169 über den Mechanismus der anodischen Vorgänge dienen.

a) Modellvorstellungen und Möglichkeiten einer Anodenfalltheorie.

Es gibt grundsätzlich zwei verschiedene Modellvorstellungen, die zu Ansätzen für Anodenfalltheorien führen, und zwar eine thermische und eine kinetische Vorstellung.

Die von Steenbeck (92) stammende, quantitativ noch nicht durchgeführte thermische Theorie geht davon aus, daß erfahrungsgemäß die Vorgänge im elektrischen Bogen, und zwar bis weit in das Anodenfallgebiet hinein, durch *eine* Größe, die Temperatur, bestimmt sind, und daß deshalb eine rein thermische Theorie des Anodenfalls möglich sein muß, deren Grundvorstellungen wir gleich besprechen.

Schon älter sind die auch auf Unterhaltungen mit Steenbeck und Schluge zurückgehenden Versuche von Heinzmann und dem Verfasser (26), auf Grund der allgemeinen, für alle Entladungen geltenden gaskinetischen und elektrischen Grundgleichungen unter Berücksichtigung der aus dem Experiment bekannten Daten (Randbedingungen) den Verlauf aller interessierenden Größen im Anodenfallgebiet, sowie dessen Dicke zu berechnen. Diese kinetische Theorie ist als einzige bisher wirklich durchgeführt worden und führt zu eindeutigen Schlüssen auf die entscheidenden Vorgänge im Anodenfallgebiet des Hochstromkohlebogens und ihre Unterschiede gegenüber dem Niederstrombogen, wobei unsere Grundanschauungen über den anodischen Mechanismus sich zu bestätigen scheinen. Wir behandeln zunächst die thermische und dann die kinetische Anodenfalltheorie.

b) Die thermische Anodenfalltheorie.

Steenbeck nimmt bei seiner thermischen Theorie die experimentell festgestellte Verdampfung des Anodenmaterials und den dadurch entstehenden Dampfstrahl als gegeben an, geht also davon aus, daß von der Anodenstirnfläche (dem positiven Krater) je Sekunde $A - A_0$ Gramm Anodenmaterialdampf von Anodentemperatur (höchstens 4000^0 K) ausgehen und im Anodenfall auf die Temperatur der turbulenten Säule (über 6000^0 K) aufgeheizt werden. Er setzt ferner voraus, daß in dem räumlich eng begrenzten Anodenfallgebiet der Energieverlust des Dampfes durch Ausstrahlung vernachlässigt werden darf.

Rechnet man nun nach Abb. 119 x von der Anodenstirnfläche nach rechts (wobei stets eindimensional gerechnet wird), und sei an der Stelle x das Potential U, die Feldstärke E, und im ganzen Anodenfallgebiet die Stromdichte konstant j, so gilt für einen Ausschnitt der kleinen Länge dx ersichtlich:

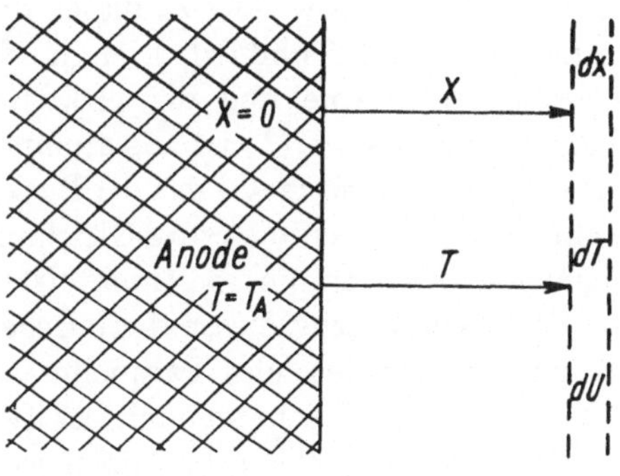

Abb. 119. Zur Bezeichnung der Größen bei der thermischen Anodenfalltheorie nach Steenbeck (92).

$$(1) \quad j \cdot dU = (A - A_0)\, c_p\,(T)\, dT,$$

wo $c_p(T)$ die mittlere spezifische Wärme des Anodenmaterialdampfes bei der Temperatur T ist. Durch Integration erhält man daraus für den Spannungsabfall zwischen der Anode (x = 0) mit der Temperatur T_a und der (noch unbekannten) Stelle x, an der die Temperatur T_x sei:

$$(2) \qquad U\,(T_x) = \frac{A - A_0}{j} \int\limits_{T_a}^{T_x} c_p\,(T)\, dT$$

Andererseits ist

$$(3) \qquad j = \sigma\,(T) \cdot E$$

wo $\sigma(T)$ die elektrische Leitfähigkeit des Dampfes bei der Temperatur T ist, und damit

$$(4) \qquad j\, dU = j\, E(x)\, dx = \frac{j^2}{\sigma\,(T_x)}\, dx$$

Nach (1) und (4) ist folglich:

$$(5) \qquad \frac{j^2}{\sigma\,(T_x)}\, dx = (A - A_0)\, c_p\,(T)\, dT$$

und damit nach Integration über das Temperaturintervall zwischen der Anodentemperatur und der Temperatur an der Stelle x:

$$(6) \qquad x\,(T) = \frac{A - A_0}{j^2} \int\limits_{T_a}^{T_x} c_p\,(T)\, \sigma\,(T)\, dT.$$

Aus $U(T_x)$ und $x(T)$ bzw. der Umkehrfunktion $T(x)$ ergibt sich dann $U(x)$, womit grundsätzlich die beiden wichtigsten Funktionen, der Verlauf des Potentials und der Temperatur im Anodenfallgebiet, berechnet wären. Notwendig zu dieser Berechnung wäre die Kenntnis der Funktionen $c_p(T)$ und $\sigma(T)$, d. h. der Temperaturabhängigkeit der spezifischen Wärme und der elektrischen Leitfähigkeit des Anodenmaterialdampfes $c_p(T)$ ist aus atomphysikalischen Daten berechenbar, für ein Dampfgemisch wie das der Beckflamme allerdings recht mühsam, während $\sigma(T)$ durch die Saha-Gleichung und die effektive Ionisierungsspannung des Dampfes bestimmt ist.

Es ist ein Vorzug dieser thermischen Theorie, daß man den Einfluß mancher interessierender Parameter sofort übersehen kann. So steigt beispielsweise $\sigma(T)$ sehr steil mit der Temperatur. $T(x)$ muß dehsalb von der Anode aus zunächst sehr schnell wachsen, um sich dann asymptotisch der Säulentemperatur zu nähern. Eine scharf definierte Grenze des Anodenfallgebiets gegen die turbulente Säule ist folglich nicht zu erwarten.

Besonders interessant ist die Einsicht, daß nach (6) die Temperatur im Anodenfallgebiet um so größer sein muß, je geringer die elektrische Leitfähigkeit dort ist, und das heißt wegen der Saha-Gleichung, je größer die effektive Ionisierungsspannung des Dampfes dort ist. Dieser Zusammenhang war von uns aus qualitativen Überlegungen schon lange behauptet worden und stimmt mit der Erfahrung ausgezeichnet überein (vgl. S. 75). Durch Steenbecks Überlegungen findet vielleicht auch die Rolle des Fluors im Beckbogen als die eines elektronegativen, Elektronen herausfangenden und damit die Leitfähigkeit herabsetzenden Elements ihre Erklärung. Ob diese Wirkung aber wirklich auch bei der hohen Temperatur des Anodenfallgebiets noch besteht, müßte untersucht werden.

Die thermische Anodenfalltheorie ist also äußerst einfach und durchsichtig. Sie enthält andererseits so viele Vereinfachungen und Vernachlässigungen, daß auch nach Ansicht von Steenbeck ihre quantitative Durchführung kaum zuverlässige Daten erhoffen läßt. Einmal nämlich ist die Voraussetzung der Rechnung, daß Strahlungsverluste vernachlässigt werden dürfen, zum mindesten recht zweifelhaft. Auch die Bestimmung der Dicke des Anodenfallgebiets als des x-Werts, bei dem die Aufheizung beendet ist und Strahlungsverluste entscheidend werden, erscheint recht unsicher, wenn auch dieser Einwand bei der Unsicherheit der Definition der Fallraumdicke nicht sehr schwerwiegend ist. Eine sehr ernste Vernachlässigung der thermischen Theorie ist es aber, daß sie nur einen Teil der energieverbrauchenden Vorgänge erfaßt, nämlich die Dampf*aufheizung*, nicht dagegen den ebenso wichtigen der Dampf*erzeugung*. Der Anodenfall stellt sich nach unsern S. 170 behandelten Vorstellungen ja so hoch ein, daß die im Anodenfallgebiet umgesetzte elektrische Energie einschließlich der von der Anode absorbierten Strahlungsenergie gerade zur Verdampfung und Aufheizung von $A\!-\!A_0$

Gramm Anodenmaterial je Sekunde ausreicht. Der aus der thermischen Theorie folgende Betrag der Anodenfallspannung muß also beträchtlich kleiner sein als der tatsächliche Anodenfall, weil in der Rechnung die Verdampfung nicht berücksichtigt ist. Der für sie aufzuwendende Spannungsbetrag wäre nun zwar durch eine unabhängige Zusatzrechnung zu ermitteln und könnte dann zu dem aus der thermischen Theorie folgenden Spannungsbetrag addiert werden, sofern er nicht wenigstens teilweise durch die Rückstrahlung der erhitzten Dämpfe zur Anode gedeckt wird. *Grundsätzlich unbestimmt* bleibt dann aber u. E. der Spannungs- und Feldstärkeverlauf im Anodenfallgebiet dicht vor der Anode.

Der schwerwiegendste Einwand gegen die thermische Anodenfalltheorie aber dürfte auch nach Ansicht von Steenbeck der sein, daß die der Theorie zugrunde liegende Voraussetzung des thermischen Gleichgewichts im *gesamten* Anodenfallgebiet sicherlich nicht erfüllt ist. Durch Einwandern von Elektronen aus den anodenfernen Gebieten höherer Temperatur in das anodennahe Gebiet wird hier vielmehr eine wesentlich höhere elektrische Leitfähigkeit erzeugt werden als aus der thermischen Theorie folgt. Daher müssen die Potential- und Feldverhältnisse vor der Anode abweichend von den Ergebnissen der thermischen Theorie wesentlich durch die Feldbewegung und Diffusion der Ladungsträger bestimmt sein. Zusammenfassend kann man wohl sagen, daß die thermische Theorie für den säulenseitigen Teil des Anodenfallgebiets den richtigen Verlauf der Temperatur, des Potentials und der Feldstärke ergeben wird, daß sie dagegen über die Verhältnisse in dem der Anode direkt vorgelagerten Gebiet wenig aussagen kann.

c) Die kinetische Anodenfalltheorie

Die auf Grund von Unterhaltungen mit Herrn Steenbeck entstandene und von Heinzmann und dem Verfasser (26) im einzelnen durchgeführte kinetische Anodenfalltheorie sieht von der Tatsache des thermischen Gleichgewichts in mindestens einem Teil des Anodenfallgebiets zunächst vollständig ab. Ihr Gedankengang ist der folgende: Da die Stromstärke im ganzen Bogen, d. h. in der Säule wie im Anodenfallgebiet, konstant ist, vor der Anode aber ein die Säulenfeldstärke um mehr als eine Größenordnung übersteigendes elektrisches Feld und eine entsprechend große Geschwindigkeit der Ladungsträger herrscht, muß vor der Anode die Dichte der Elektronen und Ionen um mehr als eine Größenordnung geringer sein als in der anschließenden turbulenten Säule. Zwischen Anode und Säule, d. h. im Anodenfallgebiet, muß folglich eine beträchtliche Ionisation stattfinden, und die hierzu erforderliche Verteilung von Potential, Feldstärke und Raumladung soll unter Berücksichtigung der durch das Experiment gegebenen Randbedingungen aus den zwischen U, E und ϱ, den Stromdichten j^+ und j^-, sowie den Geschwindigkeiten

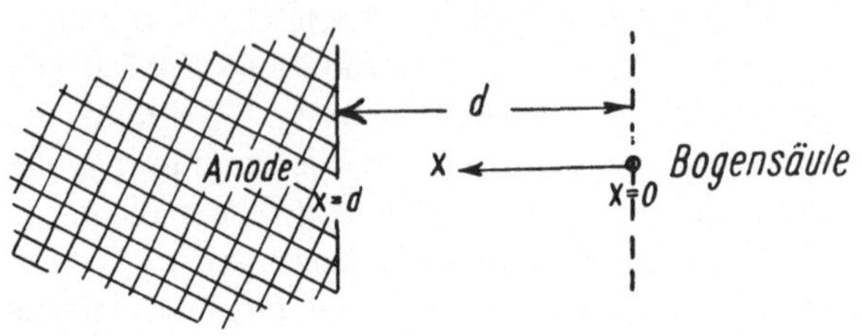

Abb. 120. Zur Bezeichnung der Größen bei der kinetischen Anodenfalltheorie von Heinzmann und dem Verfasser (26).

v^+ und v^- der positiven Ionen und Elektronen bestehenden allgemeinen Gesetzen (Raumladungsgleichung, Kontinuitätsgleichung usw.) berechnet werden.

Dabei soll der Hochstromkohlebogen gegenüber dem Niederstrombogen, abgesehen von den experimentell gegebenen veränderten Werten von Stromstärke und Anodenfall *nur* durch die Blasgeschwindigkeit u des Anodendampfstrahls ausgezeichnet sein. Während beim Niederstrombogen also die gerichtete Geschwindigkeit der Elektronen und Ionen vor der Anode ausschließlich durch ihre Beweglichkeiten b^+ und b^- und die ortsabhängige Größe der Feldstärke $E(x)$ nach der Gleichung

$$v(x) = b\,E(x)$$

bestimmt ist, überlagert sich dieser Feldgeschwindigkeit beim Hochstrombogen die Blasgeschwindigkeit u des Dampfstrahls, so daß beim Hochstrombogen die gerichtete Ladungsträgergeschwindigkeit gegeben ist durch

$$v(x) = b\,E(x) \pm u,$$

wobei das positive Vorzeichen für die Ionen, das negative für die Elektronen gilt. Dabei wird die Feldgeschwindigkeit der Elektronen durch u wegen ihrer Größe nur unmerklich verkleinert, die der positiven Ionen dagegen am säulenseitigen Ende des Anodenfallgebiets erheblich vergrößert, weil hier u um ein Vielfaches größer ist als die Feldgeschwindigkeit b^+E der schweren Ionen.

Rechnet man nun wegen der geringen Dicke des Anodenfallgebiets (vgl. S. 39) gegenüber dem Anodendurchmesser gemäß Abb. 120 eindimensional, so kann man für die beiden Bogenformen die folgenden Gleichungssysteme aufstellen:

Niederstrombogen:		Hochstrombogen:	
1a)	$j^+ + j^- = j$	1b)	$j^+ + j^- = j$
2a)	$\varrho^+ + \varrho^- = \varrho$	2b)	$\varrho^+ + \varrho^- = \varrho$
3a)	$j^+ = \varrho^+\,b^+\,E$	3b)	$j^+ = \varrho^+\,(b^+\,E + u)$
4a)	$j^- = \varrho^-\,b^-\,E$	4b)	$j^- = \varrho^-\,(b^-\,E - u)$
5a)	$\dfrac{d^2\,U}{d\,x^2} = -4\,\pi\,\varrho$	5b)	$\dfrac{d^2\,U}{d\,x^2} = -4\,\pi\,\varrho$
6a)	$\dfrac{d\,U}{d\,x} = E$	6b)	$\dfrac{d\,U}{d\,x} = E$

$$7\,\text{a)}\qquad \frac{d\,j^+}{d\,x} = a\,U \qquad\qquad 7\,\text{b)}\qquad \frac{d\,j^+}{d\,x} = a\,U$$

Hierin stellt Gl. (7) eine Ionisierungsbedingung dar, bei der zunächst einfach angenommen ist, daß die Ionisierung proportional der von den Elektronen durchfallenden Potentialdifferenz ist.

Die obigen 7 Gleichungen genügen bei experimentell bekannter Gesamtstromdichte j zur Berechnung der sieben Unbekannten U, E, ϱ, ϱ^+, ϱ^-, j^+ und j^-, da auch die genügende Zahl der Randbedingungen gegeben ist. Dabei ist allerdings eine Aussage über die Ionenemission der Anodenoberfläche erforderlich, die zunächst gleich Null gesetzt wurde.

Für den Niederstrombogen ließ sich das obige Gleichungssystem dann ohne weiteres lösen und ergab als einzige mögliche Lösung das Polynom 4. Ordnung

$$U(x) = U_a\,(1 - x/d)^4,$$

das bei der Dicke des Anodenfallgebiets

$$d = \sqrt[3]{\frac{12\,b^-\,U_a^2}{\pi\,j}}$$

den Wert des Anodenfalls $U(d) = U_a$ erreicht. Die Dicke des Anodenfallgebiets ist also bei gegebener Stromdichte j eine eindeutige Funktion des Anodenfalls U_a. Für den Homogenkohle-Niederstrombogen mit einem Anodenfall von rund 30 Volt und einer anodischen Stromdichte von rund 40 Amp./cm² ergibt sich hieraus die Anodenfalldicke zu rund 0,1 mm.

Für den Hochstromkohlebogen dagegen ließ sich überraschenderweise das obige Gleichungssystem *nicht* lösen, da für ihn eine mit den Randbedingungen verträgliche Lösung offenbar nicht existiert. Das kann wegen der allgemeinen Gültigkeit der Gl. (1 bis 6) nur an der Ionisierungsbedingung (7 b) liegen, die die Verhältnisse nicht mehr richtig beschreiben kann, sobald die thermische Ionisierung eine entscheidende Rolle zu spielen beginnt. Das ist aber, wie wir glauben, beim Hochstrombogen der Fall, und die Rechnung ergab, daß in dem für die thermische Ionisation wesentlichen säulenseitigen Teil des Anodenfallgebiets die Bedingungen für thermisches Gleichgewicht genügend erfüllt sind, und daß dieses weiter durch den berechneten Trägerentzug nicht wesentlich gestört wird.

Wir drehen deshalb den Gang der für den Niederstrombogen durchgeführten Rechnung um, indem wir jetzt die Ionisierungsfunktion (7 b) als Unbekannte f(U) bzw. f(x) auffassen und dafür zum Ersatz der nun fehlenden letzten Gleichung den unbekannten Potentialverlauf U(x) *willkürlich* als Polynom 4. Ordnung ansetzen, wobei sich gerade alle Koeffizienten aus den Randbedingungen ermitteln lassen und die (streng allerdings nur für den Homogenkohlebogen zutreffende) Randbedingung der verschwindenden Ionenemission der Anode wie beim Niederstrombogen wieder eine Bestimmungsgleichung für die Dicke des Anodenfallgebiets ergibt, die natürlich zum gleichen Ausdruck wie oben beim Niederstrombogen führt und damit auch gerößenordnungsmäßig gleiche Werte der Anodenfalldicke ergibt.

In dem nunmehr benutzten Gleichungssystem stecken außer den allgemeingültigen Grundgleichungen (1), (2), (5) und (6) nur zwei physikalische Annahmen, nämlich in (3) und (4) die der Proportionalität der Ladungsträgergeschwindigkeit zur jeweiligen Feldstärke und im Potentialansatz für U(x) die Annahme eines monotonen Potentialverlaufs. Sind diese vernünftigen Annahmen richtig, so *muß* auch die aus dem Gleichungssystem herauskommende Ionisierungsfunktion richtig sein. Diese Ionisierungsfunktion

$$\text{div } j^+ = \frac{d\,j^+}{d\,x}$$

ergibt sich nach unserer Rechnung als aus zwei Anteilen bestehend: einem U proportionalen Anteil, der nur dicht vor der Anode merkliche Werte besitzt und der Feldionisierung gemäß Gl. (7) entspricht, und einem (um ein vielfaches größeren) steilen Maximum am säulenseitigen Ende des Anodenfallgebiets. Dieses liegt genau an der Stelle, an der u zu überwiegen beginnt gegenüber b^+E und ist als direkte Folge der Blasgeschwindigkeit u aufzufassen: Die durch den Dampfstrom in Richtung der turbulenten Säule fortgeblasenen Ionen und Elektronen müssen hier durch thermische Ionisierung nachgeliefert werden. Daß hierfür nur thermische Ionisierung in Frage kommt, folgt aus dem an dieser Stelle geringen Wert der Feldstärke und dem Nachweis des durch den Ionenentzug nicht wesentlich gestörten thermischen Gleichgewichts.

Noch nicht befriedigend geklärt ist die Frage, woher die für die Ionisierung am Ort dieses Maximums aufgewandte Energie stammt, doch glauben wir, daß sie vom Ende der hocherhitzten turbulenten Säule rückwärts durch Strahlung oder Wärmeleitung geliefert werden muß. Dann muß aber·diese Abkühlung des anodenseitigen Endes der turbulenten Säule durch einen entsprechenden Feldstärkeanstieg kompensiert werden, was einer Verlängerung des Anodenfallgebiets in Richtung der Säule gleichkommt.

Es ist gelegentlich die Frage aufgetaucht, ob nicht in unserer Anodenfalltheorie noch eine Diffusion der Ladungsträger in der x-Richtung als Folge der erheblichen Konzentrationsunterschiede an den beiden Enden des Anodenfallgebiets zusätzlich berücksichtigt werden müsse, unsere Theorie also noch unvollständig wäre. Das ist aber *nicht* der Fall. Die in unsere kinetische Anodenfalltheorie eingehenden Werte des Anodenfalls U_a und der Bogenstromstärke J sind ja dem *Experiment* entnommen. Sie sind die unter der gleichzeitigen Wirkung von Feldbewegung *und* Diffusion der Ladungsträger sich *tatsächlich* einstellenden Werte, durch deren Einführung in unser Gleichungssystem die Diffusion also schon automatisch berücksichtigt ist. Unsere Theorie ist in dieser Beziehung also bereits exakt.

Zu berücksichtigen wäre lediglich noch die bei Bögen mit positiven Salzdochtkohlen nicht vernachlässigbare Ionenemission der Anode. Es läßt sich aber zeigen, daß auch durch diese die Verhältnisse im Anodenfall in keiner Weise grundlegend verändert werden, sondern nur die Dicke des Anodenfallgebiets und die Feldstärke etwas verkleinert und die übrigen Werte etwas geändert werden, aber nicht größenordnungsmäßig.

Die hier nur angedeutete und ohne Zahlenbeispiele wiedergegebene Anodenfalltheorie von Heinzmann und dem Verfasser führt also entsprechend unseren ersten Vermutungen (15, 16) die Unterschiede zwischen Niederstrom- und Hochstrombogen allein auf die Blaswirkung des durch die Anodenverdampfung entstehenden Dampfstrahls zurück. Sie gestattet die nicht direkt meßbare Dicke des Anodenfallgebiets d zu etwa 0,1 mm zu berechnen, und gibt Aufschluß über den Verlauf des Potentials, der Feldstärke, der beiden Raumladungen, des Ionenstromanteils und der Ionisierung im Anodenfallgebiet. Mit Rücksicht auf die S. 177 diskutierte Begrenzung der Gültigkeit der thermischen Theorie ist es interessant, daß die Feldstärke vor der Anode mit größenordnungsmäßig 10000 Volt/cm die Säulenfeldstärke um drei Zehnerpotenzen übersteigt! Einzelheiten sind aus (26) zu ersehen.

d) Offene Probleme der Anodenfalltheorien.

Sieht man von den durch exaktere, wenn auch oft sehr komplizierte Rechnungen und numerische oder graphische Auswertungen noch zu verbessernden Unvollkommenheiten der z. Zt. bekannten Anodenfalltheorien ab und betrachtet nur deren *grundsätzliche* Schwierigkeiten und die durch sie bedingten offenen Fragen, so erkennt man folgendes: Die thermische wie die kinetische Theorie gehen von experimentell bestimmten Randbedingungen aus und suchen aus ihnen den Verlauf der physikalisch interessierenden Größen im Anodenfallgebiet zu berechnen. Ob dabei die thermische Theorie von den experimentell zu bestimmenden Temperaturen der Anode und der turbulenten Säule, oder die kinetische Theorie von den experimentellen Werten des Anodenfalls, der Ionenemission der Anode und eventuell noch der Säulenfeldstärke ausgehen, ist grundsätzlich gleichgültig. Das Ziel einer wirklichen, geschlossenen Anodenfalltheorie müßte demgegenüber darin bestehen, aus den gegebenen Konstanten wie der Ionisierungsspannung und der spezifischen Wärme der betreffenden Bogengase und -dämpfe *die Abhängigkeit aller interessierenden Größen von der einzigen willkürlich einstellbaren Größe, nämlich der Stromstärke bzw. Stromdichte zu berechnen.* Eine derartige vollständige Theorie würde daher nicht nur einen bestimmten stationären Zustand wie den eines Hochstromkohlebogens gegebener Stromdichte beschreiben, sondern auch die bei Steigerung der Stromstärke vor sich gehende Entwicklung des Hochstrombogens aus dem Niederstrombogen (vgl. S. 7) quantitativ wiedergeben müssen. Zu einer solchen vollständigen Theorie liegen aber kaum die ersten tastenden Versuche vor.

6. Mechanismus und Theorie des normalen und des zischenden Homogenkohlebogens.

Bei der Besprechung der Eigenschaften des zischenden Homogenkohlebogens S. 41 f. wurde bereits darauf hingewiesen, daß die Voraussetzung zu seiner Erklärung das Verständnis des normalen, nicht zischenden Homogenkohlebogens ist, der besonders durch seine konstante Stromdichte von rund 40 Amp./cm² an der Anode ausgezeichnet ist, die er unabhängig vom Kohlematerial und der Gesamtstromstärke im gesamten von uns untersuchten Bereich beibehält.

a) Die Theorie der Stromdichtekonstanz beim normalen Anodenfall des Homogenkohlebogens.

Schluge (86) hat diese Frage theoretisch behandelt, wobei er von der zunächst rein formalen Analogie zu der konstanten kathodischen Stromdichte im normalen Kathodenfall von Glimmentladungen ausgeht, die sich z. B. in dem völlig gleichen Bau unseres Ausdrucks für die Anodenfalldicke S. 179 und des im Engel-Steenbeck[1] abgeleiteten für die Dicke des normalen Kathodenfallgebiets der Glimmentladungen ausdrückt.

Zur Berechnung des Anodenfalls U_a als Funktion der Stromdichte j benötigt man, da die unbekannte Anodenfalldicke d auch in die Rechnung eingeht, 3 Gleichungen. Die beiden ersten entnimmt Schluge unserer Anodenfalltheorie S. 179, und zwar:

$$U\,(x) = U_a \left(1 - \frac{x}{d} \right)^4 \qquad \text{und}$$

$$d^3 = \frac{12\,b\,U_a^2}{\pi\,j}$$

und führt als dritte die Stationaritätsbedingung (Erhaltung der Ladungsträgerzahl) durch Umformung der bekannten Gleichung

$$\alpha = \beta\,e^{\,(\alpha - \beta)\,d}$$

ein, in der α und β die Ionisierungszahlen der Elektronen und Ionen je cm Weg in Feldrichtung sind. Durch ziemlich komplizierte Umformung

---

[1] A. v. Engel u. M. Steenbeck, Elektrische Gasentladungen, Springer, Berlin 1934.

und graphische Integration erhält Schluge aus diesen drei Gleichungen die gesuchte Abhängigkeit

$$U_a = U_a \, (j),$$

die bei geeigneter Wahl der Konstanten den in Abb. 121 dargestellten Verlauf des normalen Anodenfalls mit der Stromdichte j ergibt. Entscheidend ist, daß die Kurve bei einer bestimmten Stromdichte ein Minimum des Anodenfalls zeigt, und daß dieser Kurvenverlauf unabhängig von allen speziellen Annahmen über die in die Theorie eingehenden Konstanten stets herauskommt. Bei der großen Zahl von Vereinfachungen in der hier nicht wiedergegebenen Rechnung und bei der Unsicherheit vieler eingehender Konstanten ist eine quantitative Übereinstimmung mit den empirischen Werten (beim Homogenkohlebogen $U_a \sim 30$ Volt und $j \sim 40$ Amp./cm²) nicht zu erwarten. Die von Schluge gefundene Übereinstimmung, bei der beide Werte ungefähr um den Faktor 2 zu hoch herauskommen, erscheint daher schon recht befriedigend. Denn das entscheidende ist beim gegenwärtigen Stand des Problems der Nachweis, daß die Theorie überhaupt ein Minimum des Anodenfalls für eine bestimmte Stromdichte ergibt.

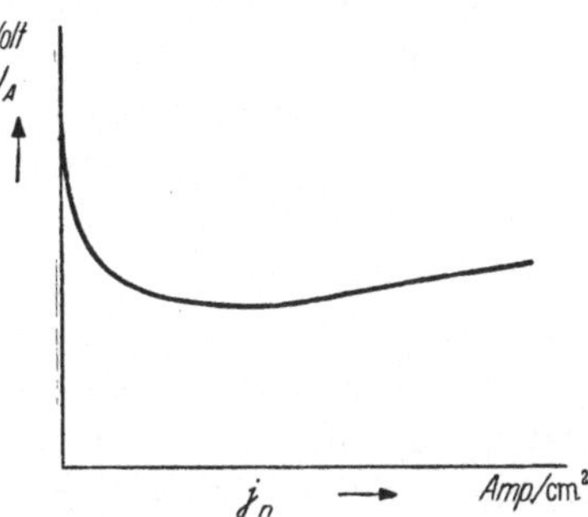

Abb. 121. Die Abhängigkeit des normalen Anodenfalls beim Niederstromkohlebogen von der anodischen Stromdichte nach der Theorie von Schluge (86).

Aus Abb. 121 folgt, daß eine kleinere Stromdichte als die dem Minimum der Kurve entsprechende nicht möglich ist, weil sie eine Vergrößerung des Anodenfalls, d. h. des Energieumsatzes im Anodenfall bedingen würde. Ob die empirisch festgestellte Unmöglichkeit einer *größeren* Stromdichte als der des Minimums auf dem schwachen Anstieg der Kurve nach rechts beruht oder auf der dann plötzlich (aus noch unbekannter Ursache) einsetzenden Kontraktion des anodischen Bogenansatzes, d. h. auf dem Umschlag in die energetisch benachbarte zischende Brennform des Bogens, ist noch nicht bekannt. Hierfür wird die zunächst noch recht formale Theorie von Schluge durch kinetische Gedanken und Ansätze erweitert werden müssen.

b) Der Mechanismus des Zischens.

Über die Zischvorgänge an der Anode hat Schluge (89) aus den S. 41 f. behandelten Untersuchungen folgendes erschlossen: Im Gegensatz zum Beckbogen ist die Säule des Homogenkohle-Hochstrombogens in ihrer ganzen Länge zwischen Kathode und Anode auf einen Durchmesser von 2—3 mm (bei 75 Amp.) kontrahiert. Im Anodenfallgebiet kontrahiert

der Bogen noch viel stärker und setzt an der Anode mit einem Mikrobrennfleck von nur etwa 0,3 mm Durchmesser an, in dem eine Stromdichte der Größenordnung 50000 Amp./cm² herrschen muß. Dieser
Mikrobrennfleck läuft mit einer Geschwindigkeit von etwa 300 m/sec
kreisend in dem größeren Brennfleck um, der sich seinerseits entsprechend
der Bewegung der Bogensäule, deren anodischen Fußpunkt er bildet,
über die Stirnfläche der Anode bewegt. Die Bewegung des großen Brennflecks erfolgt nun nach Schluge beim hochbelasteten Bogen mit Winkelstellung der Kohlen stets regelmäßig vom unteren, der Kathode näheren
Rand der Anodenstirnfläche zu deren oberem Rand, wo die Entladung
durch Neuzündung am unteren Rand abreißt. Dieser Vorgang, der mit
einer Frequenz von 1500—2000 Hz erfolgt, steht in Übereinstimmung
mit dem vielseitigen experimentellen Befund, dürfte also kaum mehr zu
bezweifeln sein. Versuche ergaben auch eindeutig (vgl. S. 51), daß diese
Bewegung offenbar durch das Eigenmagnetfeld des Bogenstroms bewirkt wird, oder mindestens ihre große Regelmäßigkeit erhält.

Die wesentlichen bisher bekannten Tatsachen des Zischens scheinen
so verständlich zu sein, wenn auch eine *Theorie* der Erscheinung noch
fehlt. Diese müßte zunächst die Erscheinung der anodischen Kontraktion
beim Homogenkohlebogen im Gegensatz zu den nicht zischenden Salz-
kohlebögen erklären, die wohl sicher mit der Ionenemission der letzteren
zusammenhängt. Sie muß weiter zeigen, warum beim nicht-zischenden
Bogen mit dem eben behandelten normalen Anodenfall *keine* anodische
Kontraktion stattfindet. Sie muß schließlich die Abhängigkeit der Erscheinungen vom Kohlematerial erklären, die sich in der gesetzmäßigen
Abhängigkeit aller Zischerscheinungen (vgl. Abb. 20 bis 22) vom spezifischen Widerstand (und damit wohl auch vom Wärmeleitvermögen)
ausdrückt.

c) Die Ermittlung von Säulengradient und Anodenfall des
zischenden Homogenkohle-Hochstrombogens.

Die Schlugeschen Experimente gestatten nun direkt die Ermittlung
des Gradienten der kontrahierten Bogensäule sowie der Summe von
Kathoden- und Anodenfall. Aus den Oszillogrammen sind nämlich die zu
den beiden in Abb. 32 gezeichneten extremen Säulenlängen gehörenden
Brennspannungswerte zu entnehmen. Da die Größe des Kathoden- wie
des Anodenfalls aber von der Bogenlänge unabhängig sein muß, können
wir aus den auf den Filmaufnahmen ausmeßbaren Säulenlängen und den
zugehörigen Brennspannungswerten den Säulengradienten E sowie den
Wert der Summe $U_k + U_a$ berechnen. Es ist ja

$$U = EL + (U_k + U_a),$$

wenn L die gemessene Säulenlänge bedeutet. Die Unbekannten E und
$(U_k + U_a)$ dieser Gleichung lassen sich berechnen, da wir zwei Glei-

chungen (für die größte und für die kleinste Bogenlänge) zu ihrer Bestimmung haben. Die Ergebnisse sind für eine Anzahl von Stromstärken in Tab. 8 zusammengestellt.

Tabelle 8.

Werte des Säulengradienten E und der Summe von Kathoden- und Anodenfall für verschiedene Kohlen und Belastungen des Homogenkohle-Hochstrombogens nach Schluge.

Kohlenart 7 mm ⌀	Stromstärke Amp.	Gradient E Volt/cm	$U_a + U_k$ Volt
Graphit „534" . .	45	20	29
,, ,, . .	75	22	28
Ruß (RWGammaV)	45	33	32
,, ,,	75	35	28

Der Säulengradient ist größer als erwartet. Besonders überraschend aber ist der kleine, und mit der Stromstärke im Gegensatz zum Beckbogen nicht zunehmende, Wert der Summe von Anoden- und Kathodenfall. Rechnet man nämlich, was ungefähr den Tatsachen entsprechen muß, für den Kathodenfall den Betrag von 10 Volt, so bleibt für den Anodenfall nur ein innerhalb der Fehlergrenze konstanter Betrag von knapp 20 Volt übrig. An der Richtigkeit dieser Berechnung zu zweifeln sehen wir aber keinen Grund.

d) Die Deutung der Anodenfallmessungen am Zischbogen.

Wie sind angesichts dieser neuen Anodenfallwerte nun die größere und mit der Belastung leicht ansteigende Anodenfallwerte ergebenden Sondenmessungen von Abb. 19 S. 40 zu verstehen? Hierzu ist die Frage zu klären, welches Potential man mit einer Sonde mißt, wenn diese nicht, wie beim Beckbogen, in eine räumlich ausgedehnte Säule eintaucht, sondern wenn, wie im Fall des zischenden Homogenkohlebogens, die stark kontrahierte Säule bei ihrer Bewegung auf der Anodenstirnfläche der störenden Sonde auszuweichen bestrebt ist. Hier wird die Sonde das Potential des der Sonde nächsten Säulenteils annehmen müssen. Dann würde man mit der Sonde also nicht den gesuchten Anodenfall messen, sondern zusätzlich den Spannungsabfall in der Säule zwischen deren anodenseitigem Ende und dem der Sonde nächsten Punkt der Säule. Es wäre dann verständlich, daß die vor der Klärung der Zischvorgänge ausgeführten Sondenmessungen am Homogenkohle-Hochstrombogen zu hohe Anodenfallwerte geliefert hätten. Daß diese Werte mit zunehmender Anodenbelastung leicht anwachsen, scheint nach den Filmaufnahmen des Zischvorgangs ebenfalls verständlich, weil mit wachsender Strombelastung infolge der zunehmenden magnetischen Kraft die Krümmung und damit die Länge der kontrahierten Säule in ihrem längsten Zustand größer wird, und mit ihr der bei der Sondenmessung mit erfaßten Spannungsabfall zwischen dem säulennächsten Punkt und dem anodenseitigen Säulenende.

e) Der Mechanismus des Homogenkohle-Hochstrombogens.

Wie ist nun auf Grund der neuen Anodenfallwerte der Anodenmechanismus des Homogenkohle-Hochstrombogens zu verstehen? Unsere frühere und beim Beckbogen im wesentlichen auch weiter gültige Vorstellung vom Mechanismus der anodischen Vorgänge nahm an, daß die zur Verdampfung und Aufheizung von $A-A_0$ Gramm Anodenmaterial je Sekunde erforderliche Energie der Anodenstirnfläche durch die im Anodenfall beschleunigten Elektronen und durch die Rückstrahlung seitens der turbulenten Säule zugeführt wird. Der mit der Anodenbelastung gemäß Abb. 83 stark zunehmenden Anodenverdampfung *muß* dann gemäß Abb. 19 ein mit der Stromstärke wachsender Anodenfall entsprechen, in Übereinstimmung mit dem empirischen Befund.

Nun war zwar auch beim Homogenkohlebogen das Ergebnis der Anodenfallmessungen in Übereinstimmung mit der Bilanzrechnung. Aber diese Sondenmessungen sind ja nun wahrscheinlich gestört und unzuverlässig, während Schluges neue, anscheinend zuverlässigere Methode einen innerhalb der Fehlergrenzen von der Stromstärke unabhängigen Anodenfallwert von nur etwa 20 Volt liefert. Bei Richtigkeit dieses Werts reicht nun die der Anodenstirnfläche durch die Elektronen zugeführte Energie *nicht* mehr zur Deckung des nachweisbaren Energieverlusts der Anode aus. Es *muß*, wenn die niedrigen Anodenfallwerte richtig sind, also beim zischenden Homogenkohle-Hochstrombogen noch zusätzlich ein entscheidender Energiebetrag zur Anodenstirnfläche transportiert werden. Dies kann nur durch Wärmestrahlung und Wärmeleitung von der kontrahierten Säule her geschehen. Es scheint verständlich, daß die beim Homogenkohlebogen im Gegensatz zum Beckbogen kontrahierte und wegen ihrer viel höheren Stromdichte und Temperatur viel weitgehender dissoziierte und ionisierte Säule mehr Energie auf die Anode übertragen kann (Abhängigkeit des Wärmeleitvermögens vom Dissoziations- und Ionisierungsgrad!) als die der Anode des Beckbogens vorgelagerte turbulente Säule. Es ist auch sinnvoll anzunehmen, daß diese Energieübertragung von der kontrahierten Säule auf die Anode mit wachsender Stromstärke wegen der zunehmenden Säulenkontraktion und Temperatur ebenfalls zunimmt und damit trotz des konstanten Anodenfalls der Energieverlust der Anode gedeckt wird. Daß ein Teil dieser Energie aus der Säule stammen würde, könnte (da das eine Kühlung der Säule bedeuten würde) den überraschend hohen Säulengradienten erklären. Hier handelt es sich aber nur um Vermutungen, wie offenbar allgemein unsere Kenntnis der Theorie des Zischbogens noch äußerst unsicher ist.

7. Zur Theorie der kathodischen Vorgänge.

Über die kathodischen Vorgänge im Hochstromkohlebogen ist bisher außer der S. 131 erwähnten, mit zunehmender Stromstärke erfolgenden Kontraktion des Kathodenbrennflecks bis zu einer maximalen Stromdichte von etwa 5000 Amp./cm² nicht viel bekannt. Nicht einmal gesicherte Werte des Kathodenfalls liegen vor. Aus der Energiebilanz der Kathode[1]) folgt, daß dicht vor dem Kathodenbrennfleck 20—25% des Stroms durch Ionen transportiert werden müssen. Der Restbetrag von etwa 4000 Amp./cm² kann bei der Brennflecktemperatur von 4000° K anscheinend von der Kohle emittiert werden, so daß bezüglich der Elektronenerzeugung keine grundsätzlichen Schwierigkeiten zu bestehen scheinen. Trotzdem ist zur Erzeugung der Ionen vor der Kathode ein Ionisierungsgebiet und ein entsprechender Spannungsabfall erforderlich, und ein weiterer Spannungsabfall ist zur Überbrückung des Temperaturintervalls zwischen dem Kathodenbrennfleck (4000° K) und der Temperatur der kontrahierten Säule von 11 000° K erforderlich. Beide Anteile zusammen müssen den Kathodenfall ergeben. Obwohl also im Kathodenbrennfleck des Hochstromkohlebogens eine zur Deckung des Elektronenstroms ausreichende thermische Elektronenemission vorhanden sein dürfte, muß zur Berechnung des Kathodenfalls eine an Weizel, Rompe und Schön[2]) angelehnte Kathodenfalltheorie benutzt werden. Die genannte Theorie ist direkt dagegen auf den Kohlebogen in Luft, wie unsere Rechnungen ergeben haben, nicht anwendbar.

8. Die Theorie der turbulenten und der kontrahierten Säule des Hochstromkohlebogens.

Im folgenden sollen die vorliegenden theoretischen Ansätze zum Verständnis der Hochstrombogensäule und ihrer Besonderheiten gegenüber der normalen Lichtbogensäule behandelt werden. Hierbei haben wir zu unterscheiden zwischen der turbulenten, im Anodenmaterialdampf brennenden, und der kontrahierten, in Luft brennenden Säule, wobei das Übergangsgebiet zwischen beiden Entladungsteilen noch ein besonderes Problem darstellt (vgl. S. 144, 152).

Allgemein haben Höcker und der Verfasser (27) die eigentliche (nicht turbulente) Hochstrombogensäule als *eigenfeldbestimmt* bezeichnet, in dem Sinn, daß gemäß S. 138 ihre äußere Form ebenso wie wesentliche

---

[1]) Vgl. A. v. Engel u. M. Steenbeck, Elektrische Gasentladungen, Bd. II, Springer, Berlin 1934.

[2]) ZS. Physik **115**, 1940, 179.

ihrer Eigenschaften durch das magnetische Eigenfeld des Bogens bestimmt sind. Die Hochstromsäule unterscheidet sich dadurch von der wandstabilisierten Säule der in einem engen Rohr brennenden Bögen, dem elektrodenstabilisierten kurzen Hg-Hochdruckbogen, dessen ellipsoidische Form wesentlich durch den Abstand der beiden Elektrodenspitzen bedingt ist, und dem konvektionsbestimmten Flammenbogen, für dessen Form und Eigenschaften die ihn umgebenden (meist durch den thermischen Auftrieb bedingten) Konvektionsströme entscheidend sind.

Bevor wir auf die eigentliche stationäre Bogensäule eingehen, behandeln wir kurz die turbulente Säule.

a) Die turbulente Bogensäule.

Nach S. 15 bezeichen wir als turbulente Säule des Hochstromkohlebogens den Teil der Strombahn, der in dem schnell strömenden, vom positiven Krater ausgehenden Dampfstrahl verläuft. Schon äußerlich zeigt dieser zwischen 5 und 20 mm lange, der Anode vorgelagerte Säulenteil nicht die schöne radiale Struktur, die man von der kontrahierten und jeder anderen stabilen Bogensäule als Folge der stationären Temperaturverteilung kennt. Wir schließen daraus, daß ein stationärer, gleichmäßiger Temperaturabfall von der Säulenmitte zum Rand hin sich in der turbulenten Säule nicht ausbilden kann. Dafür gibt es drei Ursachen. Erstens wird die turbulente Säule vom Anodenfallgebiet her über den ganzen Säulenquerschnitt annähernd gleichmäßig aufgeheizt; zweitens erfolgt anscheinend noch eine einseitige Aufheizung an der Elektroneneintrittsstelle (Rohloff [78], vgl. S. 78), und drittens verhindert die „Blaswirkung" des Dampfstrahls jedes radiale Temperaturgleichgewicht, weshalb wir auch diesem Säulenteil den Namen „turbulente Säule" gegeben haben.

Wegen dieser fehlenden radialen, stationären Temperaturverteilung ist die normale, gleich kurz zu behandelnde allgemeine Theorie der Bogensäule auf die turbulente Säule *nicht* anwendbar. Wir können für diese lediglich aus dem Experiment die mittlere Temperatur entnehmen (vgl. S. 117) und aus ihr und der bekannten Ionisierungsspannung des Anodenmaterialdampfes den Ionisierungsgrad mittels der Saha-Gleichung berechnen. Eine verfeinerte Theorie der turbulenten Säule wird auch dadurch erschwert, daß ein nicht unwesentlicher Bruchteil der zugeführten Energie abgestrahlt wird.

b) Die allgemeine Theorie der stationären Bogensäule.

Die allgemeine Theorie der stationären, nicht durch Turbulenz gestörten Bogensäule beruht auf der von Elenbaas stammenden Vorstellung, daß die je cm Säulenlänge umgesetzte elektrische Leistung $E \cdot J$ im stationären Gleichgewicht zum Teil abgestrahlt und der Rest durch radiale Wärmeleitung nach außen abgeführt werden muß. In einfachster Form schreibt sich die Elenbaassche Differentialgleichung der Bogensäule also

$$(1) \qquad E\,J = 2\,\pi\,r\,k\,\frac{d\,T}{d\,r} + S,$$

wo k der Wärmeleitungskoeffizient des Säulenplasmas, der natürlich von der Temperatur abhängt, und S die Abstrahlung je cm Säulenlänge ist.

Mannkopff[1]) hat diese Grundidee zu einer Theorie der normalen Niederstrombogensäule in Luft auszubauen versucht, indem er die bei der radialen Energieabfuhr mitwirkenden atomaren Prozesse wie besonders die Dissoziation der Moleküle O_2, N_2 und NO in der Säulenachse und die radiale Diffusion ihrer Atome nach außen mit der anschließenden Rekombination in den dadurch erweiterten Wärmeleitungskoeffizienten einbezog. Da diese Erweiterung auf einem indirekten Wege, nämlich über eine Erweiterung der Theorie der spezifischen Wärmen erfolgte, bleiben die einzelnen Zusammenhänge etwas undurchsichtig, obwohl die Grundlage der Theorie, wenigstens für Niederstromsäulen mit Achsentemperaturen unter 7000^0K, an sich richtig ist.

Höcker und der Verfasser (46) gehen dehalb in ihrer Theorie von einer erweiterten Elenbaasschen Differentialgleichung der Bogensäule in Luft aus, in der statt des einfachen klassischen Wärmeleitungskoeffizienten k der Gl. (1) der vollständige Wärmeleitungskoeffizient K

$$(2) \qquad K = k_A + k_e + e\,U_i\,D_A\,\frac{d\,n_A}{d\,T} + e\,U_D\,D_M\,\frac{d\,n_M}{d\,T}$$

explizit eingeführt wird. Hierin bedeuten k_A und k_e die klassischen Wärmeleitungskoeffizienten der Atome (bzw. Moleküle oder Ionen) und der freien Elektronen, während die beiden Ausdrücke

$$(3) \qquad k_i = e\,U_i\,D_A\,\frac{d\,n_A}{d\,T} \qquad\qquad \text{und}$$

$$(4) \qquad k_D = e\,U_D\,D_M\,\frac{d\,n_M}{d\,T}$$

die Anteile darstellen, die der radiale Transport der Ionisations- und Dissoziationsenergie zum gesamten Wärmeleitungskoeffizienten K beträgt. U_i und U_D sind die Ionisierungs- bzw. Dissoziationsenergie, D_A bzw. D_M die Diffusionskoeffizienten und n_A und n_M die räumlichen Dichten der Atome bzw. Moleküle.

Durch Berechnung der einzelnen Glieder des vollständigen Wärmeleitungskoeffizienten für Luft als Funktion der Temperatur konnte Höcker zeigen, daß für die Niederstromsäule mit $T < 7000^0$K der

---

[1]) ZS. Physik **120**, 1943, 228.

Wärmeleitungsbeitrag der freien Elektronen völlig vernachlässigt werden kann, und daß in der Gegend von 6800^0K ein Minimum von K liegt, da bei dieser Temperatur die Dissoziation der Moleküle im wesentlichen abgeschlossen, die Ionisation dagegen noch unerheblich ist. Wir kommen gleich noch auf die Tatsache zurück, daß die Niederstromsäule sich anscheinernd unabhängig von der Stromstärke so einstellt, daß ihre Achsentemperatur dem Minimum des Wärmeleitungskoeffizienten K entspricht, wodurch nach Höcker verständlich würde, daß die Achsentemperatur der Niederstromsäule ziemlich unabhängig von der Stromstärke etwa 6800^0K beträgt.

Mannkopff hat mit seinem oben angedeuteten Verfahren eine numerische Berechnung der Temperatur der Niederstrombogensäule vorgenommen. Seine zahlenmäßigen Ergebnisse können allerdings nicht mehr zum Vergleich mit Höckers Daten herangezogen werden, weil sie auf der Benutzung einer inzwischen als falsch anzusehenden Dissoziationsenergie des N_2 und ferner auf der Annahme einer über den ganzen Säulenquerschnitt konstanten Ionisierungsspannung beruhen, während in Wirklichkeit entsprechend dem jeweiligen Anteil des NO am Trägergas für die Temperaturen in den äußeren Bogenzonen zwischen 3000 und 5000^0 die niedrige Ionisierungsspannung des NO von 9,5 Volt (gegenüber 12,5 bzw. 15,8 Volt des O_2 und N_2) eine entscheidende Rolle spielt. Auf dieser Tatsache beruht ein von Höcker (45) festgestellter, für die Niederstromsäule in Luft anscheinend grundsätzlich wichtiger Effekt. Weil von den im Bogen vorhandenen Molekülgasen das NO die weitaus niedrigste Ionisierungsspannung besitzt, erfolgt die thermische Ionisierung in den Außengebieten der Säule überwiegend durch Ionisierung von NO-Molekülen. Da in der Achse der Säule (auch der Niederstromsäule, von der zunächst nur die Rede ist!) die NO-Moleküle aber bereits vollständig dissoziiert sind, nimmt nach Höckers Rechnungen die Elektronendichte in der Säule *ohne* Berücksichtigung von Elektronendiffusions-Vorgängen von außen nach innen zunächst wegen der steigenden Temperatur zu, um dann aber nach Durchlaufen eines Maximums bei 5200^0K; entsprechend einem Achsenabstand von etwa 1 mm, nach der Achse hin wieder abzunehmen, weil in dieser nicht mehr genügend ionisierbare NO-Moleküle vorhanden sind. Diese dem stationären Fall des thermischen Gleichgewichts ohne Diffusion entsprechende Elektronendichteverteilung mit einem Minimum in der Säulenachse wird durch Elektronendiffusion mehr oder weniger verwischt werden. Eine vertrauenserweckende Berechnung der radialen Temperaturverteilung der Niederstromsäule in Luft liegt also noch nicht vor, ja die bisherigen Versuche leiden sämtlich noch an einem grundsätzlichen Mangel. Während nämlich bei entsprechendem Aufwand an Rechnung die bisher angeführten Verbesserungen z. B. in das Mannkopffsche numerische Verfahren eingebaut werden könnten, bleibt die nach Abschätzungen von Höcker bei der Niederstromsäule nicht unbeträchtliche Energieabfuhr durch thermische Konvektionsströme unberücksichtigt und ist im Rahmen der bisherigen Theorie mathematisch schlecht zu erfassen. Im Gegensatz hierzu zeigt die Abschätzung von Höcker, daß der Konvektionseinfluß bei der jetzt zu besprechenden Hochstromsäule in Übereinstimmung mit der experimentellen Erfahrung *keine* merkliche Rolle spielt, so daß hier eine einwandfreiere Theorie möglich ist.

c) Die Theorie der kontrahierten Hochstromsäule.

Diese von Höcker und dem Verfasser (46) bearbeitete Theorie der kontrahierten Hochstromsäule, deren Eigenschaften wir oben S. 151 im einzelnen behandelt haben, folgt als besonders einfacher Grenzfall aus der skizzierten allgemeinen Theorie der Bogensäule von Höcker. In der Hochstromsäule wird bei gleicher äußerer Oberfläche (gleichem Radius) je cm Säulenlänge mehr als die zehnfache Energie umgesetzt wie in der Niederstromsäule, nämlich bei der 200 Amp.-Säule 2000 Watt/cm gegenüber 150 Watt/cm bei der meist untersuchten 10 Amp.-Niederstromsäule. Aus dieser Tatsache folgt in Übereinstimmung mit dem S. 102 erwähnten spektroskopischen Befund, daß die Temperatur der kontrahierten Hochstromsäule ganz wesentlich über 7000^0 K liegen muß. Für diese Temperaturen sind aber nach unseren Rechnungen alle Anteile des gesamten Wärmeleitungskoeffizienten (Gl. 2) vernachlässigbar gegen die Wärmeleitung der freien Elektronen k_e, und das gleiche gilt für die Energieabfuhr durch Konvektion erhitzter Luft. *Die Hochstromsäule ist also gegenüber der Niederstromsäule physikalisch dadurch ausgezeichnet, daß in ihr die klassische Wärmeleitung der freien Elektronen gegenüber allen anderen Wärmeableitungsbeiträgen die allein entscheidende Rolle spielt.* Die vom Verfasser zunächst aus phänomenologischen Gründen eingeführte Unterscheidung von Hoch- und Niederstromsäule hat damit ihre physikalische Begründung gefunden. Weiterhin liegen die Verhältnisse in der Hochstromsäule gegenüber der Niederstromsäule dadurch viel einfacher, daß Moleküle in ihr nicht mehr existieren, man es also nur mit Atomen, Ionen und Elektronen zu tun hat, und daß die nach S. 190 für die Niederstromsäule wesentliche radiale Änderung der Ionisierungsspannung nur eine unwesentliche Randkorrektur bedingt, die für den kontrahierten Teil der Säule ohne Belang ist.

Für die numerische Berechnung der Verhältnisse in der Hochstromsäule ist die alleinige Berücksichtigung der Elektronen-Wärmeleitung darum von Bedeutung, weil man nun auf die Hochstromsäule das Wiedemann-Franzsche Gesetz der Temperaturproportionalität von Wärmeleitfähigkeit und elektrischer Leitfähigkeit anwenden kann und dadurch die unsichere Berechnung der Elektronenbeweglichkeit in hochionisierten Plasmen ein geringeres Gewicht bekommt. Da ferner nach Schluges Messungen S. 154 in Übereinstimmung mit eigenen theoretischen Überlegungen der ausgestrahlte Anteil der in der Säule umgesetzten elektrischen Leistung nur wenige Prozent beträgt, kann er in erster Näherung vernachlässigt und die erweiterte Differentialgleichung (1) mit (2) dann näherungsweise integriert werden. Führt man an Stelle der fehlenden Temperaturrandbedingung zur Festlegung der Absolutwerte die nach S. 153 experimentell bekannte mittlere Säulenfeldstärke $E = 10$ Volt/cm ein, so erhält man für die 200 Amp.-Säule mit einem Durchmesser des kontrahierten Teils von etwa 4 mm eine Achsentemperatur T_0 von etwa $11\,000^0\,$K und eine radiale Temperaturverteilung gemäß der Lösung

$$T\,(r) = \sqrt{\frac{\ln J_0\,(\beta\,r) + \ln A}{\alpha}}$$

worin J_0 die Besselfunktion nullter Ordnung und α, A und β Konstanten sind, die in (46) berechnet sind. Dieser Temperaturverlauf gilt aber nur, solange die Achsentemperatur des Bogens unter $12\,000^0\,$K bleibt. Er gilt weiter nur für den kontrahierten Teil der Säule, während außerhalb der Verlauf noch schwer zu übersehen ist. Dieser kontrahierte, weißlich erscheinende Teil der Hochstromsäule ist in Übereinstimmung mit unseren ersten Vorstellungen (16) durch die hohe Elektronendichte bestimmt, die sich außer durch die überwiegende Wärmeleitung der Elektronen optisch durch die Emission des Elektronenbremskontinuums anzeigt. Bezüglich aller Einzelheiten sei auf unsere Arbeit (46) verwiesen.

Die Theorie der stabilen kontrahierten Hochstromsäule ist damit im wesentlichen klar bis auf die wichtige Frage, *weshalb* die Säule eigentlich „kontrahiert", weshalb also die Niederstromsäule bei der Temperatur des Minimums des Wärmeleitungskoeffizienten K brennt, während die Hochstromsäule einen relativ geringeren Radius bei entsprechend höherer Temperatur vorzieht.

Hierzu ist zu bemerken, daß die Bogensäule sich ganz allgemein so ausbildet, daß die von außen eingestellte Stromstärke mit einem Minimum an Energieaufwand transportiert wird. Bei Stromstärkevergrößerung kann die Säule nun entweder bei der konstanten Temperatur des Wärmeleitungsminimums ihren Radius vergrößern oder im anderen Extremfall bei konstantem Radius ihre Temperatur (und damit Leitfähigkeit) erhöhen. Im ersten Fall steigt der Energieaufwand wegen der der Säulenoberfläche proportionalen Energieabfuhr wie $2\,\pi\,r$, also proportional zum Radius, im zweiten Fall bei konstantem Radius wegen des mit T sehr schnell zunehmenden Wärmeleitvermögens der freien Elektronen nach (46) oberhalb $7000^0\,$K etwa linear mit T. Bei den relativ geringen Stromstärken der Niederstromsäulen ist die Ausdehnung der

Säule bei konstanter Temperatur energetisch günstiger, während bei den hohen Stromstärken der Hochstromsäulen wegen des exponentiellen Anstiegs der Elektronendichte und damit der elektrischen Leitfähigkeit mit der Temperatur ein Temperaturanstieg bei entsprechend geringerem Säulenradius offenbar energetisch günstiger ist. Dabei kann möglicherweise die mit der Stromstärke zunehmende kontrahierende Wirkung des Eigenmagnetfelds insofern eine Rolle spielen, als sie eine radiale Ausdehnung der Säule zu verhindern strebt. Allgemein wirkt ja auf ein bewegtes Elektron der Ladung e in einem Magnetfeld der Stärke H senkrecht zu seiner Bewegungsrichtung (also in der Säule radial nach innen!) eine Kraft

$$K_m = \frac{e}{c} v H,$$

worin v die Komponente der Elektronengeschwindigkeit in Säulenrichtung ist, und die durch den Bogenstrom selbst erzeugte Feldstärke H aus der erzeugenden Stromstärke J und dem Abstand r von der Säulenachse sich zu

$$H = \frac{2 J}{r c}$$

errechnet, so daß wir für die kontrahierende Kraft auf das einzelne Elektron erhalten:

$$K_m = \frac{e}{c^2} v \frac{2 J}{r}$$

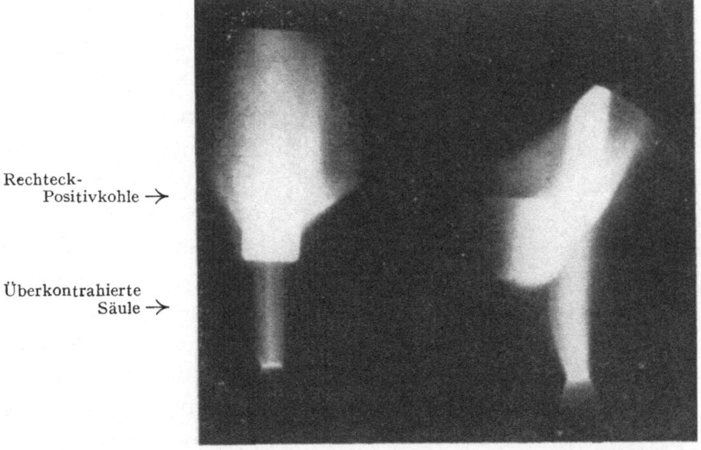

Abb. 122. Die „überkontrahierte" Hochstromsäule eines 1000 Amp.-Beckbogens. Gleichzeitige Aufnahme von vorn und von der Seite (mit positiver Rechteckkohle!) von Harald Beck-Meiningen.

Dieser Ansatz ist in die bisherige Bogentheorie noch nicht eingearbeitet worden. Auch eine Theorie der „überkontrahierten" bei etwa 1000 Amp. nach Abb. 122 auftretenden Bogensäule fehlt bisher, sollte aber aus den gleichen Ansätzen folgen (Beginn der Doppelionisation!?).

d) Die Theorie des Wendelns der kontrahierten Säule und seiner Verhinderung.

Auf das Wendeln der kontrahierten Säule, das bei Stromstärken über 400 Amp. einen stabilen Bogen unmöglich machen kann, sind wir S. 17 bereits eingegangen. Nach Untersuchungen von Guillery (39) ist es sicher, daß das Wendeln in einer schnellen Rotation der spiralförmig verkrümmten kontrahierten Säule besteht, wobei nach Zeitlupenaufnahmen die Wendelfrequenz mit wachsender Stromstärke von etwa 700 auf 1500 Hz anstieg. Diese Größenordnung der Wendelfrequenz ebenso wie ihr Anstieg mit der Stromstärke läßt nach Guillery an einen Zusammenhang mit den ähnliche Frequenzen und einen ähnlichen Gang mit der Stromstärke zeigenden Zischerscheinungen (vgl. S. 42 f. und Abb. 20) denken.

Bezüglich der Theorie des Wendelns sind also zwei Fragen zu unterscheiden, erstens wie die spiralige Krümmung der Säule zustande kommt, und zweitens wie die Säule dann in Rotation gerät. Die spiralige Krümmung der kontrahierten Säule, die offenbar die erste Voraussetzung des Wendelns ist, kann wegen der S. 154 behandelten Steifheit der Säule nur entstehen, wenn gemäß Abb. 123 infolge unsymmetrisch an der Kathode ansetzenden Säulenfußpunktes die Richtung der Säule nicht mit der Verlängerung der Negativkohle übereinstimmt. Um trotzdem zur Anode zu gelangen, muß sich die Säule dann in der angedeuteten Art krümmen. Erfahrungsgemäß führt aber eine solche Säulenkrümmung noch nicht immer zum Wendeln. Dazu muß vielmehr nach Guillery noch die nächste Umgebung des Säulenfußpunkts so hoch erhitzt sein, daß eine gewisse freie Beweglichkeit des Säulenfußpunkts möglich ist. Nun bildet sich, wie S. 131 schon erwähnt, gerade bei Stromstärken über 400 Amp. infolge Verdampfung auch an der Spitze der Negativkohle ein kleiner Krater, die sog. Brennschüssel aus, die in ihrer ganzen Ausdehnung ungefähr die Temperatur des siedenden Kohlenstoffs besitzt. In dieser Brennschüssel ist der Säulenfußpunkt also frei beweglich, und es wäre nach Meinung des Verfassers sogar möglich, daß die Verdampfung unter dem jeweiligen Säulenfußpunkt diesen direkt in Bewegung setzt.

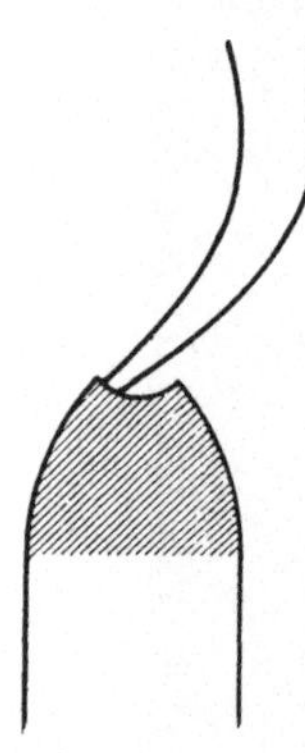

Abb. 123. Schematische Darstellung des nach Guillery (39) zum „Wendeln" der Hochstromsäule führenden schiefen kathodischen Säulenansatzes in der negativen Brennschüssel.

Sind nun die beiden Bedingungen der Säulenkrümmung und der Beweglichkeit des Säulenfußpunkts in der Brennschüssel gegeben, so muß die Säule infolge ihres eigenen Magnetfelds zu rotieren beginnen, wie Guillery durch den in Abb. 124 dargestellten Modellversuch direkt bestätigt hat, und wird sich infolge ihrer nach der positiven Kohle hin abnehmenden Steifheit aus dem zunächst in einer Ebene liegenden Bogen in eine richtige räumliche Spirale verkrümmen. An Hand der Dreifingerregel kann man sich leicht überzeugen, daß die Rotation beginnen *muß*, wenn die Spirale die in Abb. 124 angenommene Form hat, da der Säulenstrom dann stets eine radiale Komponente besitzt, die senkrecht zu dem vom Spiralstrom selbst erzeugten Magnetfeld steht und damit zu einer Drehung führen muß. Diese besondere Spiralstruktur ist aber ebenso wie die Säulenrotation durch Zeitlupenaufnahmen im Nürnberger Siemens-Schuckert-Werk von Guillery sowie unabhängig von den Brüdern Beck (5) direkt nachgewiesen worden (Abb. 10). Durch Anbohren der Kathodenspitze kann, wie nach dieser Vorstellung zu erwarten, das Wendeln nach Guillery schon bei Stromstärken unter 400 Amp. erzeugt werden, ebenso wie ein achsiales äußeres Magnetfeld erwartungsgemäß das Wendeln begünstigt. Die Theorie des Wendelns ist damit im wesentlichen klar.

Abb. 124. Modell von Guillery zum Studium des Wendelns der kontrahierten Hochstromsäule unter der Wirkung ihres eigenen Magnetfelds bei schiefem kathodischem Ansatz gemäß Abb. 123.

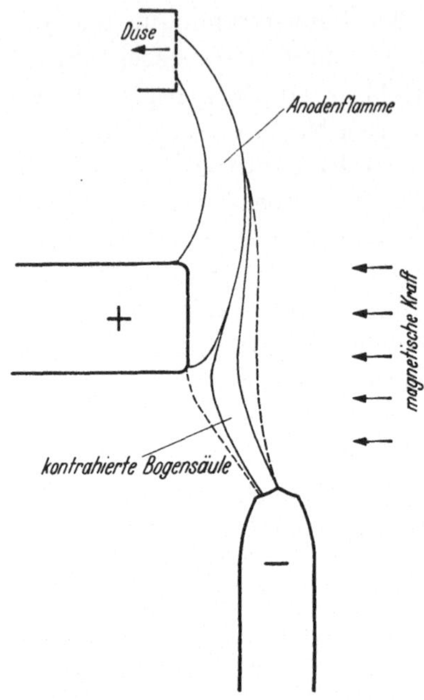

Abb. 125. Prinzip der Verhinderung des Wendelns der Hochstromsäule: Der magnetisch erzwungene exzentrische Ansatz der Säule auf einer rotierenden Negativkohle macht negative Kraterbildung und damit schiefen Ansatz gemäß Abb. 123 unmöglich. Nach Guillery und Zill (39).

Zur Verhinderung des Wendelns, die die unumgängliche Voraussetzung für einen stabilen Bogenbetrieb oberhalb 500 Amp. darstellt, hat sich bisher technisch nur die ebenso einfache wie einleuchtende Methode von Guillery und Zill (39) bewährt, und zwar bis herauf zu Stromstärken von 2000 Amp. Bei diesem Verfahren drückt man durch ein magnetisches Querfeld die kontrahierte Säule mit ihrem negativen Fußpunkt so kräftig in Richtung der positiven Kohle, daß der Säulenfußpunkt stark exzentrisch auf der ziemlich dicken Negativkohle ansetzt (Abb. 125). Durch langsame Rotation der Negativkohle erreicht er dann, daß diese sich dauernd unter dem Säulenfußpunkt wegdreht, wodurch jede Ausbildung einer Brennschüssel und damit eines beweglichen Säulenfußpunkts, d. h. die Voraussetzung für das Wendeln, mit Sicherheit vermieden wird. Ohne diesen hübschen Kniff wären die gleich zu behandelnden Höchststrombeckbögen technisch nicht anwendbar.

VI. Die technischen Anwendungen des Hochstromkohlebogens.

1. Der Beckbogen als Scheinwerferlichtquelle.

Das Hauptanwendungsgebiet des Beckbogens, auf dem dieser schlechthin unschlagbar ist, ist der Großscheinwerfer mit Leistungen von 5 bis weit über 100 Kilowatt. Die vorherrschenden zivilen Anwendungsgebiete dieser Großscheinwerfer sind die Schiffahrt und das Flugwesen. Ein wichtiges neues Anwendungsgebiet scheint die Farbfilmgroßaufnahme zu werden. Nach Siedentopf und Reeger (76a) eignen sich Beck-Großscheinwerfer schließlich besonders zur Untersuchung der Atmosphäre bis zu Höhen von mindestens 30 km und dürften damit auch beträchtliches meteorologisches Interesse gewinnen.

Als Lichtquelle für solche Großscheinwerfer hat der Beckbogen bereits 1917 den bis dahin üblichen Niederstrom-Reinkohlebogen zu verdrängen begonnen, und diese Entwicklung hat sich rasch restlos durchgesetzt. Über die physikalische und technische Entwicklungsarbeit in Deutschland während der Jahre 1917/1918 hat Gehlhoff (33, 34) berichtet; über technische und Anwendungsfragen liegen ferner Veröffentlichungen von Mattner (64), W. Rohloff (80, 81) und Thilo (94) vor.

In der Scheinwerfertechnik wurden bis 1943 Beckbögen von 90 bis 450 Amp., d. h. von 5 bis 40 kW Bogenleistung in Verbindung mit Glasparabolspiegeln zwischen 60 und 200 cm Durchmesser bei 120° Öffnungswinkel verwendet. Zu diesen Geräten sind in Deutschland 1944 noch ein 1000 Amp.- und ein 1200 Amp.-Werfer hinzugekommen, auf die wir gleich näher eingehen.

Bei den Normalscheinwerfern sind die Ausführungen, Kohledimensionen und Stromstärken von Land zu Land verschieden, doch haben sich gewisse Typern herausgebildet, z. B. der viel verwendete 200 Amp.-Bogen mit 16 mm-Positivkohle. Meist wurde früher eine Querschnittsbelastung von 100 Amp./cm² gewählt, woraus folgt, daß die kleinen Bögen geringer Stromstärke nach unseren Ausführungen von S. 71 relativ gering belastet sind und entsprechend eine geringe Leuchtedichte (etwa 60000 Stilb) besitzen, während die 24 mm-Kohle des 450 Amp.-Geräts schon mäßig hoch belastet ist und damit bei einem positiven Abbrand von 600—800 mm/h eine über 100000 Stilb liegende Leuchtdichte ergibt.

Bei der Verwendung des Beckbogens als Scheinwerferlichtquelle stört u. U. die hell leuchtende Anodenflamme beträchtlich, weil sie infolge der Abbildung durch den Parabolspiegel als sog. „Lichtsack" eine diffuse Aufhellung außerhalb des eigentlich angestrahlten Kreises ergibt. Wäre die Anodenflamme, wie sonst beim Bogen üblich, nach oben gerichtet, so würde infolge der optischen Umkehrwirkung des Parabolspiegels der Lichtsack das Gelände vor dem Scheinwerfer in unerwünschter Weise erleuchten (Vorfeldaufhellung). Man hängt die Becklampe dehalb beim Großscheinwerfer meist als sog. Invertlampe in solcher Weise in das Gehäuse ein, daß die Anodenflamme nach unten und der Lichtsack infolgedessen nach oben gerichtet ist, wo er weniger stört. Zur Verkleinerung der Anodenflamme wird diese bei modernen Geräten ferner durchweg in eine wenige cm oberhalb der positiven Kohle angebrachte Düse hineingesaugt, womit gleichzeitig für die Abführung aller störenden Dämpfe gesorgt ist (vgl. Abb. 125). Zur Verkürzung der Anodenflamme und Verbesserung der Kraterausleuchtung könnten grundsätzlich ferner die S. 141 f. behandelten Möglichkeiten der magnetischen Bogenbeeinflussung herangezogen werden.

In Scheinwerfern werden durchweg vollautomatisch arbeitende Bogenlampen verwendet. Zur Ausbildung eines gleichmäßigen positiven Kraters läßt man runde Positivkohlen stets langsam rotieren. Ihr Vor-

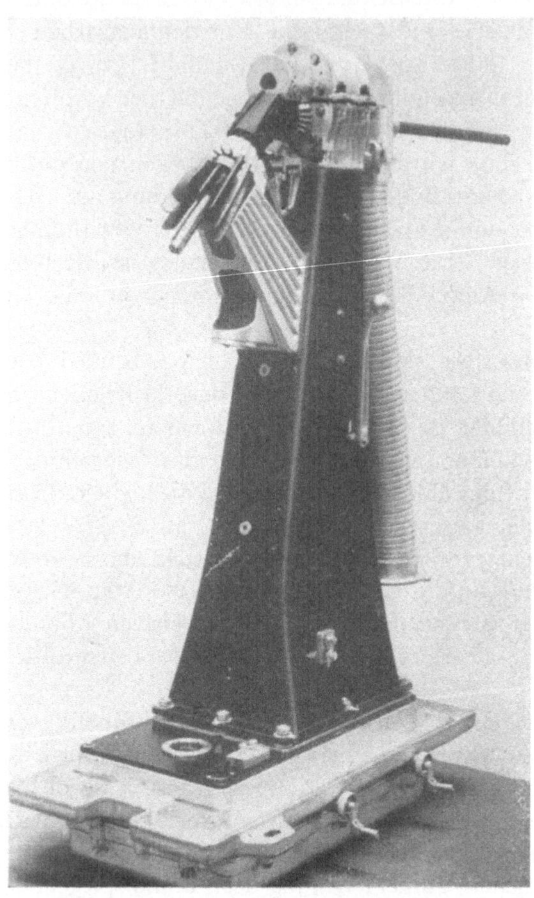

Abb. 126. Technische, von Heinz Beck konstruierte vollautomatische Scheinwerfer-Becklampe der AEG für 450 Amp. mit Absaugung der Anodenflamme. Auf dem Bild ist der eigentliche Bogen-Brennraum unter der deutlich sichtbaren Absaugdüse durch die im Ruhezustand geschlossene „Kraterblende" abgedeckt.

schub wird meist durch ein thermisches oder optisches Relais über die Abbildung des Brennendes der positiven Kohle auf einem Schaltelement in solcher Weise gesteuert, daß der positive Krater seine Stellung zum Spiegel unabhängig von der Größe des Abbrands beibehält. Der Vorschub der Negativkohle erfolgt dann durch einen Motor, der anläuft, sobald die Bogenspannung durch den Abbrand der Negativkohle größer als ein vorgegebener Wert wird. Die Zündung erfolgt durch eine besondere, bei ausgeschalteter Lampe die Negativkohle berührende Zündkohle, die beim Einschalten durch einen Elektromagneten zurückgerissen wird, wobei der an der Berührungsstelle erfolgende Dampfausbruch die Positivkohle erreicht und den Bogen zündet. Abb. 126 zeigt eine technisch durchgebildete 450 Amp.-Lampe in der von Heinz Beck stammenden AEG-Konstruktion. Als Scheinwerferstromquelle dient meist ein eigener Generator mit einer dem Schweißgenerator ähnlichen Kennlinie, der bei dem im Augenblick der Zündung vorhandenen Kurzschluß keine allzu große Stromspitze liefert und in seiner Kennlinie dem Bogenbetrieb so angepaßt ist, daß ein energieverzehrender Beruhigungswiderstand unnötig ist. Alle Einzelheiten der günstigsten Kohlestellung usw. sind im Lauf der technischen Entwicklung so durchgebildet worden, daß die

Abb. 127. 200 cm-Scheinwerfer der AEG mit 1000 Amp.-vollautomatischer Becklampe.

Scheinwerferbögen heute allen Anforderungen an störungsfreien Betrieb, auch bei Laienbedienung, sowie an Konstanz der Leuchtdichte genügen. Die volle Leuchtdichte und Lichtruhe ist bereits wenige Sekunden nach der Zündung erreicht, was oft wichtig ist.

Um eine Vorstellung von dem heute technisch Erreichbaren zu geben, behandeln wir kurz die als physikalische wie konstruktiv-technische Spitzenleistungen anzusehenden Beck-Scheinwerfer von 1000 und 1200 Amp. Stromstärke (vgl. den Bogen Abb. 122!) mit 200- bzw. 300 cm-Spiegeln, die gleichzeitig, teilweise mit auf Anregung von Wolff, im Nürnberger Siemens-Schuckert-Werk von Külb, Guillery, Götz und Mitarbeitern, und bei der AEG von den Brüdern Beck, Affeldt und Mitarbeitern entwickelt und gebaut wurden. Nachdem die Voraussetzung zur Beherrschung dieser höchsten Stromstärken von Guillery und Zill (39) durch die magnetische Verhinderung des Wendelns geschaffen war, wurde das Problem der Kühlung der Bogenbrennkammer sowie das der Kraterblende besonders von den Brüdern Beck in konstruktiv schöner Weise gelöst.

Abb. 127 zeigt eine Gesamtaufnahme eines bei der AEG und in ganz ähnlicher Form bei Siemens-Schuckert gebauten 1000 Amp-Geräts mit 2 m-Spiegel, Abb. 128 das 1200 Amp.-Gerät mit 3 m-Spiegel

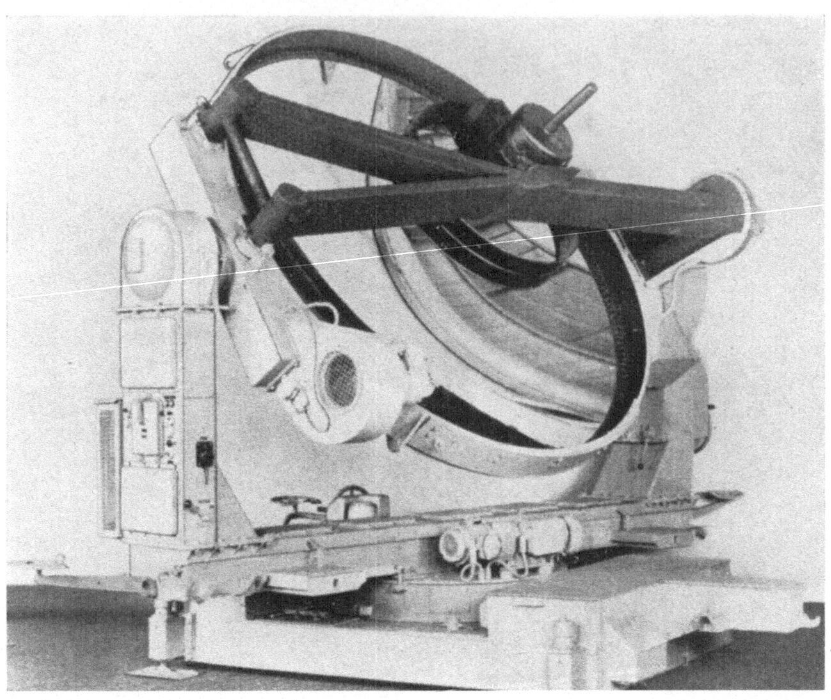

Abb. 128. 300 cm-Scheinwerfer mit vollautomatischer 1200 Amp.-Siemens-Schuckert-Becklampe. Größter und leistungsfähigster bisher überhaupt gebauter Scheinwerfer mit 9 Milliarden HK im Strahl.

und Siemenslampe. Im Gegensatz zu den bis 1943 üblichen Geräten, bei denen der Bogen in einem allseitig geschlossenen, hinten den Spiegel und vorne ein Abschlußglas tragenden Gehäuse brannte, befindet sich bei den neuesten Geräten der Bogen in einer an einem Querträger vor dem Spiegel befestigten Brennkammer (s. Abb. 129/130) dem offenen Spiegel frei gegenüber. In dieser Brennkammer sind auf kleinstem Raum die Kohlen mit ihrem Regulier- und Vorschubmechanismus, die Zündeinrichtung, die Stabilisierungsmagnete, die Absaugvorrichtung für die Anodenflamme und die Druckluftkühlung für die gesamte, thermisch hoch beanspruchte Brennkammer untergebracht. Abb. 129 und 130 zeigen Ansichten der Siemens-Brennkammer und der bezüglich der Lamellenkühlung ihr noch überlegenen AEG.-Brennkammer. Anfangs wurde nicht nur die Brennkammer, sondern auch der Spiegel von rückwärts durch einen Ventilator mit Druckluft gekühlt, weil seine Temperatur, da er ja allen Witterungseinflüssen frei ausgesetzt ist, nicht über 80° C steigen darf. Nach letzten Versuchen scheint diese Spiegelkühlung aber sogar entbehrlich zu sein.

Abb. 129. Vollautomatische Becklampe von Siemens-Schuckert (Guillery) für über 1000 Amp. Stromstärke, verwendet in Geräten gemäß Abb. 127/128. Oben Reguliermechanismus. In die Brennkammer hineinragend die Negativkohle, in der Mitte die Rechteck-Positivkohle, unten die Absaugdüse. Rechts und links unter der Brennkammer die beiden Hälften der Abblendvorrichtung für die Brennkammer.

Abb. 129/30 zeigt, wie in den Brennkammern in 90°-Stellung die (natürlich nicht rotierende) Rechteck-Positivkohle von 18×26 bzw. 20×28 mm Querschnitt und die dochtlose rotierende Graphit-Negativkohle von 24 mm Durchmesser angeordnet sind. Der Abstand der beiden Kohlenmitten beträgt normal 43 mm. Die Positivkohle, deren nur 2 mm starker Mantel bis zur Kraterfläche fast abgezundert ist und daher ähnlich einer Nurdochtkohle einen flachen, auch die lichttechnisch wichtigen Randzonen des Spiegels voll ausleuchtenden Krater ergibt, ist mit über 200 Amp./cm² recht hoch belastet und gibt bei einem Leuchtsalzgehalt des Dochtes von etwa 40% eine mittlere Leuchtdichte über den ganzen Krater von 130000 Stilb und eine maximale Leuchtdichte in der Kratermitte von über 160000 Stilb, bei einem positiven Abbrand

Abb. 130. Vollautomatische Becklampe der AEG (Gebrüder Beck) für über
1000 Amp. Stromstärke, verwendet in Geräten gemäß Abb. 127/128, mit
gegenuber der früheren Konstruktion Abb. 129 verbesserter Rippenkühlung.
An der von oben in die Brennkammer ragenden Negativkohle liegt im Bilde
die Zündkohle (vgl. S. 198) an.

von rund 2000 mm/h. An der Entwicklung dieser höchstbelastbaren
Kohlen hat Leuchs von der Fa. Conradty besonderen Anteil. Die Bogenbrennspannung beträgt (bei der Siemens-Lampe) 102 Volt bei einer
Generatorspannung von nur 114 Volt. Wir erwähnten bereits S. 196,
daß der negative Fußpunkt durch ein Magnetfeld von der Mitte der
negativen Spitze nach der anodennahen Seite gedrückt wird, wodurch
in Verbindung mit der Rotation der Negativkohle jede Brennschüssel-
bildung und damit das gefürchtete Wendeln sicher verhindert wird. Der
Abbrand der Negativkohle beträgt etwa 200 mm/h.

Die Stellung der Negativkohlenspitze wird durch Abbildung mittels
Quarzlinse auf einem Bimetall-Relais, das den Vorschub regelt, fest-
gehalten, während die Stellung der Positivkohle relativ zur negativen
Spitze durch die Bogenspannung eingehalten wird. Dazu wird der posi-

tive Vorschub zur Vermeidung der Einflusses von Generatorspannungsschwankungen durch ein je eine Strom- und Spannungsspule enthaltendes Differentialrelais betätigt, das nur auf die durch Kohlenabstandsänderungen bewirkte *gegenläufige* Änderung von Spannung und Stromstärke anspricht, nicht dagegen auf die durch Generatorschwankungen bedingten gleichläufigen Änderungen von U und J.

Die physikalische und technische Beherrschung dieses 1200-Amp.-Beckbogens in der weitestgehend störungsfrei arbeitenden Brennkammer, in der auf kleinstem Raum die gewaltige Leistung von 120 kW umgesetzt wird, darf als besonders schöne Leistung angesprochen werden. Im technischen Versuch konnte vor Abbruch der Arbeiten in einer Siemens-Brennkammer sogar ein 2000 Amp.-Bogen, d. h. bei einer Bogenspannung von 120 Volt eine Leistung von 240 kW (!) beherrscht werden, wenn auch die Brennkammer mit der normalen Kühlung diese Leistung nur jeweils 10 Minuten aushielt.

Im Scheinwerferstrahl liefert der 1200 Amp.-Werfer die Rekordlichtstärke von etwa 9 Milliarden Hefnerkerzen, vermag also bei einem mittleren Öffnungswinkel des Strahls von 1,5° bei Vernachlässigung der atmosphärischen Absportion und Streuung auf 20 km Entfernung die einem ganzen Stadtteil entsprechende Fläche von einem halben km zum Geviert auf eine zum Lesen gut ausreichende Beleuchtungsstärke zu erhellen.

Von Interesse ist schließlich noch die Energiebilanz des gesamten Scheinwerfers, die nach Guillery für alle von ihm untersuchten Typen im wesentlichen die gleiche Verteilung zeigte. 45—50% der dem Bogen zugeführten elektrischen Leistung wurden mit der Anodenflamme abgesaugt, stellen also die Leitungs- und Konvektionsverluste des Bogens einschließlich der Leistung des gesamten oberen, abgesaugten Teils der Anodenflamme dar. Weitere 30—35% der umgesetzten elektrischen Leistung werden von den durch Strahlung erhitzten Teilen des Geräts einschließlich des Spiegels (in dessen Glas auch die gesamte Ultraviolettstrahlung absorbiert wird) ausgestrahlt, und nur 15% der aufgewandten elektrischen Leistung finden sich als sichtbare (5%) und ultrarote (10%) Strahlung im Scheinwerferstrahl wieder. Energetisch betrachtet liegt die ausnutzbare Ausbeute an sichtbarem Licht also bei nur 5%, während die auf den Strahl bezogene Lumenausbeute mit rund 15 Hefnerlumen/Watt zeigt, daß dieses Ergebnis immer noch recht gut ist.

2. Der Beckbogen in der Atelierbeleuchtung.

In der Atelierbeleuchtung wird der Hochstromkohlebogen, und zwar ausschließlich in der technischen Form des Beckbogens, überall dort eingesetzt, wo höchste Beleuchtungsstärken erforderlich sind. Zuerst hat die amerikanische Filmindustrie von 1934 an den Beckbogen für die

Filmatelierbeleuchtung eingeführt; er wurde dann bald auch von den europäischen Ateliers übernommen. Im Zuge der größer werdenden Empfindlichkeit des Filmmaterials gingen die Anforderungen an die Beleuchtungsstärke in den letzten Jahren allerdings immer mehr zurück, so daß beim Schwarzweißfilm in kleineren Ateliers die Bogenlichtbeleuchtung allmählich zugunsten der Glühlampenbeleuchtung zurücktrat. Das Bogenlicht wird daher beim Schwarzweißfilm heute vorwiegend bei sehr großen Bildern (besonders auch im Freien!) sowie zur Effektbeleuchtung benutzt, d. h. für Schlaglichter, Sonnenlichteffekte und ähnliches. Auch dabei werden heute vielfach noch der Beckbogen und der Niederstrom-Reinkohlebogen nebeneinander verwendet. Diese Mischung verschiedenfarbiger Lichtarten (gelbes Glühlampenlicht, annähernd weißes Licht des Niederstrombogens und leicht bläuliches Beckbogenlicht) stört beim Schwarzweißfilm nicht. Völlig veränderte Verhältnisse brachte dagegen die Einführung des Farbfilms in die Filmateliers. Einmal erfordert der Farbfilm wieder sehr viel größere Beleuchtungsstärken als der Schwarzweißfilm (im Mittel 1943 etwa 6000 Lux), und außerdem ist er gegenüber verschiedener Lichtfarbe sehr empfindlich. Für die Atelierbeleuchtung bei Farbfilmaufnahmen sucht man daher heute ausschließlich Becklicht zu verwenden, wobei allerdings die Frage noch ungeklärt ist, ob man für die zur Detailausleuchtung erforderlichen kleinsten Einheiten bis herunter zu 500 Watt Kleinstbogenlampen einsetzen, oder die Lichtfarbe des bisher verwendeten Glühlampengeräte durch Filter der des Becklichts anpassen soll. Auch die Verwendung kleiner Quecksilberhöchstdrucklampen käme hier in Betracht (22).

Man kann die Bogenlicht-Atelierbeleuchtungsgeräte in drei Hauptgruppen einordnen:
 a) die Spiegelaufheller, die einen möglichst großen Lichtstrom auf das gesamte aufzunehmende Bild werfen sollen,
 b) die Flutlicht-Stufenlinsengeräte, die „weiches" Licht auf einzelne hervorzuhebende Bildgegenden konzentrieren sollen, und
 c) die Punktlichtwerfer, im englischen „spotlights" genannt, die ausschließlich zur Erzeugung von Schlaglichtern, Schlagschatten, Sonnenlichteffekten usw. verwendet werden (oder werden sollten).

Bei den Spiegelaufhellern kommt es offenbar in erster Linie auf größte Lichtausbeute an, weshalb Hohlspiegel von großem Öffnungswinkel verwendet werden. Bisher wurden (wenigstens in Deutschland) in diesen Aufhellern, die mit Spiegeln von 200 bis 1100 mm Durchmesser ausgerüstet sind und mit Stromstärken zwischen 40 und 500 Amp. brennen, meist alte, von Hand regulierte Niederstrom-Bogenlampen verwendet, deren vom Verfasser angeregte Bestückung mit entsprechend dünneren Beckkohlen nur als Notlösung anzusehen ist, da diese Lampen den Anforderungen des Beckbogens an schnellen Nachschub und Exaktheit der

Abb. 131. Stufenlinsen-Beckscheinwerfer von Körting und Mathiesen-Leipzig für Atelierbeleuchtungs-
zwecke mit 150 Amp.-Becklampe und Vorschalt-Widerstand.

Kohlenstellung im allgemeinen nicht entsprechen. In Zukunft sollten als
Spiegelaufheller nur vollautomatische Beckbogengeräte nach Art der
oben besprochenen Scheinwerfer eingeführt werden, die im Gegensatz
zu letzteren lediglich die einfacheren Facettenspiegel oder gepreßte
Metallspiegel von großem Öffnungswinkel besitzen und damit sehr viel
billiger sein sollten.

Für die meist mit Fresnelschen Stufenlinsen ausgerüsteten Flutlichtgeräte, die einen großen Lichtstrom weichen, d. h. möglichst schatten-
freien Lichts auf bestimmte Gegenden des Bildes konzentrieren sollen,
sind genügend hohe Leuchtdichte der Lichtquelle und gute Lichtausbeute der Geräte besonders wichtig. Erstere wird in diesen Geräten durch
Verwendung meist vollautomatischer Becklampen erreicht, wie sie gemäß Abb. 131/132 z. B. von Körting und Mathiesen in Leipzig hergestellt
werden. Bei diesem Typ wird die Stellung des positiven Kraters durch
Abbildung auf einen ein Relais steuernden Bimetallstreifen oder auch
einer Photozelle festgehalten, während der Vorschub der Negativkohle
durch ein auf konstante Bogenspannung arbeitendes Relais gesteuert
wird. Zur Erzielung eines gleichmäßigen positiven Kraters läßt man die
positive Kohle langsam rotieren. Die Zündung des Bogens erfolgt durch
automatisches Vorschieben der Negativkohle mit nachfolgender ebenfalls automatischer Einstellung der richtigen Bogenlänge.

Abb. 132. Vollautomatische 150 Amp.-68 Volt-Becklampe aus dem Gerät Abb. 131. Reguliermechanismus unter der Grundplatte, im Bild abgedeckt.

Neuerdings ist von der Firma Weinert versucht worden, im Interesse einer Vereinfachung des Lampenmechanismus den vollautomatischen Betrieb durch einen halbautomatischen zu ersetzen. Bei dieser Lampe wird der Vorschub beider Kohlen gleichzeitig durch *einen* Elektromotor über zwei Schraubenspindeln betätigt, deren Ganghöhen dem experimentell bestimmten Abbrandverhältnis der beiden Kohlen entsprechen. Der Vorschubmotor wird durch ein Relais eingeschaltet, sobald die Bogenspannung einen einstellbaren Wert überschreitet. Ein zweiter Motor sorgt für die Rotation der Positivkohle. Die Lampe ist mit einer Seitenprojektion zur Kontrolle der Kohlenstellung versehen und gestattet nach Ausschalten des automatischen Vorschubs eine Handregulierung des Vorschubs für den Fall, daß der tatsächliche Abbrand nicht dem vorgesehenen entspricht. Versuche mit dieser Lampe haben ergeben, daß bei der sehr mäßigen Belastung der 16 mm-Positivkohle mit 150 Amp. der automatische Nachschub für mindestens 20 Minuten ohne Handkorrektur genügend genau arbeitet, d. h. für eine Zeit, die die einer normalen Filmaufnahme merklich überschreitet. Ob dieses Vorschubprinzip sich auch bei hochbelastbaren Beckbögen bewähren wird, erscheint aber zweifelhaft.

Die beiden genannten Becklampen arbeiten bei 150 Amp. und 68 Volt Bogenspannung mit 16 mm-Positivkohlen. Es handelt sich also um nur mäßig belastete Beckbögen mit einem entsprechend geringen Abbrand von 170—200 mm/h. Die Lampen werden gemäß Abb. 131 durchweg in Verbindung mit Fresnelschen Stufenlinsen von 500 mm Durchmesser verwendet, wobei durch Regulierung des Abstands zwischen Bogen und Linse die Öffnung des Lichtbündels in der gewünschten Weise eingestellt werden kann. Dieser Stufenlinsen-Beckscheinwerfer erfreut sich wegen seines intensiven und sehr gleichmäßigen Lichtes großer Beliebtheit. Im Ausland sollen auch kleinere Geräte dieser Art gebaut worden sein und Verbreitung gefunden haben. Im Zusammenhang mit der wachsenden Bedeutung des Farbfilms ist für die kommenden Zeiten mit einer zunehmenden Verwendung gerade dieser Geräte sicher zu rechnen. Dabei sollte zur Verbesserung der Lichtausbeute die Strombelastung der Positivkohle vergrößert werden, die 16 mm-Kohle also mit 200 statt der bisher üblichen 150 Amp. belastet werden.

Ein Fehler der Stufenlinsengeräte ist nämlich ihre im Vergleich zu den Spiegelaufhellern sehr geringe Lichtausbeute, bedingt durch den geringen Öffnungswinkel der Stufenlinse, die man wegen der thermischen Gefährdung durch die Anodenflamme nicht zu nahe an den Bogen heranrücken kann. Verwendet man aber in Zukunft wie bei den Scheinwerfern Absauglampen, oder verhindert die lange Anodenflamme durch die besprochenen magnetischen Mittel, so könnte man Stufenlinsen mit größerem Öffnungswinkel benutzen und dadurch die Lichtausbeute der Geräte beträchtlich erhöhen. Schließlich kommt die Verwendung von Spiegelscheinwerfern auch für Flutlichtgeräte in Frage, bei denen man aber durch entsprechende Formgebung der Metallspiegel erreichen müßte, daß eine Abschattung der Strahlmitte durch die Lampe im Lichtwurf nicht mehr bemerkbar ist.

Bei dem dritten Typ von Atelierbeleuchtungsgeräten, den Punktlichtwerfern, wie wir die „spots" nennen möchten, kommt es nur auf die Erzeugung örtlich begrenzter Schlaglichter, z. B. die Nachbildung des durch ein Fenster einfallenden Sonnenlichts, an. Hierfür wurden bisher durchweg gewöhnliche Linsenscheinwerfer von geringem Öffnungswinkel und entsprechend sehr geringer Lichtausbeute benutzt, die meist noch mit handregulierten Reinkohle-Niederstromlampen von 25 bis 240 Amp. Stromstärke ausgerüstet sind. Auch hier würde die Einführung von Becklampen Leuchtdichte und Lichtausbeute der Geräte erheblich erhöhen und wegen der kleineren Krater zudem das gerade bei diesen Geräten notwendige punktförmige Licht mit scharfem Schattenwurf ergeben, ganz abgesehen von der für den Farbfilm erforderlichen Farbgleichheit aller Lichtquellen.

Zusammenfassend kann festgestellt werden, daß eine Modernisierung der Atelierbeleuchtungstechnik unter weitestgehender Verwendung automatischer Becklampen für die Zukunft sicher zu erwarten ist, wobei die

Erfahrungen der weit entwickelten Beckscheinwerfertechnik (S. 197 f.) mit Erfolg ausgenutzt werden sollten, u. U. aber auch Drehstrombecklampen ein weites Anwendungsfeld finden könnten. Die durch eine solche Modernisierung neben der erwähnten anderen Vorteilen zu erreichende wesentliche Verbesserung der Lichtausbeute dürfte angesichts der immer wachsenden Anforderungen an den Gesamtlichtstrom im Atelier, bedingt durch die zunehmende Größe der Szenen, ebenfalls von nicht zu unterschätzendem Wert sein. Einen für die künftige Planung von Geräten vielleicht nützlichen Überblick über die Strahlungseigenschaften moderner Beckbögen zwischen 30 und 1200 Amp. mit einer Tabelle aller interessierenden Daten hat kürzlich der Verfasser veröffentlicht (23a).

3. Der Beckbogen in der Kinoprojektion.

Bei der Kinoprojektion sind die Anforderungen an die Bildwandhelligkeit und damit an die Leuchtdichte des als Lichtquelle dienenden Positivkraters im letzten Jahrzehnt immer mehr gestiegen, weil eine größere Bildwandhelligkeit die Vorführung von Filmkopien mit größeren Schwärzungsunterschieden gestattet, die die Plastizität der Bilder wesentlich vergrößern. Ganz besonders aber verlangt der Farbfilm eine große Bildwandhelligkeit, weil die Leuchtkraft der Farben sonst stark leidet. Aus allen diesen Gründen hat sich im letzten Jahrzehnt das Becklicht gegenüber dem Reinkohlelicht in der Kinoprojektion in allen Ländern immer mehr durchgesetzt und wird heute schon in allen größeren Lichtspieltheatern ausschließlich verwendet.

Die heute üblichen Lampen arbeiten je nach der Größe der auszuleuchtenden Bildwand mit Stromstärken zwischen 25 und 150 Amp. und Durchmessern der positiven Beckkohlen zwischen 6 und 16 mm. Bei kleineren Geräten wird meist mit koaxialen Kohlen, bei größeren in Winkelstellung gearbeitet. Durch einen Hohlspiegel von etwa 120° Öffnungswinkel und einem Durchmesser bis zu 350 mm wird der positive Krater auf dem Bildfenster, vor dem der Film vorbeiläuft, abgebildet (neuerdings gelegentlich unter Zwischenschaltung des die Gleichmäßigkeit der Bildwandausleuchtung vergrößernden Wabenkondensors); das Bildfenster wird dann durch ein Objektiv auf der Bildwand abgebildet. Erwünscht ist deshalb ein Beckkrater von möglichst gleichmäßig hoher Leuchtdichte, um einen möglichst geringen Randabfall der Bildwandhelligkeit zu erhalten. Diese Forderung entfällt nur bei Verwendung des Wabenkondensors. Gelegentlich sind schon der Bildfensterform angepaßte Rechteckkohlen oder Rundkohlen mit rechteckigem Docht verwendet worden, haben sich aber in größerem Umfang bisher nicht eingeführt. Die Notwendigkeit einer genauen Ausrichtung (Parallelstellen der Dochtkanten zu den Bildfensterseiten) wurde wohl als zu umständlich empfunden. Zur Kinoprojektion wird in Europa nur der Gleichstrom-Beckbogen benutzt, während man in Amerika auch mit einem Wechselstrom-Beckbogen arbeitet, der allerdings nur bis knapp an den Beckeffekt heran belastet wird. Die Bildfrequenz muß dabei natürlich der Wechselstromfrequenz angepaßt sein. Da der Gleichstrom-Beckbogen bei der relativ geringen, in kleineren Theatern üblichen Flächenbelastung des Kraters nur eine Brennspannung von 30—45 Volt, in mittleren Theatern von 50—65 Volt erfordert, werden als Stromquellen meist Gleichrichteraggregate verschiedenster Ausführung benutzt. Diese haben den großen Vorteil, daß man durch entsprechende Einrichtung ihrer Stromspannungskennlinie die Verwendung eines energieverzehrenden Vorschaltwiderstandes überflüssig machen kann. Auf der anderen Seite ist bei Verwendung solcher Gleichrichter die Bogenspannung in oft unerwünschter Weise begrenzt. Will man z. B. bei der Vorführung von Farbfilmen in einem Theater die Bildwandleuchtdichte erhöhen, so kann man nicht einfach mit Kohlen höherer Leuchtdichte arbeiten, weil diese nach S. 79 einen höheren Anodenfall und damit eine größere Bogenbrennspannung besitzen, als der Gleichrichter in vielen Fällen zuläßt. Es ist mit Rücksicht auf solche Gleichrichter zu geringer Spannung sogar schon notwendig gewesen, besonders gute Kino-Beckkohlen durch Zusatz spannungssenkender Salze zum Docht bezüglich ihrer Leuchtdichte zu verschlechtern, nur um sie auch in kleineren Theatern verwenden zu können. Bei Neuanschaffung muß also bei der Wahl des Gleichrichters sehr vorsichtig vorgegangen werden.

Die bisher in kleineren Theatern mit Becklicht übliche Kraterleuchtdichte liegt bei etwa 50000 Stilb; der positive Abbrand beträgt dabei 220—300 mm/h, der negative 90—110 mm/h. In größeren Theatern liegt die Leuchtdichte etwas höher. Zur Erreichung der im Interesse einer guten Vorführung wünschenswerten Bildwandleuchtdichte von 100 Apostilb wird man besonders in größeren Theatern mit der Leuchtdichte erheblich heraufgehen müssen und dabei eine größere Brennspannung und einen höheren Abbrand in Kauf nehmen müssen. Bei der Neukonstruktion von Projektionslampen muß hierauf Rücksicht genommen werden.

Einen interessanten Versuch in Richtung einer Kinoprojektionslampe hoher Leuchtdichte hat Gretener (36) mit seiner vollautomatischen Farbfilmprojektionslampe gemacht. Die sehr dünnmantelige hochbelastete Positivkohle und die Negativkohle sind horizontal koaxial angeordnet. Die Stabilisierung des Bogens, die trotz der Koaxialstellung der Kohlen einen ruhigen Betrieb bis zu 200 Amp. gestattet, wird durch einen kräftigen Luftstrom bewirkt, der längs der Positivkohle aus einer diese umgebenden Ringdüse dem Bogen umhüllend zur negativen Spitze hinströmt und durch den negativen Kopf abgesaugt wird. Durch diesen

Luftstrom wird erreicht, daß die Anodenflamme als Leuchtdampfkissen dem sehr flachen Krater vorgelagert ist, so daß ihre Strahlung sich zu der des Kraters addiert und einen sehr gleichmäßigen Krater hoher Leuchtdichte (Messungen sind nicht bekannt geworden!) bewirkt. Auch jede Schwadenbildung (vgl. S. 78, 105) wird sicher verhindert. Dagegen ist noch nicht bekannt, wieviel Energie der Luftstrom mit abführt und wie es daher mit der Strahlungsausbeute der Gretenerlampe aussieht.

Im Gegensatz zu dieser technisch recht komplizierten vollautomatischen Lampe arbeiten die heute fast ausschließlich zur Kinoprojektion verwendeten Becklampen halbautomatisch. Durch einen Elektromotor und ein einstellbares Getriebe wird der Vorschub beider Kohlen nach Versuchen so eingestellt, daß er dem mittleren Abbrand entspricht. Mittels einfacher Handgriffe kann der Vorführer aber jederzeit in den Vorschubmechanismus eingreifen und die durch Ungleichmäßigkeiten des Abbrands notwendig werdenden Korrekturen vornehmen. Die Beobachtung der richtigen Kohlenstellung erfolgt am besten mittels einer kleinen Seitenkorrektion unter Verwendung von Einstellmarken. Von einer Rotation der Positivkohle wird im Interesse der Einfachheit der Lampenkonstruktion im allgemeinen abgesehen. Die Kohlen werden an ihrem hinteren Ende fest eingespannt und müssen daher verkupfert sein.

Die Kinoprojektionslampen zeichnen sich infolge des Verzichts auf vollautomatischen Betrieb durch große Einfachheit im Aufbau aus. Der Nachteil einer gelegentlichen Handkorrektur der Kohlenstellung, der bei richtiger Einstellung des Getriebes nur nach jeweils mehreren Minuten erforderlich ist, kann leicht in Kauf genommen werden, weil der Vorführer diese Handgriffe neben seinen sonstigen Obliegenheiten erledigen kann. Lampenvorschub und Kohlenlänge sind so abgepaßt, daß ein Kohlewechsel jeweils erst nach Ablauf einer Filmrolle, d. h. einschließlich der Einbrennzeit und eines Sicherheitszuschlages etwa 24 Minuten, erforderlich ist. Will man für große Theater mit der Leuchtdichte in die Gegend von 100000 Stilb und darüber gehen, so wird man zwangsläufig den halbautomatischen Betrieb aufgeben und vollautomatische Lampen verwenden müssen. Auch hierfür liegen in den kleineren Scheinwerferlampen gute Vorbilder vor.

4. Der Hochstromkohlebogen in der medizinischen Therapie.

An dem Aufschwung der Lichttherapie hat der Kohlelichtbogen wegen seines gegenüber den Glüh- und Quecksilberlampen etwas umständlicheren Betriebes nur einen geringen Anteil gehabt. Unter der Bezeichnung der „künstlichen Höhensonne" haben sich fast ausschließlich die verschiedenen Formen des Quecksilberbogens eingeführt, obwohl die Verteilung der Quecksilberstrahlung auf die verschiedenen medizinisch interessierenden Spektralgebiete des langwelligen, mittleren und kurzwelligen Ultravioletts, ganz zu schweigen von der sichtbaren und Wärmestrahlung, in keiner Weise mit der der natürlichen Höhensonne übereinstimmt. Zur Verbesserung der Wirkung kombiniert man deshalb neuerdings vielfach eine geeignete Glühlampe mit einer Hg-Lampe und sucht dadurch einen gewissen Ausgleich von Wärmestrahlung und Ultraviolett zu erreichen.

Gegenüber diesen sehr unvollkommenen Versuchen zur Herstellung künstlicher Sonnenstrahlung stellt der positive Krater eines hochbelasteten Beckbogens mit einer mittleren Dampftemperatur von 6000°K nach unsern S. 95 behandelten Messungen der spektralen Energieverteilung einen der Sonne außerordentlich ähnlichen Strahler dar. So stimmt die in der obersten Kurve der Fig. 68 gezeigte Energieverteilung eines mit 75 Amp. belasteten 7 mm-Beckbogens innerhalb der Meßgenauigkeit mit der Strahlung der Sonnenmitte nach Kienle[1]) überein. Im Ultraviolett allerdings überwiegt die Strahlung des Beckbogens gegenüber der der Sonne wegen der von den CN-Banden herrührenden Strahlung. Dabei handelt es sich aber um die medizinisch meist besonders erwünschte langwellige Strahlung bei 3900 Å. *Der Beckbogen stellt also zweifellos die beste bisher bekannte und wohl überhaupt mögliche ,,künstliche Sonne'' dar*, allerdings mit etwas zusätzlichem langwelligem Ultraviolett. Als Vorteil ist dabei zu werten, daß man die spektrale Energieverteilung durch Wahl entsprechender Kohlen in gewissen Grenzen nach Wunsch verändern kann.

Neben dem Beckbogen könnte u. U. auch der Homogenkohle-Hochstrombogen therapeutische Bedeutung gewinnen, da seine Strahlung nach unseren Messungen (Abb. 70) sich durch eine außerordentliche Intensität im langwelligem Ultraviolett auszeichnet, die mit Vorteil in den Fällen therapeutisch angewandt werden könnte, in denen die intensive sichtbare und ultrarote Strahlung des Beckbogens stört.

Für die medizinische Therapie kommen praktisch wohl nur vollautomatische Lampen in Frage. Dadurch wird die Verwendung zu Einzelbestrahlungen etwas erschwert. Um so mehr aber eignet sich der Hochstromkohlebogen etwa bei Verwendung vollautomatischer Atelierbeleuchtungslampen (vgl. S. 205) für die Ausleuchtung größerer Räume oder Säle, in denen die Patienten liegend oder umhergehend bestrahlt werden. An der Universität Gießen sollen Versuche dieser Art bereits ausgeführt worden sein, bevor unsere Messungen (32) die Gleichheit der Strahlung des Beckbogens mit der der Sonne gezeigt haben.

---

[1]) H. Kienle, Erg. d. exakt. Naturw. **16**, 1937, 437.

5. Sonstige wissenschaftliche und technische Anwendungen der Beckbogenstrahlung.

Außer den schon behandelten Anwendungen des Beckbogens findet dieser überall dort mit Vorteil Verwendung, wo es auf größte Strahlungsintensität bei angenähert weißem Licht ankommt. So wird er häufig als Lichtquelle für Wilsonkammer-Aufnahmen in der Kernphysik verwendet, ebenso für Schlierenaufnahmen sehr schnell bewegter Strömungsvorgänge, oder als intensive Lichtquelle zur Anregung von Fluoreszenz. Auch bei biologischen und ähnlichen Untersuchungen findet der Beckbogen Verwendung, wenn es darauf ankommt, möglichst große Strahlungsintensität in einem engen, etwa mit dem Monochromator ausgeblendeten Spektralgebiet zu erzeugen. Für derartige Anwendungen ist es wichtig, daß der Beckbogen aus so vielen eng benachbarten Spektrallinien besteht, daß er als quasi-kontinuierlich angesehen werden kann.

Eine ganz neue Anwendungsmöglichkeit der S. 199 f. behandelten Beckbogen-Großscheinwerfer besteht nach Reeger und Siedentopf (76a) in der optischen Untersuchung der Atmosphäre bis zu Höhen von mindestens 30 km, wobei aus der von der Seite aus einiger Entfernung gemessenen Leuchtdichte des Scheinwerferstrahls auf die Verhältnisse in den streuenden Atmosphärenschichten geschlossen wird. Mit dieser Methode ließ sich die vertikale Dunstverteilung messen, ebenso wie sonst nicht feststellbare Dunst- und Wolkenschichten in größten Höhen sichtbar gemacht werden konnten. Bei der künftigen Entwicklung der wissenschaftlichen wie der praktischen Meteorologie könnte diese Scheinwerfermethode noch wesentliche Dienste leisten, besonders wenn man mit größten Geräten bis in sonst unzugängliche Höhen hinaufreicht. Für einen 200 cm-1000 Amp.-Werfer (vgl. S. 199) berechnen die Verfasser unter Zugrundelegung ihres Photometers bereits eine erreichbare Höhe von 30 km. Mit einem heute technisch möglich scheinenden 300 cm-2000 Amp.-Gerät sollte man also, besonders bei Erhöhung der Meßgenauigkeit durch Verwendung von Kohlen höchster Lichtkonstanz, den größten Teil auch der Stratosphäre untersuchen können.

In der Technik kann der Beckbogen überall dort angewandt werden, wo es auf hohe Bestrahlungsstärken sonnenähnlicher Art ankommt, z. B. in Bleichereien und Färbereien, ebenso bei Züchtungsversuchen aller Art. Auf Einzelheiten einzugehen erübrigt sich.

6. Der Hochstromkohlebogen in der Schweißtechnik.

Auch bei dem heute in weitestem Umfang technisch angewendeten Schweißlichtbogen handelt es sich um einen Hochstrombogen, da die verwendeten Stromstärken fast stets über 130 Amp. liegen und wir es daher mit einer vollentwickelten kontrahierten Hochstromsäule zu tun haben. Die *anodischen* Hochstromvorgänge dagegen spielen beim Schweißbogen keine Rolle, weil von seltenen Ausnahmen abgesehen nur mit *einer*, und zwar negativ gepolten, Elektrode gearbeitet wird, während das Werkstück selbst als Anode geschaltet ist. Man unterscheidet das Schweißen mit Metallelektroden und mit Kohleelektroden. Während die Metallelektrodenschweißung heute vorwiegend verwendet wird, benutzt man Kohlen bei der Rotguß- und Gußeisenschweißung, bei gewissen Schweißautomaten und außerdem beim Zerschneiden großer Metallstücke, z. B. zum Verschrotten. Dabei verwendet man zu Schweiß- und Schneidzwecken Negativkohlen zwischen 4 und 25 mm Durchmesser mit Stromstärken zwischen 60 und 1000 Amp.

Drei wesentliche, in diesem Buch behandelte Erscheinungen sind für den Schweißbogen von Wichtigkeit: die Säulenkontraktion, die magnetischen Eigenschaften der Säule, und der Materialtransport im Bogen. Der letztere bedingt, wenn beim Schweißen mit dem Kohlebogen ein „Aufkohlen" des Werkstücks vermieden werden soll, daß die Kohleelektrode negativ, das Werkstück positiv gepolt wird, da nach S. 128 der Kohlenstofftransport vom positiven zum negativen Pol hin erfolgt. Die Säule des normalen, mit 250—400 Amp. belasteten Schweißlichtbogens ist voll kontrahiert. Das ist praktisch von Bedeutung, weil die S. 154 behandelte „Steifheit" der kontrahierten Hochstromsäule den Schweißbogen sehr exakt auf die gewünschte Stelle des Werkstücks zu lenken gestattet, ohne daß eine zu große Aufheizung der Umgebung stattfindet. In besonderen Fällen unterstützt man die Steifheit der Säule noch durch Richtmagnete. Aus unseren Überlegungen S. 138 folgt, daß bei einseitiger Stromzufuhr zum Werkstück der Bogen durch sein Eigenmagnetfeld, z. B. bei senkrechter Elektrode und linker Stromzufuhr des horizontalen Werkstücks nach rechts, abgelenkt wird. Durch symmetrische Stromzufuhr kann diese störende Ablenkung vermieden werden. Allgemein ist also die Kenntnis des magnetischen Verhaltens und der magnetischen Beeinflussung des Bogens für die richtige Behandlung des Schweißbogens von Wichtigkeit. Das Wendeln des Schweißbogens bei Stromstärken über 400 Amp. dagegen scheint bisher wenig beobachtet worden zu sein, obwohl es ohne Zweifel die Sauberkeit der Bogenführung behindern muß. In dieser Beziehung könnten die neueren Erfahrungen mit dem Hochstromkohlebogen, gerade auch bei der Kohlenauswahl, auch dem Schweißlichtbogen und seiner Anwendung bei höchsten Stromstärken zugute kommen.

7. Chemische Anwendungen des Hochstromkohlebogens.

In der Chemie hoher Temperaturen hat der Kohlelichtbogen schon lange eine bedeutende Rolle gespielt. Aus zwei Gründen liegen beim

Hochstromkohlebogen, wie der Verfasser zuerst hervorgehoben hat (20), die Verhältnisse für eine Anwendung in der Chemie hoher und höchster Temperaturen besonders günstig. Einerseits liegen die in der kontrahierten Säule des Hochstromkohlebogens erreichbaren Temperaturen ganz erheblich über denen der normalen Bogensäule und können bei entsprechend vorsichtigem Experimentieren auch chemisch ausgenutzt werden. Andererseits aber bietet der Hochstrombogen die einzigartige Möglichkeit, Kohlenstoff, Metalle und andere feste Stoffe bei geeigneter Einführung in den Docht der Positivkohle direkt zu verdampfen und auf Temperaturen von über 6000^0 K zu erhitzen. Es besteht daher die Möglichkeit, feste Stoffe, die bei normal erreichbaren Temperaturen nicht miteinander reagieren, durch gemeinsame Erhitzung in der Anodenflamme des Hochstromkohlebogens zur Reaktion zu bringen. Man kann andererseits den hocherhitzten und damit sehr reaktionsfähigen Dampf eines festen Stoffes, insbesondere des Kohlenstoffs, mit Wasserstoff oder anderen Gasen in Berührung bringen und damit neue Reaktionen, oder bekannte Reaktionen auf einem neuen, u. U. günstigeren Wege erzielen. Die äußeren Bedingungen, insbesondere die Reaktionszeit, können durch entsprechende Anlage der Versuche nach Wunsch eingestellt werden. Auch eine Variation des Gasdrucks, die u. U. wünschenswert ist, ist beim Hochstromkohlebogen mindestens in dem sehr weiten Bereich zwischen $^1/_{50}$ und 20 Atm. ohne weiteres möglich. Schließlich können gegebenenfalls katalytisch wirkende Zusätze mit dem festen Stoff zusammen verdampft oder auf andere Weise in den Bogen gebracht werden, um die Reaktion zu steuern. Da eingehendere Erfahrungen auf diesem Gebiet noch nicht vorliegen, begnügen wir uns hier mit dem Hinweis auf die auch von chemischer Seite bereits anerkannte Möglichkeit weitreichender chemischer Anwendungen des Hochstromkohlebogens.

VII. Literaturverzeichnis.

In dem folgenden Schrifttumsverzeichnis sind nur die direkt den Hochstromkohlebogen betreffenden Veröffentlichungen einschließlich der noch unveröffentlichten Berichte und Mitteilungen angeführt, und zwar in alphabetischer Reihenfolge ihrer Verfasser. An Stelle der Angabe der ausführlichen Titel der Arbeiten und Berichte wurde eine die Benutzung erleichternde Kennzeichnung des Inhalts durch einige Stichworte vorgezogen.

1. *Ashcraft, Cl.*, Internat. Projectionist, Okt. 1934 (Magnetisch beeinflußter Beckbogen für Kinoprojektion).
2. *Baldewein, K.*, Unveröff. Dissertation 1942 (Grenzen der Leuchtdichtesteigerung von Beckkohlen).
3. *Bassett, P. R.*, Trans. Soc. Mot. Pict. Eng. **4** (1920), 79 (Beckbogen in der Filmtechnik).
4. *Bassett, P. R.*, Trans. Amer. Electrochem. Soc. **44** (1923), 153 (Versuch einer Chemie des Beckbogen).
5. *Beck, Harald*, und *Beck, Heinz*, Unveröff. Mitteilungen über Höchststrombögen, Lichtausbeute von Beckbögen, Wendeln.
6. *Beck, Heinrich*, ETZ **42** (1921), 993 (Erste Beckbogenarbeiten und Deutungsversuche).
7. *Benford, F.*, Trans Soc. Mot. Pict. Eng. **9** (1925), 71 (Becklampen).
8. — Gen. El. Rev. **29** (1926), 728 und 873 (Intensitätsverteilung der Beckbogenstrahlung).
9. *Bowditch, F. T.*, u. *Downes, C. A.*, Journ. Soc. Mot. Pict. Eng. **25** (1935), 375 (Photographische Wirkung des Becklichts).
10. — — Journ. Soc. Mot. Pict. Eng. **25** (1935), 383 (Intensitätsverteilung von Becklicht).
11. — — Journ. Soc. Mot. Pict. Eng. **30** (1938), 400 (Intensitätsverteilung und Farbtemperatur von Becklicht).
12. *Coblentz, W. W.*, *Dorcas, M. J.*, u. *Hughes, C. W.*, Sci. Pap. Bur. Stand. **21** (1926), 535 (Strahlungsmessungen am Beckbogen).
13. *Finkelnburg, W.*, ZS. Physik **112** (1939), 305 (Elektrische Kennlinien verschiedener Hochstromkohlebögen).
14. — ZS. Physik **113** (1939), 562 (Leuchtdichte, Gesamtstrahlungsdichte und schwarze Temperatur von Hochstromkohlebögen).
15. — ZS. Physik **114** (1939), 734 (Deutung der Anodenflamme, Materialtransport im Hochstromkohlebogen).
16. — ZS. Physik **116** (1939), 214 (Anodenfallmessungen, Abbrandmessungen, Anodenfallmechanismus, Kontrahierte Hochstromsäule).
17. — ZS. techn. Phys. **21** (1940), 311 (Leuchtdichte von Homogen- und Reinkohlebögen).
18. — ZS. Phys. Chem. B **49** (1941), 297 (Chemie des Hochstromkohlebogens).
19. — Kinotechnik **23** (1941), 16 (Lichtfarbe des Becklichts).
20. — Die Chemische Technik **15** (1942), 141 (Chemische Anwendungen des Hochstromkohlebogens).

21. *Finkelnburg*, Naturwissenschaften 32 (1944), 105 (Physik hoher Temperaturen, besonders des Hochstromkohlebogens).
22. — Die technischen Grundlagen der Atelierbeleuchtung. Unveröffentlichte Broschüre 1944.
23. — Unveröffentlichter Bericht 1945 über die UV-Strahlung des Beckbogens.
23a. — Optik **2** (1947) 149 (Strahlungseigenschaften moderner Beckbögen, mit Tabelle).
24. — u. *Hannappel, G.*, Unveröffentlichter Bericht 1945 über hochbelastbare Gleichstrom-Beckkohlen.
25. — u. *Haury, A.*, Unveröffentlichte Dissertation Haury 1945 über Untersuchungen am Wechsel-Hochstromkohlebogen.
26. — u. *Heinzmann, G.*, Kinetische Anodenfalltheorie (1943,) im Druck bei ZS. für Physik. 1948.
27. — u. *Höcker, K. H.*, Naturwissenschaften **33** (1946), 55. (Der Hochstromkohlebogen als eigenfeldbestimmter Bogentyp).
28. — u. *Köhler, H.*, Unveröffentlicht, 1946 (Schwarze Temperatur des Reinkohlekraters als Strahlungsnormal).
29. — u. *Oftring, B.*, Unveröffentlichte Arbeit 1945 über spektr. Temperaturen in der Anodenflamme des Homogenkohle-Hochstrombogens.
30. — u. *Reubold, M.*, Unveröffentlichte Arbeit 1945 über Pyrometermessungen der schwarzen Temperatur von Kohlebögen.
31. — u. *Schluge, H.*, Unveröffentlichter Bericht 1941 über Lichtausbeute, UR-Strahlung, Bogen in reinen Gasen, bei Über- und Unterdruck.
32. — — ZS. Physik **119** (1942), 206 (Spektrale Energieverteilung und Temperatur von Hochstromkohlebögen).
33. *Gehlhoff, G.*, ZS. techn. Phys. **1** (1920), 37 (Beckbogenentwicklung 1916/1918).
34. — ZS. techn. Phys. **4** (1923), 138 (Beckscheinwerfer).
35. *Gibson, A.*, Journ. U.S. Artillery, Juli 1916 (Beck-Scheinwerfer).
36. *Gretener, E.*, ZS. techn. Phys. **18** (1937), 95 (Luftstromstabilisierter Beckbogen für Farbfilmprojektion).
37. *Guillery, P.*, Unveröffentlichter Bericht 1941 über Leuchtdichte, Stromdichte und Abbrand an der Negativspitze des Beckbogens.
38. — u. *Zill, H.*, Unveröffentlichter Bericht 1942 über Leuchtdichte höchstbelasteter Beckkohlen.
39. — — Unveröffentlichter Bericht 1943 über Theorie und Verhinderung des Wendelns der kontrahierten Säule.
40. *Handley, C. W.*, Journ. Soc. Mot. Pict. Eng. **25** (1935), 423 (Beckbogen für Farbfilmbeleuchtung).
41. — Journ. Soc. Mot. Pict. Eng. **29** (1937), 169 (Beckbogen für Farbfilm-Atelierbeleuchtung).
42. *Hannappel, G.*, Unveröffentlichter Bericht 1943 über magnetische Beeinflussung des Gleichstrom-Beckbogens.
43. *Haury, A.*, Unveröffentlichter Bericht 1944 über magnetische Stabilisierung des Drehstrom- und Wechselstrom-Beckbogens.
44. *Heatley, A. H.*, u. *Soanes, R. S.*, Trans. Electrochem. Soc. **72** (1938), 281 (Sondenmessungen von Kathodenfall und Säulengradient von 300 Amp.-Bogen).
45. *Höcker, K. H.*, ZS. f. Naturforschung **1** (1946), 382 (Theorie der Niederstrombogensäule in Luft).
46. — u. *Finkelnburg, W.*, ZS. f. Naturforschung **1** (1946), 305 (Theorie der kontrahierten Hochstrombogensäule).
47. *Joachim, H.*, Filmtechnik **18** (1936), 69 (Beckbogenlampen).
48. — u. *Schering, H.*, Kinotechnik **12** (1930), 31 (Beckbogenlampen).

49. *Joy, D. B.*, Journ. Soc. Mot. Pict. Eng. **27** (1936), 243 (Beckbogen für Filmprojektion).

50. — u. *Downes, A. C.*, Journ. Soc. Mot. Pict. Eng. **14** (1931), 291 (Allgemeines über Beckbögen).

51. — — Journ. Soc. Mot. Pict. Eng. **16** (1931), 61 (Lichtunruhe des Beckbogens).

52. — — Journ. Soc. Mot. Pict. Eng. **21** (1933), 116 (Wechselstrom-Beckbogen für Filmprojektion).

53. — — Journ Soc. Mot. Pict. Eng. **22** (1934), 42 (Beckbogen für Filmprojektion).

54. — *Bowditch, F. T.*, u. *Downes, A. C.*, Journ. Soc. Mot. Pict. Eng. **22** (1934), 58 (Beckbogen für Filmprojektion).

55. — u. *Geib, E. R.*, Journ. Soc. Mot. Pict. Eng. **23** (1934), 35 (Wechselstrom-Beckbogen für Filmprojektion).

56. — — Journ. Soc. Mot. Pict. Eng. **24** (1935), 47 (Beckbogen für Filmprojektion).

57. — *Lozier, W. W.*, u. *Null, M. R.*, Journ. Soc. Mot. Pict. Eng. **33** (1939), 353 (Becklicht für Rückprojektion, Kohlen verschiedener Farbtemperatur).

58. — — u. *Zavesky, R. J.*, Journ. Soc. Mot. Pict. Eng. **33** (1939), 373 (Becklicht in der Atelierbeleuchtung).

59. *Kalb, W. C.*, Journ. Soc. Mot. Pict. Eng. **27** (1936), 253 (Becklicht im Filmbetrieb).

60. — Electr. Eng. **56** (1937), 319 (Becklicht im Film).

61. *Kizel, V.*, Journ. techn. Phys. Leningrad **9** (1939), 2023 (Spektroskopische Bestimmung des Ionisierungsgrades im Beckbogen).

62. — Journ. techn. Phys. Leningrad **10** (1940), 795 (Einfluß von Dochtzusätzen auf Ionisierungsgrad und Energieverteilung des Beckbogens).

63. — Journ. techn. Phys. Leningrad **10** (1940), 801 (Einfluß von Strombelastung auf Flammenausbildung beim Beckbogen).

64. *Mattner, C.*, VDI-Zeitschrift **81** (1937), 953 (Beckbogen-Scheinwerfer).

65. *Mole, P.*, Internat. Photographer **7** (1935), 22 (Beckbogen-Atelierscheinwerfer).

66. — Journ. Soc. Mot. Pict. Eng. **22** (1934), 51 (Becklicht für Atelierbeleuchtung).

67. *Mott* und *Kunzmann*, Journ. Soc. Mot. Pict. Eng. **16** (1923), 143 (Beckkratertiefe in Abhängigkeit von der Belastung).

68. *Patzelt, F.*, Kinotechnik **13** (1931), 343 (Beckkohlen).

69. — Busch-Blätter **13** (1939), 44 (Eigenschaften von Beckkohlen).

70. — Kinotechnik **22** (1940), 91 (Eigenschaften von Beckkohlen, Ähnlichkeitsgesetze für die Leuchtdichte).

70a. — Kinotecknik **22** (1940), 140 (Schädliche Gase beim Kinobogenbetrieb).

71. — Das Licht **13** (1943), Heft 5/9 (Allgemeines über das Bogenlicht einschließlich Becklicht).

72. — u. *Baldewein, K.*, Wiss. Veröff. Siemens-Konz. **21** (1943), 353 (Leuchtdichte des Niederstrombogenkraters als Strahlungsnormal).

73. *Podszus, E.*, Verh. Deutsch. Phys. Ges. **21** (1919), 284 (Überlastung des Kohlebogenkraters zur Leuchtdichtesteigerung).

74. — ZS. Physik **19** (1923), 20 (Versuche über Hochstrombogen durch Kraterüberlastung).

75. — ZS. Physik **115** (1941), 651 (Siedepunkt des Kohlenstoffs und Hochstromkohlebogen).

76. — ZS. Physik **116** (1940), 352 (Siedepunkt des Kohlenstoffs und Hochstromkohlebogen).

76a. *Reeger, E.*, u. *Siedentopf, H.*, Optik **1** (1946), 15 (Meteorologische Dunstmessungen mit Großscheinwerfern).

77. *Richardson, E. C.*, Journ. Soc. Mot. Pict. Eng. **28** (1927), 206 (Becklicht für Filmatelierbeleuchtung).

78. *Rohloff, E.*, Reichsberichte f. Physik **1** (1944), 47 (Untersuchungen über Anoden-flammen).
79. — Reichsberichte f. Physik **1** (1944), 126 (Untersuchungen über die Kathoden-flamme des Hochstromkohlebogens).
80. — ETZ **61** (1940), 389 (Beckscheinwerfer-Entwicklung).
81. — Deutsche Technik, März 1943 (Scheinwerferentwicklung).
82. *Ryde, N.*, Proc. roy. Soc. London **117** (1928), 164 (Spektrum der kontrahierten Hochstromsäule).
83. *Schering, H.*, Kinotechnik **13** (1931), 59 (Becklampen).
84. — Handb. d. Lichttechnik Bd. I S. 137 (1938) (Bericht über Beckbogen-kenntnis bis 1938).
85. — Kinotechnik **23** (1941), 126 (Lichtfarbe von Becklicht).
86. *Schluge, H.*, Unveröffentlichter Bericht 1945 über Anodenfalltheorie und normale Stromdichte des Niederstrombogens.
87. — Unveröffentlichter Bericht 1945 über Untersuchungen an der kontrahierten Bogensäule.
88. — u. *Finkelnburg, W.*, ZS. Physik **117** (1941), 344 (Gesamtstrahlungsausbeute und Lichtfarbe von Beckbögen).
89. — — ZS. Physik **122** (1944) 714 (Zischvorgänge im Homogenkohle-Hoch-strombogen).
90. *Schmidt, Th.*, Unveröffentlichter Bericht 1945 über spektroskopische Unter-suchungen der Beckflamme.
91. *Seeliger, R.*, u. *Franzmeyer*, Unveröffentlichte Mitteilung 1943 über magnetische Beeinflussung des Beckbogens und Strömungsfeld um die Anodenflamme.
92. *Steenbeck, M.*, Unveröffentlichte Mitteilung 1943 über die thermische Anoden-falltheorie des Beckbogens.
93. *Stintzing, H.*, Unveröffentlichter Bericht 1943 über Röntgenuntersuchungen an Beckkohlen.
94. *Thilo, F.*, Wehrtechnische Monatshefte **47** (1943), 329 (Technische Scheinwerfer-Entwicklung).
95. *Wedding, W.*, ETZ **35** (1914), 901 (Erste Becklampen).

Sachverzeichnis.